普通高等院校网络空间安全"十四五"规划系列教材

认证与访问控制技术

主　编　崔永泉　汤学明　骆　婷
副主编　龙　涛　陈　凯　付　才
主　审　洪　帆

华中科技大学出版社
中国·武汉

内 容 简 介

本书主要介绍认证与访问控制技术的基本原理和方法,主要内容包括信息系统面临的威胁和访问控制原理、常用的身份认证方法、单点登录和跨域的认证协议、快速身份认证联盟协议、访问控制技术与安全模型、多域访问控制技术、基于信任管理的访问控制技术、使用控制模型、基于属性的访问控制、云计算与访问控制、大数据与访问控制、物联网与访问控制、基于区块链和密码学的访问控制、零信任访问控制和 AI 技术在访问控制中的应用等。本书特别注重理论与实践的互相结合,基本概念清晰,理论层次循序渐进,内容深入浅出。各章附有难度不一的习题。

本书可作为高等院校计算机和网络空间安全相关专业的教材,也可供相关教师、研究生和科技工作者自学和参考。

图书在版编目(CIP)数据

认证与访问控制技术 / 崔永泉,汤学明,骆婷主编. -- 武汉 :华中科技大学出版社,2025.3.
ISBN 978-7-5772-1574-7

Ⅰ.TP309

中国国家版本馆 CIP 数据核字第 202556J9U9 号

认证与访问控制技术
Renzheng yu Fangwen Kongzhi Jishu

崔永泉　汤学明　骆　婷　主编

策划编辑:张　玲
责任编辑:张　玲
封面设计:原色设计
责任校对:刘　竣
责任监印:曾　婷
出版发行:华中科技大学出版社(中国·武汉)　　电话:(027)81321913
　　　　　武汉市东湖新技术开发区华工科技园　　邮编:430223
录　　排:武汉市洪山区佳年华文印部
印　　刷:武汉市洪林印务有限公司
开　　本:787mm×1092mm　1/16
印　　张:19
字　　数:433 千字
版　　次:2025 年 3 月第 1 版第 1 次印刷
定　　价:59.80 元

前言

认证与访问控制技术在网络安全等级保护中扮演着至关重要的角色。认证是网络安全的第一道防线,验证用户身份以防止非法访问;访问控制技术确保合法用户只能在授权范围内访问资源。在网络安全等级保护框架下,认证与访问控制不仅是技术手段,更是实现合规性要求、进行风险防控,以及进行动态化安全防护的战略工具。《信息安全技术——网络安全等级保护基本要求》中指出,身份鉴别和访问控制是关键控制项,尤其三级及以上系统需强制实施。它们通过身份可信验证、权限精准控制、环境动态适配三大核心能力,为不同等级网络信息系统构建从入口到操作的全链条防护体系,是保障国家安全、企业利益和个人隐私不可或缺的基石。

2016年4月19日,习近平总书记在网络安全和信息化工作座谈会上的讲话中指出:"培养网信人才,要下大功夫、下大本钱,请优秀的老师,编优秀的教材,招优秀的学生,建一流的网络空间安全学院。"习近平总书记的这一重要指示深刻阐明了网信人才培养的战略意义和实现路径。党中央始终高度重视网络安全和信息化人才队伍建设,坚持把人才作为第一资源,通过深化教育体系改革、优化课程设置、强化师资力量、吸引优秀学子等一系列有力措施,全面推进网络空间安全学院建设,为我国网信事业发展培养大批高素质专业人才。因此,本书强调了认证与访问控制技术的整体重要性,并非仅仅局限于个别技术和方法的单独叙述和讲授。通过图文并茂的阐述,引导和启发学生从更宏观、更系统的角度去审视认证与访问控制的功能及工作流程,以及解决网络空间安全防护中所遇到的各种问题。本书的编写理念与教学设计着力于构建学生的系统性思维体系,通过强化网络空间安全防护中复杂问题的分析范式与解决路径,凸显对复合型能力人才培养的学术导向,为培育兼具全局视野与专业深度的网络安全人才提供认知框架。本书特别注重理论与实践的紧密结合,认证与访问控制安全模型理论阐述透彻,应用案例与理论紧密结合,便于学生理解和掌握。本书采用分层递进的学理架构,对认证与访问控制领域的核心理论与技术难点进行了系统性提炼,通过典型案例剖析与理论推演相结合的方式,实现了从原理阐释(What)、方法论结构(How)到应用范式迁移(Why)的闭环论证,为读者提供了可扩展的元认知框架。而对非重点内容,考虑到课程体系的完整性和内容的连贯性,采用了简明扼要的叙述方式。借此可着力培养一批网络空间安全基础知识扎实、政治立场坚定、技术精湛的网信人才,为维护国家网络安全、推进网络强国建设提供坚实人才保障。

本书共17章。

第1章讲述信息系统面临的威胁、信息系统的脆弱性和信息安全的目标,介绍访问控制技术的基本原理和研究概况。

第 2 章讲述身份认证的基本原理和常见的身份认证技术,包括基于实体拥有信息、生物特征和行为特征进行认证,介绍常用的认证协议。

随着信息技术的迅猛发展和互联网应用的普及,用户在多个系统和服务中频繁切换的现象日益普遍。在单个管理域内部,单点登录允许用户一次性登录后,便能够无缝访问多个相关应用系统,第 3 章重点讨论单点登录系统的技术,并以 CAS 系统为例,详细分析了单点登录的整体运行流程。

针对跨域的多个开放系统之间授权访问问题,第 4 章主要讲述开放环境授权协议 OAuth,分析其运行原理和优势,并与 OpenID 协议进行对比分析。

在现代互联网环境中,传统认证方式面临着诸多挑战,严重影响了用户的安全性和体验,第 5 章着重讲述快速身份认证联盟协议,介绍其工作原理和运行流程,重点分析其安全特征和使用优势。

第 6 章讲述访问控制的基本概念,介绍基本的访问控制方法,并举例对安全策略和安全模型进行对比分析。

第 7 章讲述访问控制与安全模型,介绍自主访问控制与访问矩阵模型、强制访问控制与 BLP 模型,重点讨论基于角色的访问控制模型和 RBAC 模型族。

第 8 章讲述常见的访问控制应用实例,分别以国产 Linux 操作系统、openGauss 数据库和医院管理信息系统举例,分析访问控制技术的具体应用实践。

随着互联网和一些分布式系统支撑技术的飞速发展和普遍应用,人们开发了越来越多的大规模分布式系统。对比单个组织内的访问控制问题,多域之间授权和访问控制问题的复杂性和严重性大大增加。针对跨域的访问控制问题,第 9 章重点讲述基于角色映射的多域安全互操作模型、动态结盟环境下基于角色的访问控制、安全虚拟组织结盟的访问控制和结合 PKI 的跨域的基于角色的访问控制。基于对第三方实体的信任关系,解决大规模的、异构的分布式系统之间授权访问控制问题。

第 10 章重点讲述基于信任管理的访问控制技术,主要的信任管理模型包括 PoliceMake 模型、基于属性的信任管理 RT 模型和自动信任协商访问控制技术。

第 11 章重点讲述了使用控制模型的产生背景和基本概念,详细介绍了 UCON 的多种细化模型,并讨论 UCON 的应用实例和安全特性。

第 12 章重点讨论了基于属性的访问控制,作为一种更为先进的访问控制技术,其能够满足对访问控制决策的动态性和基于多属性的精细化管理需求。此外,本章还分别讨论了 xACML 实现框架和 NGAC 实现框架,并对比分析它们的优点和不足。

针对新型计算模式下云计算、大数据、物联网的应用场景和访问控制技术挑战,第 13 章重点讲述了云计算环境下的访问控制技术,分析云计算访问控制需求,介绍公有云 IaaS 的 ABCL 访问控制规范,并概括 AWS IAM 和 Microsoft Azure 云计算中的访问控制解决方案。

第 14 章重点讲述了大数据环境下的访问控制技术,分析大数据访问控制需求,着重论述 Hadoop 系统的访问控制模型,并介绍大数据访问控制在企业界的访问控制实例。

第 15 章重点讲述了物联网环境下的访问控制技术,分析物联网访问控制需求,着重论述物联网访问控制模型,并介绍了企业界物联网访问控制解决方案。

第 16 章重点分析了新兴技术驱动的访问控制实现框架,介绍了基于区块链技术的访问控制应用场景和实现框架,讨论了基于密码学的访问控制实现框架,包括基于属性加密的访问控制和 ACE 技术。

第 17 章是对访问控制未来的发展展望,主要介绍零信任框架下如何构建访问控制模型,着重分析人工智能对访问控制技术的影响和人工智能技术在访问控制中的应用。

在本书成稿过程中,党志豪、聂文、刘洋、李洋瑞、陈阳、李翔宇、吴思杭、邓哲华、曾逸飞、黄翊桓、冯湘怡、甘伟盟、郝攀强等同学对书稿进行了校对和完善,在此表示感谢。

本书可作为高等院校计算机和网络空间安全相关专业的教材,也可供相关教师、研究生及科技工作者自学和参考。

本书编写过程中,得到了华中科技大学出版社的鼎力协助,此外,书中还引用了一些专家学者的研究成果,在此一并表示感谢。

编　者

2025 年 3 月

目 录

1

概述

    计算机的出现,特别是开放式的计算机因特网(Internet)的普及与发展,使信息的载体和传播方式发生了根本性的变化,极大地方便了信息的处理与传递,也极大地方便了信息的获取与共享。在信息时代的今天,随着计算机网络广泛应用到社会的各个领域,任何一个国家的政治、军事、经济、外交、商业和金融都离不开信息,科学的发展和技术的进步也离不开信息,信息已成为社会发展的重要战略资源。信息的地位与作用随着信息技术的快速发展,越来越显示出它的重要性。因此,对信息的开发、控制和利用,已成为国家之间、竞争对手之间争夺的重要内容。相应地,信息安全已成为各国、社会各界关注的焦点,与国家安危、经济发展、社会稳定和战争胜负息息相关。信息安全已成为一个重要的研究领域。

    对信息安全的维护需要综合运用管理、法律、技术等多种手段,在技术层面上需要综合运用身份认证、访问控制、密码、数字签名、防火墙、安全审计、灾难恢复、防病毒和黑客入侵等多种安全技术,并进一步建立信息安全基础设施和构建信息安全的保障体系。

    身份认证相当于信息系统的门卫,它要识别进入系统的每一个用户是否是该系统的合法用户,拒绝非法用户进入系统。访问控制对进入系统的合法用户进行系统资源的访问权限制,使用户对资源的使用只能在允许的范围之内。从广义上讲,身份认证也可以看作是一种访问控制。

1.1　信息安全

    从人类有信息交流开始,信息安全的问题就存在,但在不同的时期,由于信息存储和传输的设备、方式不同,因此维护信息安全的手段也就不同。早期,计算机诞生之前,人们较多关注的是信息在传递过程中的保密性,使用的也是一些简单的手工加密变换。随着数学、计算机和通信技术的发展,信息的处理和传输能力大大提高,信息安全的含义更为丰富,仅靠传统的密码变换已不能满足信息安全的要求。因此,必须研究计算机和通信安全的新理论和新技术。

    计算机信息系统是由计算机及其相关和配套的设备、设施和网络构成的,是按照一定的应用目标和规则对信息进行采集、加工、存储、传输和检索等处理的复杂的人机系统。信息系统可能遭受到各种各样的攻击和威胁,而这些攻击和威胁所造成的损失主要体现在系统中信息的安全性和可用性受到了破坏,它往往使系统中存放的信息被窃取、篡改、破坏、删除或无法传递,甚至使整个系统崩溃。20 世纪 80 年代末期,一场计算机病毒危机席卷全球,人们在震惊之余,第一次意识到精心构建的计算机系统是如此不堪一击。随着数据库和网络技术的广泛应用,计算机及其网络系统的这种脆弱性暴露得更加充分。计算机犯罪案件迅猛增加,已成为一种社会隐患。

1.1.1 信息系统面临的主要威胁

威胁信息系统安全的因素来自多个方面,总体来说,可分为人为的恶意攻击、软/硬件故障、用户操作失误。其中,有预谋的人为攻击的威胁程度和防范难度远大于其他类,是系统防范的重点。

计算机犯罪是商业犯罪中最大的犯罪类型之一,根据 Cybersecurity Ventures 的数据,预计 2024 年全球将造成总计 9.5 万亿美元的损失。加之国际互联网络的广域性和可扩展性,计算机犯罪已成为普遍性的国际问题。

从总体来看,威胁信息系统安全的方式主要有以下几种。

1. 窃取

合法用户,甚至非法用户(冒充合法用户进入了系统)未经许可却直接或间接获得了对系统某项资源的访问权,从中窃取了有用的数据或骗取了某种服务,但不对信息作任何修改。这种攻击方式通常称为被动攻击。

用程序或病毒截获信息是这一类攻击的常见手段。在通信设备或主机中预留程序代码或施放病毒程序,这些程序通过对信息流量进行分析,或通过对信息的破译以获得机密信息,并将有用的信息通过某种方式发送出去。

搭线窃听也是常见的手段,将导线搭到无人监守的网络传输线上进行监听,如果所搭的监听设备不影响网络的负载平衡,网络站点是无法发现的。

对难于搭线监听的可以用无线截获的方式得到信息,通过高灵敏接收装置接收网络站点辐射的电磁波或网络连接设备辐射的电磁波,通过对电磁信号的分析恢复原数据信号从而获得网络信息。

被动攻击不易被发现,原因是它不会导致系统中任何信息的改动,系统的操作和状态也不被改变,留下的痕迹很少,甚至不留痕迹。对付这种攻击的方法主要是采用加密技术,形成加密通道。

2. 篡改

未经授权的用户成功地获得了对某项资源的访问权后,对全部或部分信息进行肆意修改、删除、添加,改变其中内容的次序或形式,改变信息的流向,或者修改程序的功能,改变系统的状态和操作等,破坏信息的完整性、真实性和有效性。某些情形的更改可以用简单的措施检测出来,但有一些更精妙的更改却很难发现或检测。

在金融犯罪的案件中,大多是通过修改程序或修改数据达到贪污和欺诈钱财的目的。

3. 伪造

威胁源在未经许可的情形下,在系统中产生出虚伪的数据或服务。例如,电子商务中,不法分子可能希望在网络通信系统中加上假的交易,或者在现有的数据库中增加记录。

伪造信息在网络通信中往往可以使对方落入陷阱。

4. 拒绝服务

威胁源使系统的资源受到破坏或不能使用,从而使数据的流动或所提供的服务终止。

用户的误操作,软/硬件出现故障均可能引起系统内的数据或软件的破坏,因而使计算机不得不停止工作。例如,隐藏在计算机中具有破坏性的病毒程序被激活后,可能会毁掉系统中某些重要的数据,甚至可能删除系统中的所有数据且使其无法恢复,更严重的可能导致整个系统的瘫痪。又例如,一些不法分子通过断电设置障碍,采用纵火、爆炸、盗窃通信设备等手段导致计算机系统的硬件遭到破坏,使计算机及通信系统无法正常工作。

拒绝服务攻击还可能使网站服务器充斥大量要求回复的信息,消耗网络带宽或系统资源,导致网络或系统不胜负荷以致瘫痪而停止提供正常的网络服务。

5. 重放

在网络通信中重放以前截获到的过时信息,欺骗收方。

6. 冒充

一个实体假冒另一个实体的身份是一种常见的网络攻击手段。

黑客闯入系统的主要途径之一是破译用户的口令,从技术的角度看,防止口令被破译并不困难,但具体执行却较麻烦。经常有些 Web 主管,更不用说用户,同样的口令连续使用好几个月。工作组的成员辞职了,工作组的口令却不改变。甚至,有的用户将自己的口令告诉朋友,其中就可能有黑客。

7. 抵赖

在网络通信中,用户可能为了自己的利益,在事后否认曾经对信息进行过生成、签发、接收等行为。

1.1.2 信息系统的脆弱性

以计算机为核心的信息系统面临如此之多的威胁,反映出信息系统本身存在一些固有的弱点和脆弱性。它的脆弱性主要表现在以下方面。

1. 硬件设施的脆弱性

除难以抗拒的自然灾害,如雷击、地震、水灾等外,温度、湿度、尘埃、电磁干扰和人为破坏等均可以影响计算机系统各种设备的正常工作。保证计算机信息系统各种设备的物理安全是计算机信息系统安全的前提。

通过电磁辐射使计算机系统信息被截获而失密的案例已有很多,在理论和技术支持下的验证工作,也证实了这种截取距离在几百米甚至千米的复原显示给计算机系统信息的保密工作带来了极大的危害。为了防止系统中的信息在空间中的扩散,通常是在物理上采取一定的防护措施,以减少或干扰扩散出去的空间信号。对重要的政府部门、军事和金融机构来说,这些都是他们在构建信息中心时需要考虑的首要问题。

在一块小小的磁盘上或光碟上,可以存储大量的数据信息,而它们很容易放在口袋里带出办公室,数据存储的高密度为入侵者窃取信息带来了便利。

另外,这些存储介质也很容易受到损坏(有意或无意),造成大量信息的丢失。

保存在存储介质上的数据可能会将存储介质永久地磁化,因此存储介质上的信息有时擦除不净或不能完全擦除掉,使得介质上留下可读的痕迹,这些信息一旦被利用就可能产生泄密。

另外,大多数计算机操作系统中,删除文件时仅仅只将文件名删除,并将相应的存储空间释放,而文件的内容还原封不动地保留在存储介质上,利用这一现象,入侵者也可以窃取机密信息。

单个、孤立信息的价值往往不大,但如果将大量相关的信息聚集在一起,经过筛选和分析,则可显出这些信息的重要性。计算机的特点之一就是能收集大量的信息并对其进行自动、高效处理,这种聚集性可被入侵者利用以窃取他感兴趣的机密信息。

2. 软件的脆弱性

计算机信息系统的软件可分为三类:操作平台软件、应用平台软件和应用业务软件。它们以层次结构组成信息系统的软件体系。操作平台软件处于最底层,支持着上层软件的运行。因此,操作平台软件的安全是整个信息系统安全的基础,它的任何风险将直接危及应用平台软件和应用业务软件的安全。应用平台软件在维护自身安全的同时,必须为应用业务软件提供必要的安全服务。应用业务软件处于顶层,直接与用户打交道。对系统的许多攻击都是通过应用业务层实施的,它的风险直接反映系统的安全风险。

在软件的设计与开发过程中往往存在许多错误、缺陷和遗漏,从而形成系统的安全隐患,并且系统越大、越复杂,这种安全隐患就越多。据有关资料估计,微软开发的早期版本的 Windows 操作系统,平均每 100 行代码要出现 0.5～1 个错误或缺陷,随着代码质量的提升和测试工具的改进,现代版本的 Windows 操作系统仍然存在每 100 行代码有 0.02～0.05 个错误或缺陷,这些错误或缺陷恰恰是黑客进行攻击的首选目标。

导致黑客频频攻入系统内部的主要原因是,相应系统和应用软件本身的脆弱性和安全措施不完善。另外,信息系统中的"后门"是普遍存在的,它可能是生产厂家或程序员在生产过程中为了自便而设置的,也可能是黑客入侵后在其中设置的。黑客利用后门可以在程序中建立隐蔽通道,植入一些隐蔽的恶意程序,进行非法访问,达到窃取、篡改和破坏信息的目的。

目前市场上尚无任何一个大型操作系统或数据库管理系统可以做到完全正确、没有缺陷,所以这些系统的厂商都要定期推出新的版本,其中包括数以千计的修改过的语句和代码。这些改动大多数是为了纠正系统中的错误或弥补其缺陷。这些系统的设计者永远无法充满自信地宣布已经找到了系统中的所有漏洞。另一方面,入侵者们多数不会公布他们的发现,因此,当你将重要的敏感信息委托给一个大型操作系统或网络中的一台计算机时,你没有理由不为你的信息安全担忧,尤其是当这些信息对入侵者有足够的价值时。

虽然任何操作系统和数据库管理系统都有缺陷,但绝大多数系统是可用的,可以基本完成其设计功能。这就如一个墙上有洞的房间,虽能居住,但无法将盗贼拒之门外。

3. 网络通信的脆弱性

在网络系统中,通信线路很容易遭到物理破坏,也可能被搭线窃听,甚至插入、删除信息。无线信道的安全性更加脆弱,通过未受保护的外部线路可以从外部访问系统内部的数据。

资源共享是建立计算机网络的基本目标之一,但这也为系统安全的攻击者利用共享的资源进行破坏活动提供了机会,也为攻击者利用资源共享的访问路径对其他非共享资源进行攻击提供了机会。

计算机网络是一个复杂的系统,网络的可扩展性使网络的边界具有不确定性,这使得网络的管理变得十分困难,构成了对网络安全的严重威胁。

当信息传输时,一个节点到另一个节点可能存在多条路径,一份报文从发送节点到达目标节点之间可能要经过若干个中间节点,这种路径的不确定性和中间节点的不确定性,使这种仅有起始节点和目标节点的安全保密性还不足以保证信息的安全。

数据库技术和网络,特别是 Internet 技术的兴起、发展和广泛应用极大地促进了社会信息化的进程,使信息可以超越时间和空间的界限达到最大程度的共享。现在,无论在地球上的什么地方,也无论什么时候,只要轻点一下计算机鼠标,就可以获得许许多多来自不同地方或部门的信息。人们在享受技术进步为工作、生活带来的这种方便和效率的同时,也感受到了它们所带来的对系统中信息安全的威胁。当前,信息系统的多平台、充分集成的分布式模式成为最流行的处理模式,而集中分布相结合的处理方式也很受欢迎。21 世纪的信息系统将建立在庞大、集成的网络基础上,而在新的信息系统环境中,由于移动计算的普及,存取点将大大增加,信息系统的薄弱环节将分布更广。事实上,现代计算机领域中的任何一个大的技术进步都可能对计算机系统自身的安全构成一种新的威胁,所有这些威胁都需要研究出新的方法和技术来予以消除。

1.1.3 信息安全的目标

现代信息技术的飞速发展为社会带来了巨大的效益,高速计算机和高速网络的逐步政用化、商用化、军用化和民用化反映了当今社会对信息及信息技术的巨大依赖性。信息已成为人类宝贵的资源,它关系到国家的机密和企业的发展,甚至关系到国家和企业的生死存亡。正因为信息在人类社会活动、经济活动中起着越来越重要的作用,因此信息安全日益受到社会的高度重视。

信息系统安全是指对信息系统中的硬/软件及数据进行保护,防止它们因偶然或恶意的原因而遭到破坏、更改或泄露。因此,信息系统在获取、存储、处理、传输和控制信息的过程中,要建立和采取一些技术上和管理上的安全保护措施。

信息系统安全从需要保护的对象考虑,可分为外部安全和内部安全。外部安全是指构成信息系统的计算机硬件、外部设备以及网络通信设备的安全,使其不会丢失或受到毁坏,能为系统提供正常的服务。内部安全是指信息系统中程序、数据和服务的安全,使其不被破坏、更改和泄露。无论是内部安全还是外部安全,信息系统安全的最终目标是要使信息在系统内的任何地方、任何时间和任何状态下保持其安全性。相对来说,维护外部安全比维护内部安全简单一些,它主要通过物理保护、加强管理和法律的手段来加以防范。但是,对于内部安全来说,仅有上述保护措施是不够的,还必须在技术上采取一系列的措施来防范对系统中信息的攻击。

在这里,信息主要是指存放在信息系统中的程序和数据。信息安全是指这些程序和数据在被存储、处理、执行和传输过程中的安全。

信息安全意味着什么呢? 或者说信息安全要达到的目标是什么呢? 虽然说法各有所异,但以下几个方面是较为普遍的认识。

1. 机密性

信息的机密性(Confidentiality)是指保证信息不泄露给非授权的个人和实体,即使非授权的个人或实体获得了信息也无法知晓信息内容,因而不能利用。机密性是信息系统是否安全的一个重要标志。军事信息系统尤其注重信息的机密性。随着 Internet 网络的联通,信息可以跨地区、跨国界地共享,信息机密性问题变得更为普遍和突出。通常采用访问控制阻止非授权个人或实体获得机密信息,采用加密技术阻止非授权的个人或实体获知信息的内容。

2. 完整性

信息的完整性(Integrity)是指维护信息的真实性、准确性和一致性,信息在未被授权的情形下,保持不被篡改、破坏和丢失的特性,并且能够判别信息是否已被改变。

软件的优点是无论在开发还是在实用的过程中都可以随时更改,以使系统具有新的功能 ,但这种灵活易变性给系统的安全带来了威胁。因此,选择值得信任的系统设计者是一个非常重要的问题,一个不忠实的设计者可以在软件中留下陷阱或圈套,以备将来修改软件并对系统进行攻击。计算机病毒通过附加一部分病毒程序代码到系统或应用软件上,从而进行病毒传播,如果对软件有一个较好的完整性保护措施,那目前绝大部分病毒就不能蔓延。我们需要采用软件测试工具检查软件的完整性,并保证这些软件不会被轻易地修改。

数据的完整性是应用计算机系统进行信息处理的用户,特别是商业部门和金融部门的用户十分关心的一个问题,也是怀有恶意的人进行攻击的主要目标之一。

导致信息完整性破坏的原因来自多方面,如自然灾害、人为的有意和无意行为、因质量或其他因素导致的设备故障、环境和通信的影响,以及不可预知的软件错误等。保证信息的完整性需要使用多种方法。通常采用访问控制阻止非授权的篡改行为,通过消息摘要算法检验消息是否被篡改。同时,还要运用故障应急方案和多种预防性技术,如归档、备份、镜像、崩溃转储和故障前兆分析等。

3. 可用性

信息的可用性(Availability)是指信息可被授权实体访问并按需求使用的特性,即保障信息资源随时可提供服务。因此,系统必须防止由于人为或非人为因素造成的系统拒绝服务。诸如系统性能降低、系统崩溃而需人工重新启动、数据永久性丢失、网络被破坏以及系统不能正常运行等,均可造成信息资源不能按照用户的需要供用户使用。可用性是信息资源服务功能和可靠性的度量。

系统在运行过程中应具有抗干扰和保持正常工作的能力,即保持工作的连续性和正确性的能力。这涉及物理环境、网络、系统、数据、应用和用户等多方面因素,是对计算机及网络通信系统总体可靠性的要求。

4. 抗抵赖性

抗抵赖性(Non-repudiation)是指能保证用户无法在事后否认曾经对信息进行过生产、发送、接收等行为。这一特性使信息在通信各方之间的流动保持其真实一致性。如果不能抗抵赖,就可能出现冒充。这一特性对于商业和金融系统显得特别重要。通常采用数字签名方法提供抗抵赖服务。

5. 可控性

信息的可控性(Controlability)是指授权机构可随时控制信息的流向及用户的行为方式,对信息的传播及内容具有控制能力。为保证可控性,首先需要对用户进行身份验证,其次要控制谁能访问系统中的信息及以什么方式访问,并且要将用户的活动记录下来,如网络中机器的使用时间、敏感操作和违纪操作等,这将为系统进行事故原因查询、定位、报警,以及对事故的实时处理提供详细、可靠的依据和支持。

总之,信息安全的宗旨是,不论信息处于动态还是静态,均应该向合法的服务对象提供准确、及时、可靠的信息服务,而对其他任何人员或组织,包括内部、外部、敌方,都要保持最大限度的信息不可接触性、不可获取性、不可干扰性和不可破坏性。

1.1.4 信息安全研究的内容

信息系统是为用户提供信息服务的,信息系统安全的最终目标是为用户提供安全的信息服务。因此,信息安全是整个信息系统安全的核心,而信息系统安全是信息安全的保障,信息安全与信息系统安全密不可分。

由于信息系统是一个复杂的人机系统,因此对信息安全的防护不能仅依靠单一的技术和方法,它必须综合运用多种技术和方法,多层面地进行防护。

信息安全研究涉及数学、物理、通信、计算机、管理和法律等多个领域。

1. 物理和环境的安全

物理安全是指要保障计算机及网络物理设备不被物理损坏,或者损坏后能及时修复或替换。这需要针对自然灾害(如雷击、地震、水灾等的破坏)、设备使用中的自然损坏及人为的破坏(如火灾、盗窃等),采取相应的物理措施(如备份技术、安全设计技术和安全加固技术),采用多层安全防盗门和隔离墙等。此外,还要保证信息系统运行的环境安全,如适当的温度、湿度、防电磁辐射和干扰等。物理安全主要保障信息系统的实体安全,为信息在存储、传输和处理的过程中提供安全的物理环境。这是信息安全的基本保障。

2. 管理安全

信息安全的建设是一个复杂的系统工程。它需要对信息所处的计算机环境中的各个环节进行统一的综合考虑、规划和构架,并要时时关注组织内不断发生的变化。任何单个环节上的安全缺陷都会对系统和整体安全构成威胁。据权威机构统计表明,网络与信息安全事件中有 70% 以上的问题都是由管理方面的原因造成的。

管理安全包括行政管理安全和技术管理安全两个层面。

1)行政管理安全

行政管理是指对维护、管理和使用信息系统的人员在工作责任心、职业道德和安全意识等方面进行教育和管理,以及进行技术培训。要对工作人员进行严格的审查,制定工作人员必须遵守的规章制度,减少和消除内部工作人员的失误,防止内部工作人员利用职务进行计算机犯罪,防止外部人员勾结内部工作人员进入系统进行破坏或窃取。特别是对信息系统负有资源管理和安全管理责任的管理人员,因为在信息系统中他们的权力过大,甚至大过相应组织的领导的权力。因此,对他们的严格管理就整个系统的安全而言尤为重要。将组织的安全管理条例或安全管理政策写成书面文件,广泛散发到机构内所有员工的手中,并对所有员工进行信息安全政策培训,以使信息安全的意识植根于组织内所有员工的脑海并落实到实际的工作中。

信息系统是人构造的,信息系统也是给人使用的,因此信息安全的问题归根结底是人的问题,仅有对人的行政管理不可能完全解决信息的安全问题。正如虽然有警察、保安和法律在限制人们的行为,维护社会的安全,但每一个家庭、每一个办公室的门仍然要上锁,重要的文件柜还要加锁,并且在不断研究和生产具有强防盗功能的门。

2)技术管理安全

对于信息系统来说,虽然有上述行政管理的措施甚至法律的手段对人的行为进行限制和规范,但信息系统本身还需要在技术上采取各种措施来进一步规范用户的行为。这种技术上的管理是将使用信息系统的组织的安全需求或它所制定的安全策略用技术的手段使之在系统中实现。

从微观上看,必须通过技术手段识别系统的合法用户和非法用户,将非法用户拦截在系统之外,必须根据使用信息系统的组织的安全需要,采用技术的手段为不同的合法用户分配不同的权限,并控制每一个用户均不能越权进行操作,还必须为系统指定相应的资源管理员和安全管理员,并对这些用户特权的使用进行监控,以防他们滥用其拥有的特权。系统中还应该有审计机制,监视和记录用户的行为,为日后安全事件的追查和分析提供依据。

从宏观上看,需要对信息系统进行安全风险评估,对安全风险来自哪些方面、应重点保护哪些资源、花费多大代价、采取什么措施、达到什么样的安全强度等进行科学分析。对一个系统的安全风险研究得越精确,其安全需求也就越明确。

制定计算机系统的安全评估标准可以为研制、开发安全系统的制造商提供技术支持和依据,可推进安全技术和产品标准化、规范化,为安全系统的建设和管理提供技术指导,为用户对计算机系统内处理机密信息的可信度提供一种评价尺度。著名的安全标准有《可信计算机系统评估准则》(Trusted Computer System Evaluation Criteria, TCSEC)、《通用准则》(CC 标准)和安全管理标准 ISO17799 等。

3. 立法安全

计算机与通信技术的快速发展使人们对信息和信息技术的依赖与日俱增。国家的政治、军事、经济、金融、科学技术、文教卫生以至个人生活等绝大部分信息都在计算机信息系统中存储、处理并进行传输,社会的信息化引起计算机犯罪活动的猖獗,而计算机犯罪又是不同于传统犯罪的一种高科技和高智能的犯罪。为了惩治这种犯罪,必须制定与信息安全相关的法律、法规,使犯罪分子慑于法律,不敢轻举妄动。

自 1946 年世界上第一台计算机问世后,直到 1973 年,瑞典才率先制定了世界上第一部国家性的《瑞典国家数据保护法》,并成立了国家数据监察局负责这方面的工作。

随后,美国、法国、英国、德国、加拿大和日本等几十个国家相继制定了有关数据安全和计算机犯罪的法律和法规。

美国是世界上拥有计算机及网络最多、应用最广泛、普及程度最高的国家,也是计算机犯罪最严重的国家,因而拥有较多的针对计算机犯罪的法律。在联邦法律中,与计算机犯罪有关的就有:1986 年的《计算机欺诈和滥用法》《电子通信隐私法》、1996 年的《经济间谍法》、2002 年的《联邦信息安全管理法》(2012 年更新为《联邦信息安全改革法》)、2008 年的《身份盗窃执法和恢复法案》、2015 年的《网络安全信息共享法案》、2018 年的《克拉里昂法案》,等等。在这些法律中规定:利用计算机获取非法利益;非法得到计算机系统的服务;用非法手段侵入计算机系统和网络进行盗窃、破坏、篡改数据和文件,或者扰乱系统功能;利用计算机或计算机技术知识和技巧窃取金钱、数据和信息等,以上这些行为均为计算机犯罪,根据情节将处以罚款、监禁或两罚并用。

我国政府也十分重视计算机信息系统的安全,1991 年,我国颁布了《计算机软件保护条例》(2001 年重新颁布《计算机软件保护条例》,原条例同时废止,2011 年第一次修订,2013 年第二次修订),1994 年颁布了《中华人民共和国计算机信息系统安全保护条例》(2011 年修订),1996 年颁布了《中华人民共和国计算机信息网络国际联网管理暂行规定》(1997 年第一次修订,2024 年第二次修订),1997 年颁布了《中国公众多媒体通信管理方法》,同年颁布了《计算机信息网络国际联网安全保护管理办法》(2011 年修订),并在《中华人民共和国刑法》中增设了关于计算机犯罪的条款。

4. 技术安全

技术安全是指计算机系统本身在运行过程中,采用具有一定安全性质的软/硬件实现对信息的安全保护,以使整个系统中的信息,在一定程度上,甚至完全可以保证在无意或恶意的软/硬件攻击下仍然不被破坏、伪造、丢失和泄露。

采用技术的手段保护信息安全,通常从以下几个方面着手。

1) 身份鉴别

身份鉴别相当于系统的门卫,它监控进入系统的每一个用户,防止非法用户进入系统。身份鉴别包含两个过程:一是识别,二是验证。所谓识别是指系统要知道访问者是谁。因此每个合法用户必须拥有唯一的识别符(ID),为了保证识别的有效性,任意两个不同的用户都不能具有相同的识别符。所谓验证是指系统通过访问者所提供的验证信息,对其所声称的身份进行验证,以防假冒。识别信息(用户名或账号)一般是非秘密的,而验证信息(如通行字)必须是秘密的,只有用户和系统知道。

身份鉴别机制可以用来对抗某一实体谎称是另一实体的假冒攻击。在网络通信中,鉴别机制可用于通信双方相互进行身份验证。

2）访问控制

经过身份鉴别进入系统的合法用户对系统资源的访问权还必须受到限制，系统中访问控制机制用以决定每一个用户对哪些资源有访问权和有什么样的访问权。用户对信息资源访问权一般分为读、写、修改、删除、执行和控制等。访问控制的目的是防止合法用户对系统资源的非授权访问。传统的访问控制方法分为自主访问控制（Discretionary Access Control，DAC）、强制访问控制（Mandatory Access Control，MAC）和基于角色的访问控制（Role-Based Access Control，RBAC）。

3）信息流控制

仅有访问控制还不足以限制用户的访问权，因为有权访问的用户可以把访问到的数据传递给无权访问的用户。也就是说，访问控制的着眼点是控制用户对系统中数据对象的访问权限，而没有涉及用户对他们所拥有的信息的管理。因此，在系统中还必须使信息沿着能保证信息安全的方向流动，这就需要对信息流进行控制。

访问控制和信息流控制是对系统中数据的机密性、完整性、可用性和可控性实施保护的重要技术，是继身份鉴别之后系统防范安全攻击的第二道屏障。

4）数据加密

数据常用来泛指信息系统中存储和传输的各种信息（如程序、文件和各种数据）。数据加密的任务是通过编码技术改变所要保护的信息的形式，使得除了指定的接收者外，其他人无法读懂。利用编码技术所要隐藏的原始信息称为明文，经过编码技术伪装以后的信息称为密文。

从理论上讲，系统如果有了严格的身份鉴别、访问控制和信息流控制，那么攻击者便无法接触到无权访问的信息。但实际上并非如此，如前所述，信息系统是一个十分复杂的系统，加上信息系统本身固有的一些脆弱性，使它随时都可能面临攻击者突破或绕过系统已有的安全防线而遭到攻击。因此，在上述安全控制的基础上，对系统中的敏感信息进行加密是信息系统又一道重要的安全屏障。即使机密信息被窃取了，攻击者也难以识别和篡改。在网络通信中，加密是阻止传输中的数据被窃取的最好方法，同时，通过数据的加/脱密也可及时发现被篡改的数据。数据加密还是防止假冒和抵赖的主要方法。

5）推理控制

推理控制是防止用户根据访问到的数据，用逻辑推理的方法推理出无权获得的数据。这一安全技术对于只提供对事物组有关的统计量的访问，而限制对任何特定的个别事物信息访问的统计数据库尤为重要。例如，人口普查部门负责收集有关所有居民的信息，并以不危及个人秘密的方式报道这些信息。问题是统计数据中包含原有信息的痕迹，通过收集不同的统计量，聪明的用户可能推理出一些有关个别事物的秘密信息。推理控制的目标就是要阻止这种推理的成功。

6）隐通道的分析和限制

隐通道是指两进程以违反系统安全策略的方式传输信息的隐蔽通道，它可以造成严重的信息泄漏。在操作系统和数据库系统中都可能存在隐蔽通道，分析并搜索出系统中存在的隐蔽通道，并对其加以清除或限制是计算机系统安全设计中的一个难点。

7）审计

审计是模拟社会监查机构在计算机系统中用来监视、记录和控制用户活动的一种机制。它可完整记录涉及系统安全的所有操作,为违反系统安全的访问留下线索,以便事后分析和追查。

如果在审计中设置报警功能,那么每当有违反系统安全的事件发生或有涉及系统安全的重要操作进行时,可以向系统安全员发送相应的报警信息,以便及时对事件进行控制。

审计可以说是信息系统中维护信息安全的最后一道防线。

8）安全管理

计算机信息系统是一个结构复杂、动态变化的人机系统,仅仅依靠系统提供的安全服务(它可能是多种安全技术的结合)的支持是不够的。要想有效地保护信息系统的安全,最大限度地减小面临的安全风险,还必须对信息系统进行严密的安全管理。现代计算机信息系统的安全管理既是一个复杂的技术问题,也是一项要求严格的管理规范。

按照传统的管理模式,仅仅设置系统管理员是不够的。根据安全的需要,系统应设置三类管理员。

(1) 系统管理员:对系统的资源进行管理和分配,具有创建用户、删除用户等权力。

(2) 系统安全员:对系统有关安全的事务进行管理,如对主体、客体的安全级进行分配和维护,或者对用户的角色进行指派和维护。

(3) 系统审计员:对系统的审计事务进行管理,并负责对系统管理员和系统安全员进行审计。

1.2　访问控制

在信息系统中,访问控制是在身份鉴别之后保护系统资源安全的第二道屏障,是信息系统安全的重要功能构件。它的任务是在为用户对系统资源提供最大限度共享的基础上,对用户的访问权限进行管理,防止对信息越权篡改和滥用。它对经过身份鉴别认证后的合法用户提供所需要的且经过授权的服务,拒绝用户越权的服务请求,使信息系统的用户在系统的管理策略下有序地工作。因此,用户在通过了身份鉴别之后,还要通过访问控制才能在信息系统内执行特定的操作。

据有关资料统计,80%以上的信息安全事件为内部人员或内外部人员勾结所致,并且呈上升趋势。因此,通过技术手段对用户实施访问控制,这对信息安全有着重要的作用。

1.2.1　访问控制原理

安全是一个相对的概念,不同的应用有着不同的安全需求,适合于某个系统的安全策略不一定适合于其他的系统。例如,极严格的访问控制策略对军事系统可能是至关重要的,但对一些提供公众服务的系统也许就不合适了。因此,对访问控制技术的选择取决于被保护环境的独有特性。

对信息系统实施访问控制,首先要对该信息系统的应用背景作安全需求调查,如组织机构,人员结构,用户的数量、类型,特别是系统要为每个用户或各类用户提供什么样的服务等。在对安全需求进行充分考虑和分析的基础上,制定出适合其安全需求的安全策略或安全规则。这些规则是对用户行为的规范和约束,只有规则允许的访问才是合法的访问,违反规则的访问请求将被拒绝,违反规则的访问行为将被视为非法。要将这些安全规则用计算机能识别的方式描述出来,作为系统进行访问控制的依据。

访问控制主要控制进入系统后的用户能做什么,也控制代表用户的进程能做什么。

用户对资源的访问可以是信息资源、通信资源或处理资源。访问方式可以是获取信息(称为读)、修改信息(称为写)、添加信息(称为添加)、删除信息(称为删除),或者执行某个程序的功能。访问方式可以在应用层进行定义,如借款、贷款,以及生成公文、修改公文或签发公文。在应用层上定义的一种访问方式往往包含了一组特定的读、写或添加操作。

访问控制应遵循的一条重要安全原则是"最小特权"原则,也称为"知所必需",即用户所知道的或他所做的,一定是由他的工作职务或他在该信息系统中的身份、地位决定所必需的。系统分配给每一个用户的权限应该是该用户完成其职能的最小权限集合,系统不应给予用户超过执行任务所需权限之外的任何权限。

在访问控制策略确定之后,系统必须有一套机制执行访问控制策略。它主要有以下几项任务。

(1) 根据系统的安全策略给每一个用户或各类用户进行授权,根据系统的需要,还要具有动态授权或安全地修改权限的功能。

(2) 在用户提出访问请求时,识别和确认用户。

(3) 根据系统对用户的授权和访问控制规则,对用户的请求做出执行或拒绝的响应。

总体来说,访问控制包括两个部分:授权(Authorization)和控制(Control)。而授权和控制均是依据系统事先制定的安全策略进行的。

1.2.2 访问控制的研究概况

20世纪70年代初期,人们在开始对计算机系统安全进行研究的同时,也开始了对访问控制的研究。1971年,Lampson提出了访问矩阵的概念,并成功地应用于保护操作系统中的资源。后来,Denning等对该概念进行了改进,最后由Harrison等将该模型概念完善为一种框架体系结构为系统提供保护。访问矩阵控制模型体现了自主访问控制的安全策略,其访问权的管理相对困难,因为仅给每个用户分配对系统文件的访问属性不能有效地控制系统的信息流向,因此,人们开始研究安全性更高的安全策略模型。1973年,D. E. Bell和L. J. La Padula提出了为系统中每个主体和客体分配相应的安全属性以控制主体对客体访问的BLP模型,并不断对其进行改进,至1976年完成了它的第四版。1976年,Denning等提出了控制安全信息流的格模型。从本质上来说该模型所反映的安全需求与BLP模型是一致的。但该模型对BLP模型进行了扩充,它不仅禁止用户直接访问超过其安全级的客体,而且禁止其伙同有权访问这些客体的用户以某种巧妙的方式间接访问这些信息。

以上工作形成了早期的两种访问控制类型:自主访问控制和强制访问控制。

1985 年,美国国防部制定了《可信计算机系统评估准则》(TCSEC),将计算机系统的安全可信度从低到高分为 D、C、B、A 四类,共七个级别:D、C1、C2、B1、B2、B3 和 A1级。该标准中定义了以上两种访问控制技术,其中自主访问控制被定义为商用、民用、政府系统和单级军事系统中的安全访问控制标准,强制访问控制被定义为多级军事系统的安全访问控制标准。这些标准一直被人们认为是安全、有效的。这两种访问控制技术也在很多系统中被采用。

1987 年,Clark 和 Wilson 提出了 CW 模型,其中包含合式事务(Well-formed Transaction)和职责分散原则(Separation of Duty,SOD),它体现了一种应用于商业领域的强制访问控制策略。1989 年,Brewer 等提出了中国墙(Chinese Wall)策略,它是一种应用于金融领域的强制访问策略。

自主访问控制和强制访问控制都存在管理困难的缺点。随着计算机应用系统的规模不断扩大,安全需求不断变化和多样化,需要一种灵活的能适应多种安全需求的访问控制技术。20 世纪 90 年代,基于角色的访问控制进入了人们的研究视野。RBAC 的概念最初产生于 20 世纪 70 年代的多用户、多应用联机系统中,20 世纪 90 年代初美国国家标准技术研究所(National Institute of Standards and Technology,NIST)的安全专家们提出了 RBAC 技术。1996 年,George Mason 大学教授 Sandhu 等在此基础上提出了 RBAC96 模型族,1997 年进一步扩展 RBAC96 模型,提出了利用管理员角色来管理角色的思想,并提出了 ARBAC97 模型,这些工作获得了广泛的认可。

随着计算机系统网络化,系统面向的应用越来越复杂,安全的讨论逐渐扩展到分布式系统环境,已有的单域环境下集中式的访问控制技术已不能适应分布式系统中出现的安全问题,多个管理域环境下的访问控制成为人们研究的热点。

随着信息技术的迅猛发展和互联网应用的普及,新的计算模式层出不穷,云计算、大数据、物联网、区块链及人工智能发展方兴未艾,在新型计算模式下,访问控制技术面临新的挑战,需要针对新型计算模式构建新的访问控制模型,部署新型计算模式下的访问控制解决方案,访问控制研究也快速步入新的阶段。

习题 1

1.1　计算机信息系统可能遭到哪些方式的攻击? 你是否遇到过某种攻击?

1.2　计算机信息系统的脆弱性表现在哪些方面?

1.3　信息系统安全的含义是什么? 信息安全的含义是什么? 它们之间有何关系?

1.4　对计算机信息系统及信息安全的保护应从哪些方面着手?

1.5　对信息安全进行保护的技术手段目前主要有哪些?

1.6　访问控制在信息系统安全中的地位和作用是什么?

1.7　在访问控制中,授权的依据是什么? 控制的依据又是什么?

1.8　常用的访问控制技术有哪些?

2

身份认证

随着计算机和互联网技术的发展和普及,信息处理自动化程度越来越高。在日常生活中,人们已经离不开现存的电子设备和软件环境了。电子邮件系统、电子银行系统、证券交易所股票交易软件、数字图书馆,以及报刊、杂志电子栏目等已是实现相互通信、现金存取、投资理财、查阅资料文献的常用工具。这些服务不能发生差错,必须安全、准确。例如,银行系统的自动取款机(ATM),绝不可以让假冒他人身份者取到现金。因此,当用户从 ATM 提取现金时,ATM 先要确定用户身份。用户所持银行卡和密码是证明身份的常用方法。

身份认证是许多应用系统的第一道防线,也是实施访问控制的依据。身份认证的目的在于识别用户的合法性,获得合法用户身份的准确信息并能够阻止非法用户进入系统,从而为正确实施访问控制策略提供保证。例如,ATM 必须对银行卡和密码声称的身份进行验证,确认银行系统中确实存在这么一个账户,且身份验证信息与用户声称的银行卡和密码相符,如果验证通过,则银行访问控制系统将根据用户提供的口令类别提供相应的服务,如用户输入查询口令则无法从 ATM 中取款,只能完成查询功能。

本章将对身份认证的作用、原理及实现方法进行重点介绍。

2.1 什么是身份

身份是实体的一种计算机表达。通常,一个用户就是约束为一个独立实体的身份,特定系统可能会附加不同的约束条件。各种系统会使用多种不同方式表达用户身份(例如,可以表达为一个整数或一个字符串),同一个系统在不同场合也会使用不同的身份表达方式。同一个参与者可以有多个不同的身份。一张证书可以通过角色标识参与者,也可以通过参与者的工作、地址进行标识。Internet 上的主机有多个地址,每一个地址都是它的身份。通常,每一个身份都具有一项特定的功能。

一项事务的参与者是一个唯一确定的实体,一个身份指定一个参与者。通过认证,可以将一个参与者与计算机内部的一个身份表达绑定在一起。不同的系统有不同的身份表达方式,但所有的访问策略和资源分配操作都要假定这种绑定是正确的。使用身份有若干目的,主要的两个目的是访问控制与可追查性。

每一种访问控制机制都要基于某种类型的身份。身份与参与者绑定的力度与准确性决定了系统使用身份的效果。访问控制要求身份能用于访问控制机制,以确定是否允许特定的操作(或操作类型)。大部分系统根据进程执行者的身份设置访问权限。

可追查性要求身份能够跟踪所有操作的参与者,以及跟踪其身份的改变,使参与者的任何操作都能被明确地标识出来。可追查性需要依赖日志与审计两种技术。可追查性要求参与者有明确的身份表达,然而在许多系统中,这是不可能实现的。取而代之的是将被记录的身份映射为用户账号、群组或角色。

2.2 认证基础

主体代表某些外部实体进行操作,而实体的身份控制了与其关联的主体的行为。因此,主体必须与外部实体的身份绑定,认证就是将某个实体的身份与某个主体进行绑定。

外部实体必须提供信息,使系统能够证明其身份,这些信息来自以下某个(或多个)方面。

(1) 实体知道什么(如口令或秘密信息等)?

(2) 实体拥有什么(如证章、卡片等)?

(3) 实体的生物特征是什么(如指纹、视网膜特征等)?

(4) 实体的行为特性是什么(如用户的下意识动作)?

认证过程包括从某个实体获取认证信息、分析数据、确定信息是否与该实体相关等环节。这意味着计算机必须存储实体的某些信息,同时必须具有管理这些信息的机制。认证系统的要求可归纳为以下五个方面。

(1) 认证信息集合 A:实体用于证明其身份的特定信息的集合。

(2) 补充信息集合 C:系统存储并用于验证认证信息的信息集合。

(3) 补充函数集合 F:根据认证信息生成补充信息的函数集合,即对

$$f \in F, \quad f : A \to C$$

(4) 认证函数集合 L:用于验证身份的函数集合,即对

$$l \in L, \quad l : A \times C \to \{\text{true}, \text{false}\}$$

(5) 选择函数集合 S:使一个实体可以创建或修改认证信息和补充信息。

2.3 根据实体知道凭什么进行身份认证

2.3.1 口令

口令是认证机制的一种实例,它基于实体所知道的信息,例如,用户提供一个口令,计算机验证该口令,如果输入的口令是和该用户相对应的口令,则用户的身份得到认证;否则,拒绝该口令,同时认证失败。

最简单的口令是字符序列,在这种情况下,口令空间就是能够成为口令的所有字符

序列的集合,例如,要求用户选择一个由 10 个数字组成的序列做口令,那么口令空间 A 就有 10^{10}(从"0000000000"到"9999999999")个元素。

依据补充函数的性质,补充信息集合可以包含比 A 更多或更少的元素。最初,大部分系统把口令存储在一个受保护的文件里,但是这种文件的内容可能会因偶然事件而泄露。如果使用数据加密的方法将口令以密文的形式存放在系统中,则加密密钥的保存又成了一个严重的安全问题,一旦这个密钥泄露,则所有的口令都有可能泄露。所以,保存在系统中的口令不仅应该是密文形式,而且要将密文还原成明文口令在计算上也是不可能的。解决的办法是使用一个单向散列函数将口令加密,即对口令进行加密的算法是单向的,口令经加密后,要脱密是不可能的。

认证系统的目标是保证正确地识别实体。如果一个实体可以猜测出另一个实体的口令,那么猜测者就可以冒充他人。认证模型为这类问题的分析提供了一种系统方法,其目标是找到一个 $a \in A$,使得对于 $f \in F$,$f(a) = c \in C$,且 c 对应于一个特定实体(或者任意一个实体)。由于通过计算 $f(a)$ 或通过认证 $l(a)$ 就能够确定 a 是否与某个实体关联,因此这里同时使用两种方法保护口令。

1. 隐藏足够多的信息,使得 a,c 或 f 中的某一个不能被发现

例 2-1 许多系统中包含补充信息的文件只对管理员用户可读,这样的方案令实际应用中的补充信息集 c 不可读。因此,攻击者得不到足够的信息来确定 $f(a)$ 是否与某个用户关联。类似地,某些系统令补充函数集为不可读,则不可能计算 $f(a)$ 的值。

2. 禁止访问认证函数 L

例 2-2 某些站点不允许管理员用户从网络登录。认证函数存在,但总是访问失败。因此,攻击者不可能通过网络访问认证函数来对管理员用户的认证进行测试。

攻击基于口令的系统的最简单方法是猜测口令。目前猜测口令用得最多的是字典攻击。字典攻击通过重复试验的方式猜测口令,其名字来源于用于猜测口令的单词表(即"字典")。字典可以是随机排列的字符串集合,或者(更普遍的)是以选择可能性大小按降序排列的字符串集合。

字典攻击类型一 如果补充信息和补充函数是可以获得的,则字典攻击对每一个猜测 g 和每个 $f \in F$ 计算 $f(g)$。如果 $f(g)$ 对应于实体 E 的补充信息,则 g 在 f 下可以认证实体 E。

字典攻击类型二 如果补充信息或者补充函数不可用,就可能要用到认证函数 $l \in L$。若一次猜测 g 在 l 中返回真,则 g 就是正确的口令。

口令猜测需要知道补充函数集和补充信息集,或者能够访问认证函数。在这两种方法中,防御者的目标是要最大限度地增加猜测口令的时间。重用的口令很容易遭到第一种类型的字典攻击。随机口令的目标就是使口令猜测的时间最大化。

如果实际的补充信息或补充函数不能公开得到,那么猜测口令的唯一方法就是使用系统提供的、授权用户用于登录系统的认证函数。这种攻击是不能防止的,因为认证函数必须公开可用,使得合法用户可以访问系统。

要对抗这种攻击,就必须使认证函数的使用对于攻击者而言非常困难,或者认证函数必须以非常规的方式进行交互。通常有以下四种实现技术。

第一种技术可以统称为后退技术。最常见的是指数后退技术,在一个用户尝试认证并失败后就后退一段时间,然后再次尝试认证。假设 x 是系统管理员选择的参数。如果用户首次登录失败,则在提示输入用户名和口令前系统等待 $x^0 = 1$ 秒。如果用户再次登录失败,系统要等待 $x^1 = x$ 秒后才提示输入用户名和口令。在 n 次登录失败后,系统会等待 x^{n-1} 秒才允许重新登录。其他一些后退技术使用的是算术级数,而不是几何级数(立即重新提示,然后等待 x 秒,然后等待 $2x$ 秒,以此类推)。

第二种技术涉及断开连接。经过许多次失败的认证尝试后,连接断开,这时用户就必须重新建立连接。当建立一个连接(如重拨一个电话号码)需要一定的时间时,这种技术最为有效。当连接非常快速时(如通过网络的连接),这种技术的效率就相对较低。

第三种技术使用了禁用机制。如果一个账户连续 n 次登录失败,这个账户就被禁用,直到安全管理者重新启用它。这可以防止一个攻击者多次尝试口令,同样也可以向安全人员发出攻击警告,使安全人员可以采取合适的措施对抗这种威胁。但应该考虑的是,是否需要禁用一个账户?禁用哪个账户?

第四种技术称为监禁。让非认证用户访问系统的有限部分,并欺骗攻击者,使攻击者相信自己拥有了系统的合法访问权限,然后记录下攻击者的行为。这种技术可用于确定攻击者想做什么,或者只是浪费攻击者的时间。监禁技术的另一种形式是,在一个运行系统中植入一些假的数据,攻击者在入侵后,就会获得这些数据。当攻击者浏览或下载这些假数据时,系统可以对其进行跟踪。这种技术也称为蜜罐,经常用于入侵检测系统。

猜测口令需要能够访问补充信息、补充函数或者获得认证函数。当口令被猜测出来后,如果以上三种信息都不变,那么攻击者就可以使用猜测出来的口令访问系统;否则,即使口令被猜测出来,也不再有效了。

为了安全,在每隔一段时间后,或者经过一些事件后,必须修改口令。假设猜测到一个口令的期望时间是 180 天,如果在不到 180 天的时间就改变口令,理论上能降低攻击者猜测出口令的概率。实际上,时效性本身并不能确保安全,因为猜测一个口令的估计时间是个平均值,它均衡了那些容易猜测的口令和不容易猜测的口令。如果用户选择的是很容易就可猜测出来的口令,对期望猜测时间的估计就应该选择最小值,而不是平均值。因此,口令的时效性只有在和其他机制一起使用时才能发挥更好的作用。

口令验证是根据实体知道什么来进行认证的一个例子,是目前应用最广泛的身份认证方法。虽然其安全性比其他几种方法差,但简单、易行,如果使用恰当,可以提供一定程度的安全保证。口令一般是由字母、数字、特殊字符、控制字符等组成的具有一定长度的字符串,其选择原则如下。

(1)用户容易记忆。

(2)难以被他人猜中或发现。

(3)抗分析能力强。

(4)限制使用期限,可经常更换。

防止口令泄露是这一方法中的关键。

目前主要有两种口令生成方法:一是由用户自己选择口令,二是由系统自动生成随机的口令。前者的优点是用户很容易记住口令,一般不会忘记,因为用户所选择的口令往往与用户的日常经验有关,如生日、街道名、配偶名、汽车牌号、房间号码、电话号码等,正因为这样,口令很容易被猜出来,泄露的风险较大。后者采用口令生成器,随机为用户生成口令。这种方法带来的问题是,用户记忆起来非常困难,即使这个字符串不长,但要让一个人记住一个由字母、数字等随机组成的口令也不是一件容易的事。

2.3.2 挑战-回答

口令重用是口令使用的一个基本问题。如果攻击者获得一个口令并使用该口令登录系统,系统没法区分他是攻击者还是合法用户,只好允许其访问。解决这一问题的策略是:用挑战-回答的办法进行认证,并改变每次传输的口令。那么,如果攻击者重复使用以前使用过的口令,就会遭到系统拒绝。挑战-回答技术的具体实现过程如下。

假设用户 U 想向系统 S 证明自己。设 U 和 S 有个协商好的秘密函数 f。挑战-回答认证系统就是这样一个系统:S 发送一条随机消息 m(挑战)给 U,用户 U 回应以 m 的变形 $r = f(m)$(回答)。S 通过独立计算 r 来验证 r。其中,秘密函数 f 也称为通行证算法。

考虑如下的一个例子:用户必须根据系统的挑战和通行证算法(偶数位置上的字母组成的字符串)产生口令。如果系统给出的挑战是"abcdefg",则正确的口令应该是"bdf";如果系统给出的挑战是"azyxwvut",则正确的口令应该是"zxvt"。可以看出,假如通行证算法对每个用户都是一样的,则身份认证就会失去意义。公钥密码算法在大密钥空间下可以保证不同的用户所拥有的私钥是不同的,假如通行证算法 f 是用户使用自己的私钥对挑战进行加密,就可以保证不同的用户产生的回答是不同的。

一次性口令即一个口令只对一次使用有效,这是口令时效性的一种极端形式。在某些场合,挑战-回答系统使用一次性口令。假设把回答作为口令,由于连续认证的挑战是不同的,回答也是不同的,因此每个回答(口令)在被使用后都变为无效。

一次性口令方案的问题在于随机口令的产生和用户与系统之间的同步。第一个问题可以使用单向散列函数或者加密函数(如 DES 或 AES)解决;后一个问题可以通过让系统通知用户所需要的口令解决。

使用硬件支持一次性口令相对简单,因为口令不需要打印在纸上或者输出到某些中间媒体。硬件支持的挑战-回答程序有两种形式:通用的计算机和专门的硬件。两者都可以实现相同的功能。

通用的计算机提供一种对消息进行单向散列和加密的机制。在使用这种设备时,系统首先发送一个挑战。用户把这个挑战输入设备中,由设备返回一个相应的回答。一些设备要求用户输入其个人身份证号码或者口令,并把这作为密钥,或结合挑战一起用来产生回答。

专门的硬件是基于时间的。用户拥有一个设备,每隔一定时间,如 60 秒,它就显示一个不同的数字,这些数字的变化范围是 $0 \sim 10^n - 1$。有一个类似的设备与系统连接,它知道每一个注册用户所拥有的设备为用户显示的数字是什么。为了认证,用户提交其用户名和口令,并输入设备显示的数字。系统验证用户口令是否正确,并验证用户提交的数字是否是当时系统所期望的数字。这种类型的挑战-回答系统目前被广泛用于网上银行业务,如银行为每个办理网银业务的用户发放动态数字口令生成器。

采用了"加密的密钥"技术的挑战-回答系统对第一种类型的字典攻击是免疫的。它确保挑战不以明文形式发送,由于挑战是随机的,对攻击者来说是不可知的,即使攻击者能够解密它,也不能对它进行验证。考虑下面的一个例子。

（1）Alice 用共享的口令 s 加密一个随机选择的公钥密码系统的公开密钥 p,接着 Alice 把这个密钥和她的姓名发送给 Bob。

（2）Bob 用共享的口令解密得到这个公开密钥 p,然后产生一个随机密钥 k,并把它用 p 加密,把得到的结果用共享口令 s 加密,然后发送给 Alice。

（3）Alice 解密消息得到 k,现在 Bob 和 Alice 就有了一个共享的秘密密钥。此时,挑战-回答阶段开始了。

（4）Alice 产生一个随机的挑战 R_A,用 k 对 R_A 进行加密,并把 $E_k(R_A)$ 发送给 Bob。

（5）Bob 用 k 解密 R_A,然后产生一个随机的挑战 R_B,并用 k 加密这两个挑战得到 $E_k(R_A R_B)$,然后把它发送给 Alice。

（6）Alice 解密消息,验证 R_A,并得到 R_B。她用 k 对 R_B 加密,然后把回答 $E_k(R_B)$ 发送给 Bob。

（7）Bob 解密回答并验证 R_B。

此时,Alice 和 Bob 都知道他们在共享随机密钥 k。为了理解为什么这个系统对第一种类型的字典攻击免疫,请仔细思考每一轮的交互。因为在每一次交换中,数据都是随机产生的,并且对攻击者来说是不可见的,攻击者不可能知道何时对消息进行了正确的解密。

2.4 根据实体拥有什么进行身份认证

利用合法用户所持有的某种东西(如通行证或证章等)验证身份,对大多数人来说并不陌生。目前,最广泛使用的磁卡,即一种嵌有磁条的塑料卡,这种卡已经越来越多地用于身份识别,如 ATM、信用卡、磁卡锁等。

磁卡中最主要的部分是磁条。在磁条中,不仅存放着数据,而且存放着用户的身份信息。一般来讲,磁卡与个人识别号(Personal Identification Number,PIN)一起使用。在脱机系统中,PIN 必须以加密的形式存储在磁条中,识别设备首先读取卡中的身份信息,然后将其中的 PIN 脱密,并要求用户输入 PIN,识别设备将这两个 PIN 进行比较以判断该卡的持有者是否合法。在联机系统中,PIN 可以不存储在卡上,而存储在主机系统中。在进行认证时,系统把用户输入的 PIN 与主机系统中的 PIN 进行比较,据此来判断该卡的持有人是否具有相应的身份。

正如前面对口令的讨论一样,PIN 的选择应该是不容易被其他人猜测出来的,而且用户应该记住 PIN,而不是将其记在纸上或其他媒体上。但是,如果用户拥有多张卡,且各张卡的 PIN 又都不相同,要想记住这些 PIN,则是一件非常不容易的事情。

较新的方法是采用一种称为智能卡(Smart Card)的磁卡。这种卡与普通磁卡的区别在于它带有智能化的微处理器和存储器,将微处理器芯片嵌在卡上,其存储的信息量远大于磁条,且具有处理功能。卡上的处理器有处理程序和小容量的 EPROM,有的甚至有液晶显示和对话功能。智能卡相对于普通的磁卡,其安全性有较大的提高,因为攻击者难以改变或读取卡中的数据。

2.5 根据实体的生物特征进行身份认证

使用生物特征作为身份证明与人类历史一样悠久。通过外表、声音识别一个人,通过化妆冒充一个人,这在古代就已被广泛应用。在计算机系统中,使用生物特征辨识一个人,可以理想地消除认证中的错误。生物特征识别技术作为一种身份认证的手段,具有独特的优势,近年来已逐渐成为国际上的研究热点。因为生物特征不会像口令那样容易被忘记和破解,也不会像持有物那样容易被窃取或转移,因此人们认为生物特征识别将是一种更加可靠、方便、快捷的大众化身份认证手段。

人的任何生物特征只要满足下面的条件,原则上就可以作为生物特征用于身份认证。

(1)普遍性,每个人都具有。

(2)唯一性,任何两个人都不一样。

(3)稳定性,至少在一段时间内是不变的。

(4)可采集性,可以定量测量。

然而,满足上述条件的生物特征对一个实际的系统却未必可行,因为实际的系统还必须考虑以下方面。

(1)性能,即识别的准确性、速度、鲁棒性,以及为达到所要求的准确性和速度所需要的资源。

(2)可接受性,人们对于特定的生物特征识别在日常生活中的接受程度。

(3)可欺骗性,用欺诈的方法骗过系统的难易程度。

因此,一个实际的生物特征识别系统应做到以下方面。

(1)在合理的资源需求下实现可接受的识别准确性和速度。

(2)对人没有伤害,且可为人们所接受。

(3)对各种欺诈方法有足够的鲁棒性。

目前,人们研究和使用的生物特征识别技术主要有人脸识别、指纹识别、眼睛识别、手形识别、掌纹识别、声音识别等。

典型的生物特征识别系统逻辑上包括两个模块:注册模块和识别模块。在注册模块中首先登记用户名,通过生物特征识别传感器得到用户的生物特征信息,然后从获取的数据中提取用户的特征模式,创建用户模板并存储在数据库中。识别模块同注册过程一样,获取用户的生物特征信息,提取特征模式,然后与事先注册在数据库中的模板相匹配,检验用户的身份。

1. 人脸识别

人脸识别(又称面部识别)是一个活跃的研究领域。虽然人脸识别的准确性要低于虹膜、指纹的识别,但由于它的无侵害性和对用户最自然、最直观的方式,使人脸识别成为最容易被接受的生物特征识别方式。

人脸识别主要有两方面工作要做:一是在输入的图像中定位人脸;二是抽取人脸特征进行匹配识别。目前的人脸识别系统,其图像的背景通常是可控或近似可控的,因此人脸定位相对而言容易实现。而人脸识别由于表情、位置、方向以及光照的变化会产生较大的差异,人脸的特征抽取十分困难。现在主要的人脸识别方法如下。

(1) 基于脸部几何特征的方法。

(2) 基于特征脸的方法。

(3) 神经网络的方法。

(4) 局部特征分析的方法。

(5) 弹性匹配的方法。

基于脸部几何特征的识别是提取眼睛、眉毛、鼻子、嘴等重要器官的几何形状作为分类特征。特征脸的方法是根据一组训练图像,利用主元分析的方法,构造主元子空间,这种方法是用一种最小距离分类器,当光照和表情变化较小时分类器的识别性能很好,但当表情变化较大时分类器的识别性能会显著降低。神经网络方法是将图像空间投影到隐层子空间,由于投影变换具有非正交、非线性的特性,并且可根据不同的需求构造不同的网络,因此识别效果较好。局部特征分析方法是考虑到人脸的显著特征信息并不是均匀分布于整个脸部图像中的,可能少量的局部区域却传达了大部分的特征信息,并且这些局部特征在投影前后的关系保持不变。弹性匹配方法是将人脸建模为二维或三维网格表面,应用塑性图或可变形曲面匹配技术进行匹配。

2. 指纹识别

指纹识别是最古老的生物特征识别技术,在很多领域中都得到了成功的运用。指纹指的是指尖表面的纹路,其中凸起的纹线称为脊,脊之间的部分称为谷。指纹的纹路并不是连续、平滑、流畅的,而是经常出现中断、分叉或转折,这些断点、分叉点和转折点称为细节,就是这些细节提供了指纹唯一性的识别信息。指纹的识别主要包括特征抽取、指纹分类、匹配决策三部分。

(1) 特征提取:从输入的指纹图像中提取细节,包括方向场估计、脊线抽取及细化、细节抽取。

(2) 指纹分类:在身份认证中,为了提高识别速度,通常先将指纹图像分类。分类算法可利用奇异点等标志信息,利用脊的方向和结构信息,采用句法模式识别方法。

(3) 匹配决策:识别两个指纹是否来自同一手指。匹配方法有基于串的匹配、基于Hough 变换的匹配、基于 2D 动态规整的匹配。

3. 眼睛识别

通过眼部特征认证,使用的是眼睛的虹膜和视网膜。

1) 虹膜识别特性

虹膜是一个位于瞳孔和巩膜之间的环状区域。与其他的生物特征相比,虹膜识别具有以下特性。

(1) 高独特性:虹膜的纹理结构是随机的,其形态依赖于胚胎期的发育。

（2）高稳定性：虹膜可以保持几十年不变，而且不受除光线之外的周围环境的影响。

（3）防伪性好：虹膜本身具有规律性的震颤以及随光强变化而缩放的特性，因此可以识别伪造的虹膜。

（4）易使用性：识别系统不与人体相接触，分析方便，虹膜固有的环状特性，提供了一个天然的极坐标系。

2）虹膜识别算法

虹膜识别算法包括虹膜定位、虹膜对准、模式表达、匹配决策。

（1）虹膜定位：将虹膜从整幅图像中分割出来。为此必须准确定位虹膜的内外边界，检测并排除侵入的眼睑。典型的算法是，利用虹膜内外边界近似环形的特性，应用图像灰度对位置的一阶导数搜索虹膜的内外边界。

（2）虹膜对准：确定两幅图像之间特征结构的对应关系。将原始坐标映射到一个极坐标系上，使虹膜组织的同一部位映射到这个坐标系的同一点；应用图像配准技术来补偿尺度和旋转的变化。

（3）模式表达：为了捕获虹膜所具有的独特的空间特征，可以利用多尺度分析的优势。

（4）匹配决策：用两幅图像虹膜码的汉明距离表示匹配度，这种匹配算法的计算量极小，可用于大型数据库中的识别；计算两幅图像模式表达的相关性，其算法较复杂，因此该方式仅用于认证。

视网膜扫描依赖于眼睛背面血管的模式唯一性，它要求有穿透性很强的激光束照在视网膜上。这种方法只用于需要最高级别的安全设备。

4．手形识别

手形的测量比较容易实现，对图像获取设备的要求较低，手形的处理相对也比较简单，在所有生物特征识别方法中手形认证的速度是最快的。然而，手形特征并不具有高度的唯一性，不能用于识别，但是对一般的认证应用，还是可以满足要求的。目前手形认证主要有两种方法：基于特征矢量的手形认证和基于点匹配的手形认证。

1）基于特征矢量的手形认证

大多数的手形认证系统都基于这种方法。典型的手形特征包括手指的长度和宽度、手掌或手指的长宽比、手掌的厚度、手指的连接模式等。用户的手形表示为由这些特征构成的矢量，认证过程就是计算参考特征矢量与被测手形的特征矢量之间的距离，并与给定的阈值进行比较判别的过程。

2）基于点匹配的手形认证

基于特征矢量的手形认证方法的优点是简单、快速，但是需要用户很好地配合，否则，其性能会大大下降。基于点匹配的手形认证方法可以提高系统的鲁棒性，但这是以增加计算量为代价的。其一般过程为：抽取手部和手指的轮廓曲线；应用点匹配方法，进行手指的匹配；计算匹配参数并由此识别两个手形是否来自同一人。

5．掌纹识别

与指纹识别相比，掌纹识别的可接受程度较高，其主要特征比指纹明显得多，并且提取时不易被噪声干扰。另外，掌纹的主要特征比手形的特征更具稳定性和分类性，因此掌纹识别应是一种很有发展潜力的身份识别方法。

手掌上最为明显的 3～5 条掌纹线称为主线。在掌纹识别中,可利用的信息有:几何特征,包括手掌的长度、宽度和面积;主线特征;皱褶特征;掌纹中的三角形区域特征;细节特征。目前的掌纹认证方法主要是利用主线和皱褶特征。

掌纹特征抽取有两类方法:一是抽取特征线,二是抽取特征点。抽取特征线的优势在于可以用于低分辨率和有噪声的图像。抽取特征点的好处是抽取的速度快。

掌纹特征匹配对应于掌纹特征的抽取。特征匹配分为特征线匹配和特征点匹配。特征线匹配是计算两幅图像对应特征线参数之间的距离,特征点匹配是两幅图像的两个点集之间的几何对准过程。

6. 声音识别

声音的变化范围比较大,很容易受背景噪声、身体和情绪状态的影响。一个声音识别系统主要由声音信号的分割、声音特征抽取和说话人识别三部分组成。

1）声音信号的分割

其目的是将嵌入声音信号中的重要声音部分分开。通常采用以下几种方法:能量阈值法、零交叉率和周期性的测量、声音信号倒频谱特征的矢量量化、与说话人无关的隐马尔可夫字词模型。

2）声音特征抽取

人的发声部位可以建模为一个由宽带信号激励的时变滤波器,大部分的声音特征都与模型的激励源和滤波器的参数有关。倒频谱是最广泛使用的声音特征抽取技术,由标准倒谱发展了 mel 整形倒谱和 mel 频率倒谱系数。此外,声音特征参数还包括全极点滤波器的脉冲响应、脉冲响应的自相关函数、面积函数、对数面积比和反射系数。

3）说话人识别

说话人识别的模型有两种:参数模型和非参数模型。两个主要的参数模型是高斯模型和隐马尔可夫模型(HMM)。隐马尔可夫模型是当前最为流行的说话人识别模型。非参数模型包括参考模式模型和连接模型。参考模式模型将代表说话人的声音模式空间作为模板存储起来,应用矢量量化、最小距离分类器等进行匹配。连接模型包括前馈和递归神经网络,多数神经网络被训练成为直接将说话人分类的判决模型。

2.6 根据实体的行为特征进行身份认证

人的下意识动作也会留下一定的特征,不同的人的同一个动作具有不同的特征。手书签字是这方面最常见的例子。由于发展的需要,机器自动识别手书签字的研究得到了广泛的重视,成为模式识别中的重要研究课题之一。目前签名大多还只用于认证。签名认证的困难在于,数据的动态变化范围大,即使是同一个人的两个签名也绝不会相同。签名认证按照数据的获取方式可以分为两种:离线(Offline)认证和在线(Online)认证。离线认证是通过扫描仪获得签名的数字图像;在线认证是利用数字写字板或压敏笔来记录书写签名的过程。离线数据容易获取,但是它没有利用笔画形成过程中的动态特性,因此较在线签名更容易被伪造。

从签名中抽取的特征包括静态特征和动态特征,静态特征是指每个字的形态;动态特征是指书写笔画的顺序、笔尖的压力、倾斜度,以及签名过程中坐标变化的速度和加速度。目前,提出的签名认证方法,按照所应用的模型可以归为三类:模板匹配的方法、隐马尔可夫模型方法和谱分析法。模板匹配的方法是计算被测签名和参考签名的特征矢量间的距离并进行匹配;隐马尔可夫模型方法是将签名分成一系列帧或状态,然后与从其他签名中抽取的对应状态相比较;谱分析法是利用倒频谱或对数谱等对签名进行认证。

一个人敲击键盘的行为特征也可以被用来进行身份认证。击键特征是一种基于击键间隔、击键压力、击键持续时间、击键位置(在按键的边缘或中间)的行为特征。这种特征是唯一的,和手书签字一样。击键识别可以是动态的,也可以是静态的。静态识别一次性完成,通常在认证时需要输入一个固定的或已知的字符串。静态认证一旦完成,攻击者就可以在不被察觉的情况下获取这个连接,如趁合法用户暂时离开时控制其终端。动态识别贯穿整个会话过程,因此上述的攻击是不可行的。从某个用户的击键行为得到的统计信息将用于整个统计测试过程,依据技术的不同,也许会丢弃一些无效数据。

2.7 认证协议

认证协议按照验证的方向可分为双向认证协议和单向认证协议,按照使用的密码技术又可分为基于对称密码的认证协议和基于公钥密码的认证协议。

单向认证有时不需要通信双方同时在线,如电子邮件。一方在向对方证明自己身份的同时,即可发送数据,另一方在数据到达时,首先验证发送方的身份,如果身份有效,就接收数据。单向认证协议中只有一方向另一方证明自己的身份,其过程相对简单。

双向认证就是使通信双方互相验证对方的身份,适用于双方同时在线的场合。双向认证协议包括了基于对称密码的双向认证协议、基于公钥密码的双向认证协议。

2.7.1 几种常用的认证协议

身份认证方式是基于静态口令的认证方式,是最简单、应用最普遍的一种身份认证方式。但存在很多安全问题:它是一种单因素的认证,安全性仅依赖于口令,口令一旦泄露,用户即可被冒充;易被攻击,采用窥探、字典攻击、穷举尝试、网络数据流窃听、重放攻击等都很容易攻破该认证系统。在维护网络安全的实际操作中,常常将身份认证的几个基本方式加以组合(即采用标记(Token)和口令相结合的方式)来构造实际的认证系统,提高认证的安全性和可靠性。

1. 一次性口令认证

窃取系统口令文件和窃听网络连接以获取用户 ID 和口令是网络环境下最常见的攻击方法。在网上传递的口令只使用一次的情况下,攻击者是无法用窃取口令的方式来访问系统的。一次性口令(One Time Password,OTP)系统就是为了抵制重放攻击而设计的。一次性口令认证也称为动态口令认证。

一次性口令认证的主要思路:在登录过程(即身份认证过程)中加入不确定因素,使每次登录过程中传送的信息都不相同,以提高登录过程的安全性。例如:

$$登录密码＝Hash(用户名＋口令＋不确定因素)$$

系统在接收到登录口令后做一个验算即可验证用户的合法性。Hash 指单向杂凑函数。这样,即使攻击者窃听到网络上传输的数据,试图采用重放攻击方式进入系统,也由于受不确定因素变化的影响,而不能登录。

一次性口令系统大致分为以下几种。

1) 口令序列

口令为一个单向的前后相关的序列,系统只用记录第 N 个口令。当用户用第 $N-1$ 个口令登录时,系统用单向算法计算出第 N 个口令,并与自己保存的第 N 个口令匹配,来判断用户的合法性。由于 N 是有限的,故用户登录 N 次后必须重新初始化口令序列。1991 年贝尔通信研究中心(Bell core)开发的 S/KEY 产品采用的就是口令序列,它是一次性口令系统的首次实现。

2) 挑战-回答

在用户要求登录时,系统产生一个随机数发送给用户作为挑战(Challenge);用户用某种单向 Hash 函数将自己的秘密口令和随机数混合起来,计算出一个 Hash 值发送给系统作为回答(Response),系统再用同样的方法进行验算即可验证用户的身份。由于 Hash 函数的单向性,用户和系统都能很容易地算出 Hash 值并用信道传输的该值判断用户的身份,而对于攻击者来说,由 Hash 值推出用户的口令是不可能的。目前,这一机制已经得到了广泛应用,Windows 系统的 NTML 协议、Linux 系统的 PAM 和 IPSec 协议中的密钥交换(IKE)及物联网(IoT)设备认证等都采用了这一技术。

3) 时间同步

以用户登录时间作为随机因素。美国 RSA 公司的产品 SecureID 就是采用的这种一次性口令技术。系统给每个用户发一个身份令牌,该令牌以一定的时间间隔产生新的口令,验证服务器会跟踪每个用户的 ID 令牌产生的口令相位。这种方式对双方的时间准确度要求较高,一般采取以分钟为时间单位的折中办法。在 SecureID 产品中,对时间误差的容忍可达 ±1 分钟。

4) 事件同步

以挑战-回答方式为基础,将单向的前后相关序列作为系统的挑战信息,以避免用户每次输入挑战信息。但当用户的挑战序列与服务器产生偏差后,需要重新同步。

2. Kerberos 认证

Kerberos 是麻省理工学院为分布式网络设计的可信第三方认证协议。网络上的 Kerberos 服务起着可信仲裁者的作用,它可提供安全的网络认证,允许个人访问网络中不同的机器。Kerberos 基于对称密码技术(采用 DES 进行数据加密,但也可用其他算法替代),它与网络上的每个实体分别共享一个不同的密钥,是否知道该密钥便是身份的证明。

1) Kerberos 协议原理

在 Kerberos 协议中,AS 为认证服务器,在用户登录时确认用户身份。AS 与密钥分配中心 KDC 类似,与每个用户共享一个密钥。TGS 为票据分配服务器,为用户之间的通信分配票据,使应用服务器相信 TGS 持有者身份的真实性。Kerberos 协议的认证过程如图 2-1 所示。

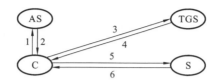

图 2-1 Kerberos 协议的认证过程

从图 2-1 可知,用户 C 要访问目标服务器 S,需要进行六次协议交换,即

```
C->AS:C,TGS,Addr,TS1
AS->C:{Kc,tgs}Kc,TGT,TGT:{TGS,C,Addr,TS2,Lifetime2,Kc,tgs}Ktgs
C->TGS:S,TGT,Authenticator1;Authenticator1:{C,Addr,TS3}Kc,tgs
TGS->C:{Kc,s}Kc,tgs,Ts;Ts:{S,C,Addr,TS4,Lifetime4,Kc,s}Ks
C->S:S,Ts Authenticator2;Authenticator2:{C,Ad-dr,TS5}Kc,s
S->C:{TS5+1}Kc,s
```

2)新 Kerberos 协议规范

Kerberos 协议是建立在一些假设之上的,即只有在满足以下假定的环境中才能正常运行。

(1)不存在拒绝服务攻击。

(2)主体必须保证它们的私钥安全。

(3)Kerberos 无法应付口令猜测攻击。

(4)网络上每个主机的时钟必须是松散同步的。

因此,Kerberos 协议不是完全安全的,并且也不能自动提供安全。

ITEF 对 Kerberos 协议规范(称为旧规范)进行了改进,改进的 Kerberos 协议规范(称为新规范),详细阐明了很多在旧规范上没有清楚描述的条款,增加了一些推荐性的执行选项和新操作。

3)新 Kerberos 协议主要改进

新 Kerberos 协议主要改进了以下几个方面。

(1)为了与当前应用相适应,采用了新的加密和校验方法。这是最主要的改进。同时,删除了一些已不够强壮的方法,如 DES 和 MD5,而采用 AES。表 2-1 将 DES 与 AES(Rijndael)加密算法的性能进行了比较。

表 2-1 DES 与 AES(Rijndael)加密算法的性能比较

ITEM	DES	AES(Rijndael)
密钥长度	密钥长度是 64 bit,而有效的密钥长度为 56 bit,运行速度稍慢	Rijndael 算法根据安全级别的高低可以自由选择密钥长度(128/192/256 bit 三种),明显提高了算法的灵活性和安全性,运行速度快

续表

ITEM	DES	AES(Rijndael)
是否存在弱密钥	存在弱密钥和半弱密钥,降低了 DES 算法的安全性	Rijndael 算法由于其密钥扩展函数的特点,所产生的密钥随机性强,对初始密钥的选取没有特别的限制
是否具有对称性	具有对称性。互补对称性可以使 DES 在选择明文攻击时所需要的工作量减半	Rijndael 的均匀对称结构既可提高执行的灵活度,又可有效防止差分攻击和线性攻击

针对密钥的生成,在新规范中,用户模式下私钥可能来自用户的口令,因为用户密钥可能存储在智能卡上,或者可以直接获得,与口令无关,而以前用户私钥仅通过用户输入口令生成。

(2) 依赖 KDC 检查传输域,并将检查标志包含在票据内,以表明该检查已经执行。目前,Kerberos 的执行即使忽略域标志或者不设置域标志也不存在安全隐患。新规范增强了解析主机名的能力,当 Kerberos 为一个命名主体提供认证时,能够确保它所认证的主体名字是完整的,并且就是它所期望通信的对象。

(3) 首次在参考文献中提出应用公开密钥算法对认证进行初始化。

(4) 增强了 Kerberos 的扩展性及兼容性。

新规范虽然弥补了旧规范的许多环境缺陷和技术缺陷,但由于历史原因,它还存在许多局限性。作为一个认证服务,Kerberos 在网络上仅为主机身份的验证提供了一种方法,并不提供认证,如应用程序不能将 Kerberos 服务器上所发布的服务票据作为授权票据,因为这有可能会使应用程序在其他密钥分发系统内部变得十分脆弱。

3. 公钥认证体系

前述两种认证协议的主要特点是,必须拥有一个 KDC 或中心认证服务器,该服务器保存所有系统用户的秘密信息,这对一个比较方便进行集中控制的系统来说是一个较好的选择。当然,这种体制对于中心数据库的安全要求是很高的,因为一旦中心数据库被攻破,整个系统将崩溃。

随着网络应用的普及,有时必须对系统外用户进行身份认证,即使某个用户没有在某个系统中注册,也要求能够对其身份进行认证,尤其是在分布式系统中,这种要求格外突出,也显示了公钥认证技术的独特优越性。

公钥认证协议规定给每个用户分配一对密钥(也可由自己产生),称之为公钥和私钥,其中私钥由用户妥善保管,公钥则向所有人公开。这一对密钥是配对使用的,如果用户能够向验证方证实自己持有私钥,就证明了自己的身份。当它用作身份认证时,验证方需要用户方对某种信息进行数字签名,即用户方以用户私钥作为加密密钥,对某种信息进行加密,传给验证方,而验证方则将用户方预先提供的公钥作为解密密钥,就可以对用户方的数字签名进行解密,以确认该信息是否是该用户所发,进而认证该用户的身份。

公钥认证体制中要验证用户的身份,必须拥有用户的公钥,而用户公钥是否正确,是否是所声称拥有人的真实公钥,这在认证体系中是一个关键问题。常用的办法是找一个值得信赖而且独立的第三方认证机构充当认证中心（Certificate Authority，CA），来确认声称拥有公开密钥的人的真正身份。任何希望能发放自己公钥的用户，可以去 CA 申请自己的证书。CA 在认证其真实身份后，颁发包含用户公钥的"数字证书"，数字证书又叫"数字身份证""数字 ID"，它是包含用户身份的部分信息及用户所持有的公钥相关信息的一种电子文件，可以用来证明数字证书持有者的真实身份。CA 利用自身的私钥为用户的"数字证书"加上数字签名，可以保证证书内容的有效性和完整性。其他用户只要能验证证书是真实且完整的（用 CA 的公钥验证 CA 的数字签名），并且信任颁发证书的 CA，就可以确认用户的公钥。

所有 CA 以层次结构存在，每个 CA 都有自己的公钥，这个公钥用该 CA 的证书签名后存放于更高一级 CA 所在的服务器中。但是，由于"Root CA"为公认权威机构，位于顶端，没有上一级节点，故不受此限。在两方通信时，通过出示由某个 CA 签发的证书来证明自己的身份，如果对签发证书的 CA 本身不信任，则可验证 CA 的身份，以此类推，一直到"Root CA"处，就可确定证书的有效性。

要建立安全的公钥认证系统，必须先建立一个稳固、健全的 CA 体系，尤其是公认的权威机构，这也是当前公钥基础设施（Public Key Infrastructure，PKI）建设的一个重点。CA 目前采用的标准是 X.509。X.509 中定义的证书结构和身份认证协议已经在各种环境中实际使用了，它对所用具体加密、数字签名、公钥密码以及 Hash 算法未做限制，必将会有广泛的应用，已纳入 PEM（Privacy Enhanced Mail）系统中。X.509 是定义目录服务建议 X.500 系列的一部分，其核心是建立存放每个用户的数字证书的目录（仓库）。用户数字证书由可信赖的 CA 创建，并由 CA 或用户存放于目录中供检索。

在实际应用中，若验证方想获得用户的公钥，则先在目录中查找用户的"数字证书"，利用 CA 的公钥和 Hash 算法验证用户"数字证书"的完整性，从而判断用户的公钥是否正确。

采用数字证书进行身份认证的协议有很多，安全套接字协议层（Secure Socket Layer，SSL）和安全电子交易（Secure Electronic Transaction，SET）是其中的典型例子。验证方向用户提供一个随机数，用户以其私钥（Kpri）对该随机数进行签名，将签名和自己的证书 Cert 提交给验证方，验证方验证证书的有效性，从证书中获得用户公钥（Kpub），以 Kpub 验证用户签名的随机数。

2.7.2　常用认证协议的分析与比较

从目前的发展来看，一次性口令认证协议实现最为简便，而 Kerberos 实现起来较为复杂，用户方和服务器方共享一个秘密信息，以加密的方式传送该秘密信息，服务器方保存所有用户的秘密信息以备进行认证，两者都适用于系统对用户的单向认证。随着电子商务的广泛开展，对于系统与系统之间的双向认证，公钥认证显得越发重要，而要安全、正确地使用公钥认证，就必须大力加强 PKI 建设。PKI 是在公开密钥理论和技术基础上发展起来的一种综合、安全平台，能够为所有网络应用透明地提供采用加密和数字签名等密码服务所必需的密钥和证书管理，从而达到保证网上传递信息的安全、真实、完整和不可抵赖的目的。

2.8　分布式计算环境与移动环境下的身份认证

2.8.1　分布式计算环境下的身份认证

在分布式计算环境下,用户访问系统时的位置是可变的,同时用户所要访问的系统资源也不是固定的。Kerberos 提供了一种具有较高安全性能的用户身份认证和资源访问认证的机制。在 Kerberos 认证体制中,除了认证服务器 AS 外,还有另外一种票据授权服务器(Ticket Granting Server,TGS)。AS 中保存了所有用户的口令。用户登录系统表明访问某个系统资源时,系统并不传送用户口令,而是由 AS 从用户口令中产生一个密钥 $K_{U,AS}$,并传送给用户 U 一个可以访问 TGS 的门票 T_{tgs}。用户 U 将获得的 T_{tgs} 连同其个人化信息发送给 TGS。TGS 对用户身份信息认证后,发送给用户 U 一个可以访问某个服务器的门票 TS。用户 U 将获得的 TS 连同其个人化信息发送给 Server。Server 对信息认证后,给用户提供相应的服务。协议认证过程如图 2-2 所示。

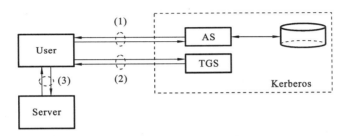

图 2-2　协议认证过程示意图

1. Kerberos 的特点

(1)与授权机制相结合。

(2)实现了一次性签发机制,且签发的票据有一个有效期。

(3)支持双向的身份认证,即服务器可以通过身份认证确认客户方的身份,如果需要,客户也可以反向认证服务方的身份。

(4)通过交换"跨域密钥"来实现分布式网络环境下的认证机制。

(5)安全性强,能防止攻击和窃听,能提供高可靠性和高效的服务,具有透明性(用户除了发送 Password 外,不会觉察出认证过程),可扩充性好。

2. Kerberos 的局限性

Kerberos 的设计是与 MIT 校园网环境结合的产物,在分布式系统中应用时也存在一些局限性。

首先,原有的认证码很有可能被存储或替换。虽然时间戳是专门用于防止这类重放攻击的,但在票据的有效时间内仍然可能奏效。假定在一个 Kerberos 服务域内的全部时钟保持同步,收到消息的时间在规定范围内(一般规定 $t=5$ 分钟)就认为该消息是新的。而事实上,攻击者可以事先把伪造的消息准备好,一旦得到认证码就发出,系统在 5 分钟的时间内是难以检查出来的。

其次,认证码的正确性与基于网络中所有的时钟保持同步,如果主机的时间发生错误,则原来的认证码毫无疑问可以被替换。大多数网络的时间协议都是不安全的,而在分布式系统中这将导致极为严重的问题。

再次,Kerberos 防止口令猜测攻击的能力很弱,攻击者可以收集大量的票据,通过计算和密钥分析进行口令猜测。当用户选择的口令不够复杂时,便不能有效地防止口令猜测攻击。实际上,最严重的攻击是恶意软件攻击,Kerberos 认证协议依赖于 Kerberos 软件的绝对可信,而攻击者可以用执行 Kerberos 协议和记录用户口令的软件代替所有用户的 Kerberos 软件,达到攻击目的。一般而言,安装在不安全计算机内的密码软件都会面临这一问题。

另外,在分布式系统中,CA 星罗棋布,域间会话密钥的数量惊人,密钥的管理、分配、存储等都是很严峻的现实问题。

为了解决上述问题,有很多学者提出了改进的 Kerberos 分布式认证协议。例如,有学者采用 Yaksha 体制的思想,对 Kerberos 进行优化,联网时可不使用口令,提高了安全性;在认证过程中,由用户对自己加盖的时间戳进行验证,解决了 Kerberos 时间同步问题,并有效地防止重放攻击;采用 RSA 公钥加密算法进行认证虽比单钥加密算法速度慢,但简化了认证步骤,减少了加/解密次数,缩短了用户机的等待时间,还是能够达到实时认证的速度要求的。

2.8.2 移动环境下的身份认证

近些年来移动通信的发展日新月异,移动平台上传输的内容不再局限于传统的语音业务,大量敏感的数据业务,如移动电子商务、移动电子银行、移动购物等也出现在移动平台上。在移动通信中,用户和固定的通信机站之间并不存在一条通信线路,电波在开放的空间中传送,使任何人都可以轻易地接收通信的信号,此外,由于用户可以在任意的区域内移动而不受限于某一固定点的通信,使攻击者有了窃听和非法使用的机会,因此移动通信的安全成为一种必不可少的需求。

移动环境下的安全性要解决的问题就是保证数据在传输过程中的机密性、完整性、有效性。而对移动数据业务来说,首先就需要解决有效性,即实现对用户身份的识别——身份认证。由身份认证系统来解决移动通信实体的身份确认,使通信双方能够确信对方就是声明和自己通信的实体。

1. GSM 认证体制

全球移动通信系统(Global System for Mobile Communications,GSM)是全球最成熟的数字移动电话网络标准之一,GSM 的成功不仅在于其技术优势,还在于其标准化推动了全球移动通信的统一,加速了移动通信行业的发展。尽管 GSM 逐渐被更先进的标准(如 LTE 和 5G)所替代,但其仍然在许多国家用于基础通信和物联网设备,尤其是在发展中国家和偏远地区。

GSM 并不是通过手机号码来进行身份认证的,而是通过存储在手机用户识别模块(Subscriber Identity Module,SIM)中的用户认证密钥 K 和跨国移动用户识别(International Mobile Subscriber Identity,IMSI)或临时移动用户识别(Temporary Mobile

Subscriber Identity，TMSI)号码来确定使用者的身份的，也就是说 GSM 中采用了两个认证协议：IMSI 认证协议和 TMSI 认证协议。

在 IMSI 认证协议中，当用户初次接入 GSM 时，由移动台(Mobile Station)传送 SIM 中的 IMSI 号码给 VLR(异地系统注册中心——处理用户所在地访问的实时证实和接入控制，临时注册)，再由 VLR 传送给 HLR(本地系统注册中心——处理本地的实时证实和接入控制，永久注册)进行身份认证，而后由 VLR 分配一个 TMSI 号码给用户，并在成功认证后以加密形式传给 MS，MS 解密后将 TMSI 号码存储到 SIM 中，此后 MS 用 TMSI 号码进行认证，直到新的 TMSI 号码被分配给用户。

TMSI 的设置是为了防止非法个人或团体通过监听无线电波而窃得移动用户的 IMSI 号码或跟踪移动用户的位置。TMSI 号码由交换中心分配，并不断地进行更换，更换周期由网络运营者设置。

当用户从一个 VLR 移动到新的 VLR 时，新的 VLR 向原 VLR 要求 IMSI、TMSI、LAI 和三元组(RAND，SRES，Kc)。其中，SRES 是一个由 K 以及随机数 RAND 生成的 Hash。在 TMSI 认证过程中，首先用户传送 SIM 中的 TMSI 号码给 VLR，VLR 发送 RAND 给用户。用户计算 SRES 和 Kc 后，将 SRES 传给 VLR，由 VLR 与原存储的 SRES 进行比较。认证通过后，通信双方就可以通过密钥 Kc 进行数据的加密，如图 2-3 所示。

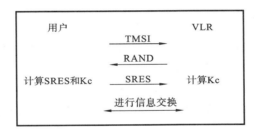

图 2-3 TMSI 认证示意图

GSM 认证也存在一些缺陷，如 GSM 认证是单向身份认证，MS 不能认证网络，无法防止伪造网络设备(如基站)的攻击；加密密钥 Kc 及认证数据等安全相关信息在网络中使用明文进行传输，易造成密钥信息泄露；基站和基站之间均是明文传送，无加密和认证措施；用户身份认证密钥 K 不可变，无法抗击重放攻击；无消息完整性认证，无法保证数据在链路传输过程中的完整性；在用户漫游时，从一个网络进入另一个网络没有相关性，等等。这些安全缺陷都应当考虑，并设法进行改进和弥补。

2. WAP 移动认证系统

随着移动互联网的快速发展，WAP 移动认证系统被广泛应用于手机和其他移动设备上，使用户能够访问各种在线服务，WAP 移动认证系统旨在解决在无线网络环境中可能存在的安全隐患。目前，WAP 移动认证系统的应用包括股票买卖、网上账单缴付、互联网游戏、新闻等。WAP 移动认证系统的关键就是要对使用者的身份进行确认，以便作为移动业务消费记录和形成账单的依据。

移动系统由于受到移动通信设备和移动通信技术上的限制，而不能照搬固定网络中的安全技术。例如,手机终端的加密、解密能力有限,不能进行大数据量的计算;手机容易丢失或遭窃,他人可能使用该手机冒名与 WAP 服务器通信,等等。因此,必须有一套完整且有效的认证协议,以保证无线通信过程的安全。

WAP 的身份认证可以通过调用 WMLScript 在应用层实现认证,也可以通过 WAP 网关结合 CA 证书的方式进行认证。

目前,大部分移动终端都能够支持 WML 和 WMLScript,可以通过 WMLScript-Crypto API 在应用层实现客户端的加密、解密、签名和验证。WMLScript Crypto API 是 WAP2.0 标准中的重要内容之一,在库中存有如 RSA、SHA、DES 等常用加密算法。它可以加强手机终端的安全能力,服务商只要通过在网页中调用脚本加密函数库就可以完成提交信息的加密、签名以及证书的认证等操作。在应用层对数据加密后,WAP 网关获得的数据是经过加密后的数据,从而最大限度地保障了数据端到端的安全性。

随着技术的发展,SIM 已经越来越不能满足应用的需要了。未来的手机身份认证卡是一种具有更安全加密、解密功能和更大存储空间的智能卡。例如,WIM(WAP 身份模块)能够存储数字证书和用户密钥,并能够进行加密、解密运算;再如,Gemplus 公司开发了几款具有 PKI 功能的应用于移动环境下的智能卡,有很高的安全性,这种卡很适合用于移动银行、移动电子商务、股票交易、购票等对安全性要求很高的业务。

习题 2

2.1 外部实体必须提供信息使得系统能够证明它的身份,试对这些信息(认证方式)进行分类,并说明其合理性。

2.2 列举身边的几项身份认证实例,并探讨其使用的技术。

2.3 查阅相关文献,总结应用于 Web 的身份(IP 地址、主机名)认证与通常的身份认证的异同。

2.4 Kerberos 协议和新 Kerberos 协议的具体认证过程包括哪些?

2.5 查阅相关文献,总结 Kerberos 协议和新 Kerberos 协议的优势与缺陷。

2.6 身份认证技术还有哪些有希望的发展方向?

3

单点登录系统

随着信息技术的迅猛发展和互联网应用的普及,用户在多个系统和服务中频繁切换的现象变得日益普遍。传统的身份认证方式往往需要用户在每个系统中单独登录,这不仅增加了用户的操作负担,也带来了安全隐患。为了解决这一问题,单点登录(Single Sign-On,SSO)技术应运而生。SSO允许用户一次性登录后,便能够无缝访问多个相关应用系统,从而提升用户体验和系统安全性。中央认证服务(Central Authentication Service,CAS)作为一种开源的单点登录解决方案,在实际中得到了广泛的应用。

3.1 SSO研究背景与现状

3.1.1 SSO研究背景

通常来说,每个单独的系统都会有自己的安全体系和身份认证系统。在整合以前,进入每个系统都需要进行登录,这样的局面不仅给管理带来了很大的困难,在安全方面也埋下了重大的隐患。下面是一些著名的调查公司统计出的相关数据。

(1)用户每天平均花16分钟在身份验证任务上。

(2)67%的人很少改变他们的密码。

(3)每79秒就会出现一起身份信息被窃事件。

在当前的应用系统中,后台各系统大部分使用传统的"账号+静态密码"的认证方式。各系统独立对用户进行认证,用户每次登录系统的时候要输入不同账号和密码,如图3-1所示,同时用户对系统的访问没有统一的审计机制。

因此,在实际使用应用系统的过程中,问题也接踵而至。

在身份认证方面,存在密码组合容易猜测、密码容易被破解、密码容易被截获、静态密码容易泄露等问题。

在系统登录方面,存在登录频繁、密码太多难以记忆、使用同一密码等问题。

在应用系统管理方面,应用系统的各个子系统都有一套独立的数据库,管理员往往需要对不同子系统数据库中的用户分别进行管理。这样就导致一些问题,如管理员要

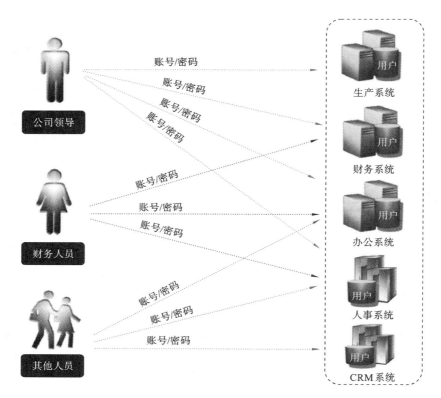

图 3-1 当前应用系统中不同用户登录各系统示意图

花费大量的时间在增加、删除账号上;不能及时删除离职员工的账号,解除其权限;用户信息在各个应用系统中不一致;不能及时发现某一系统的非法访问情况;新开发系统没有标准和未来管理混乱,等等。

因此,对应用系统的访问建立一套完整的安全防护和用户管理机制是十分必要的。

单点登录是一个用户认证的过程,它允许用户一次性进行认证之后,就可以访问系统中不同的应用,而不需要在访问每个应用时,都重新输入密码,如图 3-2 所示。IBM 对 SSO 有一个形象的解释,即单点登录、全网漫游。

SSO 将一个企业内部所有域中的用户登录和用户账号管理集中到一起,它的好处显而易见,如下所述。

(1)减少用户在不同系统中登录所耗费的时间,减少用户登录出错的可能性。

(2)实现用户安全认证的同时避免了处理和保存多套系统用户的认证信息。

(3)减少了系统管理员增加、删除用户账号和修改用户权限的时间。

(4)增加了管理上的安全性,系统管理员有了更好的方法管理用户账号,包括可以通过直接禁止和删除用户账号来取消该用户对所有系统资源的访问权限。

3.1.2 SSO 研究现状

目前单点登录没有统一的标准和规范,不同软件公司所开发的单点登录系统在实现与应用上也不同,如 Sun 公司的 Sun Java System Access Manager 和 OpenSSO,

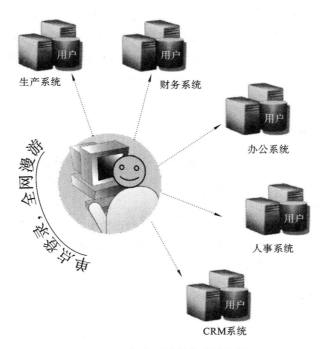

图 3-2   应用系统单点登录实例

IBM 的 WebSphere，等等。

目前很多协议添加了对单点登录的支持，如 Yale-CAS 协议、安全断言标记语言（SAML）协议等。其中，Yale-CAS 协议是基于 HTTPS 协议的一种身份认证协议，SAML 协议是用作交换验证和授权信息的 XML 框架。IBM WebSphere 主要是通过 HTTP Cookie 来实现同一域中的单点登录，用户通过共享的 Cookie 访问其他系统；Sun Java System Access Manager 是一种基于角色的访问控制的单点登录系统，它被放置于独立的服务器上来完成身份认证功能；中央认证服务（Central Authentication Service，CAS）是通过 Yale-CAS 协议基于 Java 实现的单点登录系统。

3.2 CAS 方案

3.2.1 CAS 简介

CAS 单点登录系统最早由耶鲁大学开发。2004 年 12 月，CAS 成为 JA-SIG 中的一个项目。CAS 是单点登录应用最为广泛的解决方案。

CAS 的主要特性如下。

（1）基于开源的、多协议的 SSO 解决方案，具体的协议包含 Custom Protocol、CAS、OAuth、OpenID、RESTful、API、SAML 1.1、SAML 2.0 等。

（2）支持多种认证机制，如 Active Directory、JAAS、JDBC、LDAP、X.509 Certificates 等。

（3）其安全策略是使用票据（Ticket）来实现支持的认证协议。

（4）支持授权功能：可决定哪些服务可以请求和验证服务票据（Service Ticket）。

（5）提供高可用性：把认证过的状态数据存储在 TicketRegistry 组件中，这些组件有很多支持分布式环境的实现，如 BerkleyDB、EhcacheTicketRegistry、JDBCTicketRegistry、JBOSS TreeCache、JpaTicketRegistry、MemcacheTicketRegistry 等。

（6）集成开发环境，如 Java、.Net、PHP、Perl、Apache、uPortal 等。

3.2.2 CAS 实现原理

从结构上看，CAS 主要包含 CAS 客户端和 CAS 服务端两部分。CAS 客户端指的是在 Web 应用中添加 CAS 提供的 Listener 和 Filter。CAS 客户端主要负责对客户端的请求进行登录校验、重定向和校验 Ticket 工作（独立部署，主要负责对用户的认证工作）。CAS 服务端主要负责对用户的用户名/密码进行认证、颁发 Ticket 等，类似于存储第一次登录用户的一个标识，以便此用户登录其他系统时验证其是否需要再次登录（处理对客户端受保护资源的访问请求，需要登录时，重定向到 CAS 服务端）。

1. CAS 客户端实现

Cookie 技术是客户端的解决方案，Cookie 就是由服务器发给客户端的特殊信息，而这些信息以文本文件的方式存放在客户端，然后客户端每次向服务器发送请求的时候都会带上这些特殊的信息。

服务器在向客户端回传相应的超文本时也会发回这些个人信息，当然这些信息并不存放在 HTTP 响应体（Response Body）中，而存放在 HTTP 响应头（Response Header）中。当客户端浏览器接收到来自服务器的响应之后，浏览器会将这些信息存放在一个统一的位置，当下次访问同样服务时，浏览器将 Cookie 中的 TGC 携带到服务器中，服务器根据 TGC 就可以查找到与之对应的票根（TGT）。

2. CAS 服务端实现

Session 技术是服务端的解决方案，服务器通过 Session 来保持 HTTP 协议状态。我们把客户端浏览器与服务器之间一系列交互的动作称为一个 Session。从这个语义出发，可以有 Session 持续会话时间、Session 过程中进行相关操作等。

另外，Session 指的是服务端为客户端所开辟的存储空间，Session 中存放与特定客户端相关的具体内容，以及如何根据键值从 Session 中获取匹配的内容等。

Session 是在服务端程序运行的过程中创建的，不同语言实现的应用程序有不同创建 Session 的方法，HttpServletRequest 的 getSession() 方法可以创建 Session，并为该 Session 生成唯一的 Session ID，而这个 Session ID 在随后的请求中会被用来检索已经创建的 Session。Session ID 被保存到 Cookie 中，并发回客户端。

CAS 访问的时序图如图 3-3 所示。

简单来说，CAS 的思路就是使用一个过滤器作为 CAS 的客户端，对所有请求进行拦截，CAS 的客户端与服务端共同管理应用（用户登录）。CAS 的基本流程图如图 3-4 所示。

CAS 客户端与受保护的客户端应用部署在一起，以 Filter 过滤器的方式保护安全资源。

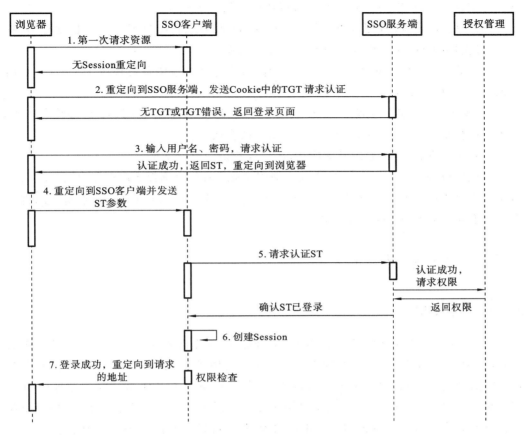

图 3-3　CAS 访问的时序图

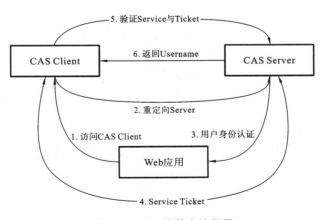

图 3-4　CAS 的基本流程图

（1）对于访问受保护资源的每个 Web 请求，CAS 客户端会分析该请求的 HTTP 请求中是否包含 Service Ticket（服务票据，由 CAS 服务端发出，用于标识目标服务，简称 ST）。

（2）如果没有 ST，则说明当前用户尚未登录，于是将请求重定向到 CAS 的服务器登录地址，并传递要访问的目的资源地址给服务器，以便登录成功后转回该地址。如果有 ST,则说明当前用户已经登录,可直接访问目的资源地址。

（3）用户输入认证信息,如果登录成功,CAS 服务端将随机产生一个长度相当、唯一、不可伪造的 Service Ticket,并缓存以待将来验证。

（4）系统自动重定向到 Service 所在地址,并为客户端浏览器设置一个 CAS 会话标识(Ticket Granted Cookie,TGC)。

（5）CAS 客户端在拿到 Service 和新产生的 Ticket 过后,在第（5）（6）步中与 CAS 服务端进行身份核实,以确保 Service Ticket 的合法性。

（6）返回验证结果,如果验证成功,用户成功访问应用系统。

在该协议中,所有与 CAS 的交互均采用 SSL 协议,以确保 ST 和 TGC 的安全性。协议工作过程中会有 2 次重定向的过程,但是 CAS 客户端与 CAS 服务端之间进行 Ticket 验证的过程对用户是透明的。

3.3　CAS 分析

3.3.1　部署架构

图 3-5 是一个实例的 CAS 部署图。部署过程:首先需要部署一个独立的认证中心(本节 CAS 实例部署了一个本地的认证中心,使用了本机 localhost 地址的 8081 端口),随后部署 2 个用户的 Web 服务以作示例(分别使用了本机 localhost 地址的 8088 端口和 8089 端口)。CAS 服务端主要用来提供认证服务,由 CAS 框架提供,用户只需要根据业务实现认证的逻辑即可。用户的 Web 项目只需要在 web.xml 中配置几个过滤器(用来保护资源,过滤器的实现方法也由 CAS 框架提供),Web 项目配置的过滤器相当于 CAS 客户端。

图 3-5　CAS 部署图

值得注意的是,CAS 客户端是对于 CAS 的验证过程来说的,在 CAS 进行单点登录验证的过程中,CAS 客户端需要向 CAS 服务端发送请求,并进行 CAS 验证。但 CAS 客户端本质上是用户所访问的 Web 服务。开发者在原本的 Web 项目基础上配置 CAS 过滤器之后,实现了对该 Web 服务资源的验证拦截,从而完成了 CAS 客户端的搭建,但对于用户来说,CAS 客户端在本质上是一个 Web 服务。(注:后文中以 Web 服务 1 和 Web 服务 2 分别指代 CAS 客户端 1 和 CAS 客户端 2。)

3.3.2 详细登录流程

实例的详细登录流程如图 3-6 所示,标号 1—10 展示了第一次访问 Web 服务 1 (http://localhost:8088)的流程;标号 11—12 展示了第二次访问 Web 服务 1(http://localhost:8088)的流程;标号 13—20 展示了第一次访问 Web 服务 2(http://localhost:8089)的流程。接下来将根据以上三个流程对 CAS 登录认证流程进行详细介绍。

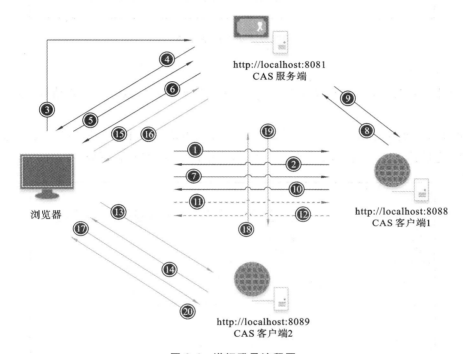

图 3-6 详细登录流程图

1. 第一次访问 Web 服务 1

标号 1:用户访问 Web 服务 1(http://localhost:8088),经过第一个过滤器(由 CAS 框架提供,在 web.xml 中配置)AuthenticationFilter,判断该访问是否携带 ST。标号 1 的主要作用是判断是否登录,如果没有登录,则重定向到认证中心。

标号 2:Web 服务 1(http://localhost:8088)发现用户没有登录,则返回浏览器重定向地址,将地址导向 CAS 服务端 http://localhost:8081,进行 CAS 验证。

可以看到,当向 Web 服务 1(http://localhost:8088)发起请求之后,浏览器会返回状态码 302,如图 3-7 所示。此时,浏览器会重定向到 CAS 服务端(http://localhost:8081),并且通过 get 的方式添加参数 service,添加该参数的目的是在登录成功之后可以重定向回来。Server 的值就是编码之后请求 Web 服务 1(http://localhost:8088)的地址。

标号 3:浏览器接收到重定向之后,发起重定向,请求访问 CAS 服务端(http://lo-

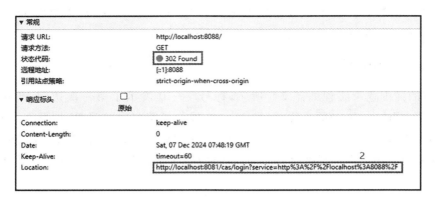

图 3-7   重定向数据包

calhost：8081）。

标号 4：认证中心 CAS 服务端（http：//localhost：8081）接收到登录请求,返回登录页面。

图 3-8 中展示了标号 3 的请求,以及标号 4 的响应。请求的 URL 是标号 2 返回的URL。之后认证中心就展示登录的页面,等待用户输入用户名、密码。

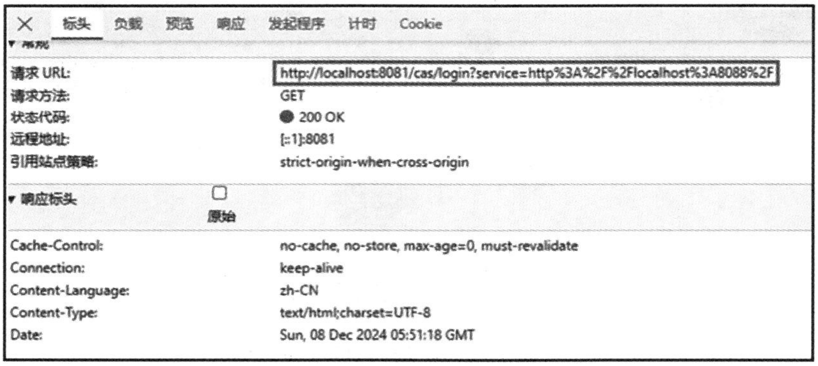

图 3-8   返回认证中心的登录页面

标号 5：用户在 CAS 服务端（http：//localhost：8081）的 login 页面输入用户名、密码并提交。

标号 6：服务器接收到用户名、密码,验证是否有效,验证逻辑可以使用 Cas-Server提供的,也可以自己实现。

图 3-9 中展示了标号 5 的请求和标号 6 的响应。当 CAS 服务端（http：//localhost：8081）即 CAS-Server 认证通过之后,会返回给浏览器状态码 302,重定向的地址就是 service 参数对应的值,并通过 get 的方式挟带了一个 Ticket 令牌,这个 Ticket 令牌就是 ST。同时会在 Cookie 中设置一个 CASTGC,该 Cookie 是网站 CAS 服务端（http：//localhost：8081）的 Cookie,只有访问这个网站,才会携带这个 Cookie 过去。

向 Cookie 中添加 CASTGC 的目的是当下次访问 CAS 服务端（http：//localhost：8081）时,浏览器将 Cookie 中的 TGC 携带到服务器,服务器根据这个 TGC,查找与之

图 3-9　重定向数据包

对应的 TGT，从而判断用户是否登录过了，以及是否需要展示登录页面。TGT 与 TGC 的关系就像 Session 与 Cookie 中 SessionID 的关系。

　　ST 的全称是 Service Ticket（小令牌），是 TGT 生成的，默认使用一次就会生效。

　　标号 7：浏览器从 CAS 服务端（http://localhost:8081）处拿到 Ticket 后，根据指示重定向到 Web 服务 1（http://localhost:8088），请求的 URL 就是图 3-10 中的请求 URL 字段。

　　标号 8：Web 服务 1（http://localhost:8088）在过滤器中会取到 Ticket 的值，然后通过 HTTP 方式调用 CAS 服务端 http://localhost:8081，并验证该 Ticket 是否是有效的。

　　标号 9：CAS 服务端（http://localhost:8081）接收到 Ticket 之后进行验证，验证通过后，返回结果并告诉 CAS 服务端 http://localhost:8081 该 Ticket 有效。

　　标号 10：Web 服务 1（http://localhost:8088）接收到 CAS 服务端的返回结果，知道了用户是合法的，展示相关资源到用户浏览器上，如图 3-11 所示。

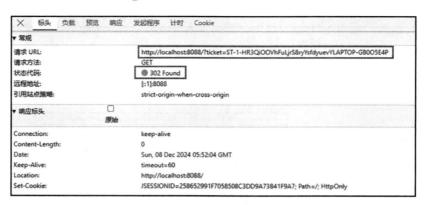

图 3-10　带 Ticket 的重定向请求数据包

图 3-11　用户合法后的浏览器显示

此时第一次访问 Web 服务 1（http://localhost:8088）的流程结束，其中标号 8 与标号 9 是通过代码调用实现的，并不是浏览器发起的，所以没有截取到报文。

2. 第二次访问 Web 服务 1

标号 11：用户发起请求，访问 Web 服务 1（http://localhost:8088）。此时会经过 CAS 客户端，也就是过滤器。因为第一次访问成功之后，Web 服务 1（http://localhost:8088）中会在 Session 中记录用户信息，因此这里直接就通过了，不用再次进行验证。

标号 12：用户通过权限验证，浏览器返回正常资源。

3. 第一次访问 Web 服务 2

标号 13：用户在 Web 服务 1（http://localhost:8088）正常上网后，需要访问 Web 服务 2（http://localhost:8089），于是发起访问 Web 服务 2（http://localhost:8089）的请求。

标号 14：Web 服务 2（http://localhost:8089）接收到请求，发现是第一次访问该网址，于是给用户返回一个重定向的地址，重定向到认证中心登录界面。

从图 3-12 可以看到，用户请求访问 Web 服务 2（http://localhost:8089），然后返回

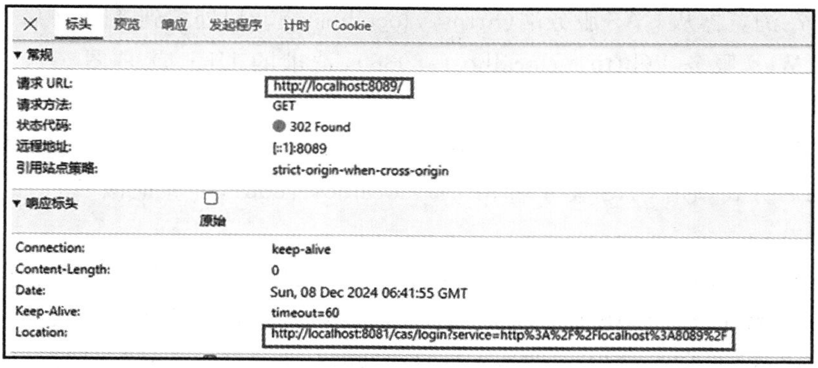

图 3-12　第一次访问网址时的重定向数据包

给它一个网址,状态码为 302,service 参数就是重定向的地址。

　　标号 15:浏览器根据标号 14 中返回的地址,发起重定向,因为已经不是第一次访问该地址,因此这次会携带上次访问返回的 Cookie(TGC)到认证中心。

　　标号 16:认证中心收到请求,发现 TGC 对应了一个 TGT,于是用 TGT 签发一个 ST,并且返回给浏览器,使浏览器重定向到 Web 服务 2(http://localhost:8089)。

　　从图 3-13 可以发现,请求的时候是携带了 Cookie(CASTGC)的,响应的就是一个地址加上 TGT 签发的 ST,也就是 Ticket。

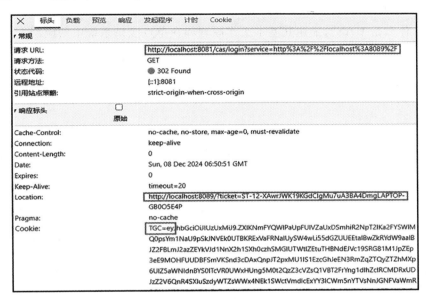

图 3-13　客户端 2 的请求验证报文

　　标号 17:浏览器根据标号 16 返回的网址发起重定向。

　　标号 18:Web 服务 2(http://localhost:8089)获取 Ticket,去认证中心验证是否有效。

　　标号 19:认证成功,返回 Web 服务 2(http://localhost:8089)的 Session 中设置的登录状态,下次访问时直接登录。

图 3-14　Web 服务 2 的访问实现

　　标号 20:认证成功之后,用户就可以直接访问拥有访问权限的资源。

3.3.3　总结

　　CAS 作为一种广泛应用于单点登录系统的解决方案,具有诸多显著优势和特点。CAS 主要由 CAS 客户端和 CAS 服务端两部分组成。CAS 客户端是集成在各个应用系统中的组件,负责拦截请求、进行登录校验、重定向和校验 Ticket 等工作;而 CAS 服务端负责用户的用户名、密码认证和颁发票据等核心认证操作。CAS 通过将认证过程集中化,有效简化了用户在多个应用系统间的登录流程,提升了用户体验,同时也加强了系统的安全性。

习题 3

3.1 什么是单点登录（SSO）？简要说明其主要优点和实现目的。

3.2 为什么在现代企业环境中需要单点登录系统？列举在没有 SSO 的情况下，企业系统中可能面临的几个问题。

3.3 什么是统一用户管理？在单点登录系统中，LDAP 协议如何实现统一用户管理？

3.4 什么是 CAS？描述其基本工作原理和在单点登录系统中的应用。

开放环境授权系统

在数字化时代,随着互联网服务和应用的日益丰富,用户对在线服务的访问需求不断增加。然而,用户面临着频繁输入密码和管理多重凭证的困扰,传统的认证和授权方式已无法满足现代应用的需求。因此,开放环境中的授权系统应运而生,以提供灵活、安全的用户身份管理和授权机制。

本章将重点探讨 OAuth 协议及其发展历程,分析 OAuth 产生的背景,阐述其在现代互联网环境中解决授权问题的重要性。此外,还将介绍另一种流行的身份认证协议——OpenID,分析其框架和优缺点,并对 OAuth 和 OpenID 进行比较,揭示两者在用户体验和安全性方面的异同。

4.1 OAuth 产生背景

传统互联网时代,各个网站和服务之间是封闭的,数据无法进行交互。随着互联网技术的迅猛发展,系统之间的相互协作日益增多,开放与共享数据的需求不断增加,互联网服务之间的整合已经成为必然趋势,一个通过自身开放平台来实现数据互通甚至用户共享的时代已经来临。

很多网站、App 弱化甚至没有搭建自己的账号体系,而是直接使用社会化登录的方式,这样不仅免去了用户注册账号的麻烦,还可以获取用户的好友关系来增强自身的社交功能。例如,我们可以使用微博登录简书,简书会自动将你的微博头像设置为你的简书头像,将你的微博昵称设置为你的简书昵称,甚至还可以获取你微博中的好友列表,提示你哪些朋友已经在使用简书,这是如何做到的呢?

最传统的办法是让用户直接在简书的登录页面输入微博的账号和密码,简书通过用户的账号和密码去微博获取用户数据,但这样做有很多严重的缺点。

(1)简书需要明文保存用户的微博账号和密码,这样很不安全。

(2)简书拥有了用户在微博所有的权限,包括删除好友、给好友发私信、更改密码、注销账号等危险操作。

(3)用户只有修改密码,才能收回赋予简书的权限,但是这样做会使得其他所有获得用户授权的第三方应用程序全部失效。

（4）只要有一个第三方应用程序被破解，就会导致用户密码泄露，以及所有使用微博登录的网站的数据泄露。

开放平台的核心问题在于用户验证和授权。对于服务提供商来说，一般不会希望第三方直接使用用户名和密码来验证用户身份，除非双方具有很强的信任关系。OAuth 协议正是为了解决服务在整合时的验证和授权问题而产生的，具有同样认证功能的协议还有 OpenID。

4.2　OAuth 1.0 方案

4.2.1　OAuth 的简述

OAuth(Open Authorization)协议为用户资源的授权提供了一个安全、开放而又简易的标准。与以往的授权方式不同的是，OAuth 的授权不会使第三方触及用户的账号信息（如用户名与密码），即第三方无需使用用户的用户名与密码就可以申请获得该用户资源的授权，因此 OAuth 是安全的。同时，任何第三方都可以使用 OAuth 认证服务，任何服务提供商都可以实现自身的 OAuth 认证服务，因而 OAuth 是开放的。

OAuth 协议致力于使网站和应用程序（统称为消费方）能够在无需用户透露其认证证书的情况下，通过 API 访问某个 Web 服务（统称为服务提供商）的受保护资源。

4.2.2　OAuth 1.0 的原理

当用户需要访问第三方 Web 应用并尝试使用 QQ 进行授权访问时，OAuth 1.0 实现的大致流程如下。

第一步：用户访问第三方网站，选择 QQ 进行授权登录。

第二步：点击 QQ 登录后，第三方网站将会连接并进行请求，第三方网站会跳转到 QQ 平台，提示用户进行登录。

第三步：用户授予第三方网站访问信息所需的权限，当 QQ 登录成功后，QQ 会进行提示，是否授权第三方 Web 访问你的用户基本信息或其他的资源信息，这时点击"授权"即可成功授权给第三方网站。

第四步：授权后，第三方 Web 即可访问用户刚刚授权的资源信息，如 QQ 的基本信息（头像、昵称、性别等）。

4.2.3　OAuth 1.0 的认证流程

在 OAuth 1.0 的认证中会用到四个重要的 URL。

第一个：Request Token URL，获取未授权的 Token 的 URL。

第二个：Request User URL，请求用户对 Token 进行授权的 URL。

第三个：Request Access URL，使用 Token 获取 Access Token 的 URL。

第四个：Request Info URL，请求用户资源信息的 URL。

OAuth 1.0 的认证流程可参照图 4-1。

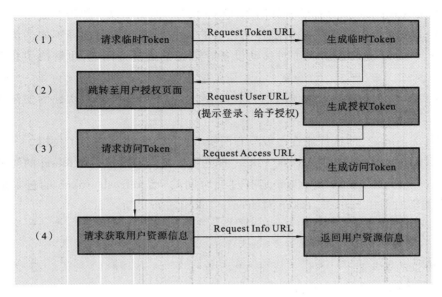

图 4-1 OAuth 1.0 的认证流程

第一步：网站向认证平台请求一个未授权的临时 Token，这个 Request Token URL 是前面说的第一个 URL。

第二步：跳转至用户授权页面，提示用户进行登录，并给予授权，返回获得已授权的 Token，用到的 Request User URL 是前面说的第二个 URL。

第三步：通过已授权的 Token，向认证平台请求访问 Token，用到的 Request Access URL 是前面说的第三个 URL。返回后，到这里整个认证流程就基本结束了。

最后是通过 Token 等参数，调用接口请求获取用户资源信息，这个不完全算认证的流程。

4.3 OAuth 2.0 方案

4.3.1 OAuth 1.0 的分析与改进

OAuth 2.0 是目前比较流行的做法，它率先被 Google、Yahoo、Microsoft、Facebook 等使用。相比于 OAuth 2.0，OAuth 1.0 存在以下缺陷。

（1）OAuth 1.0 对手机客户端、移动设备等非 Server 第三方的支持不友好。OAuth 1.0 将多种流程合并到了一起，而事实证明，这种合并流程的体验性非常差。

（2）OAuth 1.0 的三步认证过程比较烦琐，给第三方开发者增加了极大的开发难度。

（3）OAuth 1.0 的加密需求过于复杂，第三方开发者使用 OAuth 1.0 之前需要花费精力先实现 OAuth 1.0 的加密算法。

（4）OAuth 1.0 生成的 access_token 要求是永久有效的，这导致网站的安全性不强，并且使得网站的架构容易遭到破坏。

针对 OAuth 1.0 中存在的各种问题,OAuth 2.0 提供了以下解决方法。

(1) OAuth 2.0 提出了多种流程,各个客户端按照实际情况选择不同的流程来获取 access_token。这样就解决了对移动设备等第三方的支持问题,也解决了拓展性的问题。

(2) OAuth 2.0 删除了烦琐的加密算法,利用 HTTPS 传输对认证的安全性进行了保证。

(3) OAuth 2.0 的认证流程一般只有两步,对开发者来说,减轻了负担。

(4) OAuth 2.0 提出了 access_token 的更新方案,获取 access_token 的同时也获取了 refresh_token。access_token 是有过期时间的,而 refresh_token 的过期时间较长,这样能随时使用 refresh_token 对 access_token 进行更新。

4.3.2　OAuth 2.0 的原理

1. 协议的参与者

OAuth 的参与实体至少有以下四个。

(1) 资源所有者(Resource Owner,RO):对资源具有授权能力的人,如前文中的用户 Alice。

(2) 资源服务器(Resource Server,RS):它用于存储资源,并处理对资源的访问请求,如谷歌(Google)资源服务器所保管的资源就是用户 Alice 的照片。

(3) Client:第三方应用,它获得 RO 的授权后便可以去访问 RO 的资源,如网易印象服务。

(4) 授权服务器(Authorization Server,AS):它用于认证 RO 的身份,为 RO 提供授权审批流程,并最终颁发授权令牌。注意,为了便于协议的描述,这里只是在逻辑上把 AS 与 RS 区分开来,在物理上,AS 与 RS 的功能可以由同一个服务器提供。AS 的引入主要是为了支持开放授权功能,以及更好地描述开放授权协议。

2. 授权类型

在开放授权中,第三方应用(Client)可能是一个 Web 站点,也可能是在浏览器中运行的一段 JavaScript 代码,还可能是安装在本地的一个应用程序。这些第三方应用都有各自的安全特性。对于 Web 站点来说,它与 RO 的浏览器是分离的,可以自己保存协议中的敏感数据,这些密钥可以不暴露给 RO;对于 JavaScript 代码和本地的应用程序来说,它本来就运行在 RO 的浏览器中,RO 是可以访问到 Client 在协议中的敏感数据的。

OAuth 为了支持这些不同类型的第三方应用,提出了多种授权类型,如授权码(Authorization Code Grant)、隐式授权(Implicit Grant)、RO 凭证授权(Resource Owner Password Credentials Grant)、Client 凭证授权(Client Credentials Grant)等。

4.3.3　OAuth 2.0 的认证流程

图 4-2 中展示了 OAuth 2.0 的认证流程。

具体流程如下。

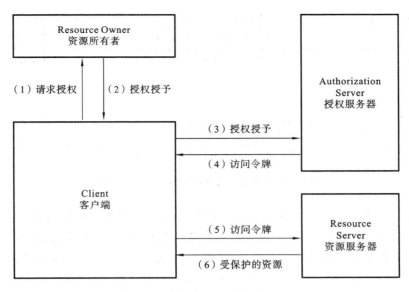

图 4-2   OAuth 2.0 的认证流程

（1）Client 请求 RO 的授权，请求中一般包含要访问的资源路径、操作类型、Client 的身份等信息。

（2）RO 批准授权，并将授权授予 Client。至于 RO 如何批准，这是协议之外的事情。典型的做法是，AS 提供授权审批界面，让 RO 显式批准。

（3）Client 向 AS 请求访问令牌（Access Token）。此时，Client 需向 AS 提供 RO 的"授权证据"，以及 Client 的身份凭证。

（4）AS 验证通过后，向 Client 返回访问令牌。访问令牌也有多种类型，若为 bearer 类型，那么谁持有访问令牌，谁就能访问资源。

（5）Client 携带访问令牌访问 RS 上的资源。在令牌的有效期内，Client 可以多次携带令牌访问资源。

（6）RS 验证令牌的有效性，如是否伪造、是否越权、是否过期，在验证通过后，才能提供服务。

4.3.4   OAuth 2.0 升级方案

1. 授权码类型的开放授权

授权码是通过使用授权服务器作为客户端和资源所有者之间的中介被获取的。客户端请求授权指导资源所有者的授权服务器，服务器反过来又指导资源所有者将授权码返回客户端，而不是直接向资源所有者申请授权。

在指导资源所有者将授权码返回客户端之前，授权服务器要验证资源所有者并获得授权。由于资源所有者只与授权服务器进行认证，因此资源所有者的凭证不会与客户端分享。

图 4-3 中展示了授权码类型的开放授权协议的基本流程。

具体流程如下。

图 4-3 授权码类型的开放授权协议的基本流程

（1）Client 初始化协议的执行流程。首先通过 HTTP 302 重定向 RO 用户代理到 AS。Client 在 redirect_uri 中应包含以下参数：client_id、scope（描述被访问的资源）、redirect_uri（即 Client 的 URI）、state（用于抵制 CSRF 攻击）。此外，请求中还可以包含 access_type 和 approval_prompt 参数。当 approval_prompt＝force 时，AS 将提供交互页面，要求 RO 必须显式地批准或拒绝 Client 的此次请求。如果没有 approval_prompt 参数，则默认为 RO 批准此次请求。当 access_type＝offline 时，AS 将在颁发 access_token 的同时颁发一个 refresh_token。因为 access_token 的有效期较短（如 3600 秒），为了优化协议执行流程，offline 方式将允许 Client 直接持 refresh_token 来换取一个新的 access_token。

（2）AS 认证 RO 身份，并提供页面供 RO 决定是否批准或拒绝 Client 的此次请求（当 approval_prompt＝force 时）。

（3）若请求被批准，AS 使用步骤（1）中 Client 提供的 redirect_uri 重定向 RO 用户代理到 Client。redirect_uri 须包含 authorization_code，以及步骤（1）中 Client 提供的 state。若请求被拒绝，AS 将通过 redirect_uri 返回相应的错误信息。

（4）Client 持 authorization_code 去访问 AS 以交换所需的 access_token。Client 请求信息中应包含用于认证 Client 身份所需的认证数据，以及上一步请求 authorization_code 时所用的 redirect_uri。

（5）AS 在收到 authorization_code 时需要验证 Client 的身份，并验证收到的 redirect_uri 与第（3）步请求 authorization_code 时所使用的 redirect_uri 是否相匹配。如果验证通过，AS 将返回 access_token，以及 refresh_token（若 access_type＝offline）。

2. 刷新令牌

OAuth 2.0 以引入刷新令牌的方式重新获取访问令牌。访问令牌的生命周期通常比资源所有者授予的要短一些。当分发一个访问令牌时，授权服务器可以同时传回一个刷新令牌，当前访问令牌超时后，客户端可以用这个刷新令牌重新获取一个访问令牌。当请求新的访问令牌时，刷新令牌担当起访问许可的角色。使用刷新令牌，不需要再次与资源所有者交互，也不需要存储原始的访问许可来获得访问令牌和刷新令牌。

举例来说，如果 Access Token 超时时间很长（如 14 天），由于第三方软件获取受保护资源时都要带着 Access Token，这样 Access Token 的攻击面就比较大。如果 Access Token 超时时间很短(如 1 小时),那么其超时之后就需要用户再次授权,这样的频繁授权会导致用户体验不好。

引入刷新令牌,就解决了"Access Token 设置时间比较长,容易泄露造成安全问题,设置时间比较短,又需要频繁让用户授权"的矛盾。

4.4　OpenID 方案

4.4.1　OpenID 框架

1. OpenID 框架介绍

OpenID 是一个以用户为中心的去中心化数字身份识别框架,具有开放性和分散性。它基于 URI(即 URL 或网站地址)来认证用户身份。

在支持 OpenID 的网站上,用户不需要记住传统的用户名和密码,只需在一个作为 OpenID 身份提供者(IdP)的网站上注册。任何网站都可以使用 OpenID 作为登录方式,也可以成为 OpenID 身份提供者。这样,用户的数字身份认证不再依赖中心化的网站。

越来越多的大型网站采用 OpenID 作为身份提供者,如 AOL、Orange 等。OpenID 还可以与.NET Framework 的 Windows CardSpace 一起使用。

由于 URI 是整个网络世界的核心,因此,可以说 OpenID 为基于 URI 的用户身份认证提供了广泛的、坚实的基础。

OpenID 系统的第一部分是身份验证,即如何通过 URI 认证用户身份。目前的网站都是依靠用户名和密码登录认证的,这就意味着大家在每个网站都需要注册用户名并设置密码,即便用户使用的是同样的密码。如果使用 OpenID,那么用户的 URI 就是用户名,而用户的密码则安全地存储在一个 OpenID 服务网站上(可以建立一个 OpenID 服务网站,也可以选择一个可信任的 OpenID 服务网站来完成注册)。

2. OpenID 系统组成

OpenID 系统由三部分组成。

(1) 终端用户(End User),即使用 OpenID 作为网络通行证的互联网用户。

(2) Relying Part(RP),即 OpenID 支持方,它支持 End User 用 OpenID 登录自己的网站。

(3) OpenID Provider(OP),即 OpenID 提供方,它提供 OpenID 注册、存储等服务。

4.4.2　OpenID 的优缺点

1. 优点

对用户而言,OpenID 的优点如下。

(1) 简化了注册登录流程。OpenID 在一定程度上避免了重复注册、填写身份资料的烦琐过程,不需要注册邮件确认,登录更快捷。

(2) 一处注册,处处通行。免去记忆大量账号的麻烦,拥有一个 OpenID 就能在任何支持 OpenID 的网站自由登录。

（3）用户拥有账号信息控制权。根据对网站的信任程度,用户可以清楚地控制哪些 profile 信息(如姓名、地址、电话号码等)可以被共享。

对于网站而言,OpenID 的优点如下。

（1）共享用户资源,给所有支持 OpenID 的网站带来了价值。

（2）已经有相当数量的高端注册用户可以直接使用,不必从零开始。

（3）用户数据是安全的,用户数据不统一存储,用户可以任意选择、更换存储的 Server。

2. 缺点

（1）任何人都可以建立一个网站并提供 OpenID 验证服务,而网站性能参差不齐,这样会导致 OpenID 的验证过程不是很稳定。

（2）如果提供 OpenID 验证服务的网站突然关闭,那么可能会导致大量用户无法使用多个网站的服务。

（3）目前支持 OpenID 的网站还不多,其独特的使用方法并不被多数用户所熟悉。

4.5　OAuth 与 OpenID 比较

OAuth 关注的是授权(authorization),即"用户能做什么";而 OpenID 侧重的是证明(authentication),即"用户是谁"。从表面上看,这两个英文单词很容易混淆,但实际上,它们的含义有本质的区别。

- authorization：n. 授权,认可;批准,委任。
- authentication：n. 证明;鉴定;证实。

如果混淆了 OAuth 和 OpenID 的含义,后果会很严重。属于身份证明问题,本应该通过 OpenID 来实现,但如果错误地使用了 OAuth,则会带来安全隐患。设想一下,用户只是在网站上发表了评论而已,但却被赋予了网站随意操作自己私有数据的权力,这明显会带来巨大的安全隐患。

接下来比较两者的功能。

1. OpenID 功能

（1）用户希望访问其在 example.com 的账号。

（2）example.com（在 OpenID 的黑话里面被称为"Relying Party"）提示用户输入其 OpenID。

（3）用户给出其 OpenID,如 http://user.myopenid.com。

（4）example.com 跳转到用户的 OpenID 提供方"myopenid.com"。

（5）用户在"myopenid.com"（黑话是"OpenID Provider"）提示的界面上输入用户名和密码进行登录。

（6）"myopenid.com"问用户是否要登录到 example.com。

（7）用户同意后,"myopenid.com"跳转回 example.com。

（8）example.com 允许用户访问其账号。

2. OAuth 功能

（1）用户在使用 example.com 时希望从 mycontacts.com 导入其联系人。

（2）example.com（在 OAuth 的黑话里面被称为"Consumer"）把用户送往 mycontacts.com（黑话是"Service Provider"）。

（3）用户在 mycontacts.com 登录。

（4）mycontacts.com 问用户是不是希望授权 example.com 访问其 mycontacts.com 的联系人。

（5）用户确定。

（6）mycontacts.com 把用户送回 example.com。

（7）example.com 从 mycontacts.com 获取联系人。

（8）example.com 告诉用户导入成功。

由此可得，OpenID 是用来认证协议的，OAuth 是用来授权协议的，二者互补。OAuth 来自 Twitter，可以让 A 网站的用户共享 B 网站上的资源，而不需要泄露用户名和密码。OAuth 可以把提供的 Token 限制在一个网站特定时间段的特定资源。

习题 4

4.1　简述 OAuth 的产生背景及其重要性。

4.2　解释 OAuth 1.0 的基本原理和认证流程。

4.3　OAuth 2.0 相较于 OAuth 1.0 的改进之处有哪些？

4.4　描述 OAuth 2.0 的认证流程及其主要参与者。

4.5　OpenID 框架的主要特点和优势是什么？

4.6　比较 OAuth 和 OpenID 的异同点。

5

快速身份认证联盟协议

随着网络服务的普及和数字化进程的加速,用户身份认证的重要性愈加凸显。然而传统的认证方式(如密码认证)面临着安全性、用户体验和管理复杂性等多方面的挑战。为了解决这些问题,快速身份认证联盟(FIDO Alliance)应运而生,并推出了一系列开放标准,旨在提供更安全、更便捷的认证解决方案。本章将深入探讨 FIDO 协议的发展历程与技术细节,并重点阐述 FIDO 2.0 的升级方案。

5.1 FIDO 产生背景

5.1.1 认证方式介绍

传统的身份认证方式主要包括密码认证、双因素认证、生物特征认证和基于证书的认证。

密码认证是一种最早期且应用较广泛的认证方式,用户通过输入用户名和密码进行身份验证。其优点在于使用简单,但因安全性较低,密码容易被破解或泄露,所以用户体验较差。改进方案是采用强密码和密码管理工具提高安全性。

双因素认证在密码认证的基础上增加了手机或硬件令牌作为第二重验证手段,提高了安全性,但也增加了登录步骤,可能带来一定的不便。

生物特征认证通过指纹、人脸识别等生物特征进行身份验证,兼具高安全性和便捷性。其缺点在于,一旦数据泄露,生物特征无法更换,并且其依赖特定硬件,生物特征采集具有一定的隐私泄露风险。

基于证书的认证利用数字证书验证用户身份,安全性高且难以伪造,因此在需要高安全性的环境中广泛应用。但其管理和使用过程较复杂,且成本较高。

综上所述,这些传统的认证方式各有优缺点,密码认证便捷但安全性不足;双因素认证较为安全但用户操作复杂;生物特征认证便利但可能存在隐私泄露问题;基于证书的认证安全性高但管理成本较高。FIDO 协议的出现,旨在解决这些不足,它通过结合公钥加密、多因素认证和本地存储等技术,提供了更安全、便捷的认证解决方案,满足现代互联网环境中对身份验证的需求。

5.1.2　认证方式面临的挑战

在现代互联网环境中,传统认证方式面临着诸多挑战,严重影响了用户的安全性和体验感。这些挑战主要集中在密码认证的安全性问题、双因素认证的操作复杂问题、生物特征认证的隐私泄露问题,以及基于证书的认证的管理问题等。

1. 密码认证的挑战

密码认证是最古老和使用最广泛的身份验证方法。用户通过输入用户名和密码来验证身份。虽然密码认证简单易用并且广泛普及,但也面临着许多安全性问题。

(1)数据泄露:密码泄露是造成数据泄露的主要原因。据科技电信公司 Verizon 2022 年度数据泄露报告显示,超过 80% 的数据泄露事件都与密码泄露相关。

(2)用户的账户数量激增:用户平均拥有超过 90 个在线账户。随着互联网的发展,各类网站和服务层出不穷,每个网站和服务都需要用户注册以记录并维护用户状态,这导致与个人关联的账户数量激增,增加了管理和记忆密码的难度。

(3)密码重复使用:高达 51% 的用户在多个网站重复使用相同的密码。尽管复杂的密码提高了安全性,但也给用户带来了较大的麻烦,如记忆困难等,这就导致用户倾向于使用相同的密码。

2. 双因素认证的挑战

双因素认证通过结合两种不同的验证方式来增强安全性,但也存在以下安全隐患。

(1)恶意应用可以读取短信验证码,在用户不知情的情况下进行盗刷。

(2)依赖短信验证码的认证方式面临较大的安全隐患。

(3)动态令牌、U 盾等在各个机构间不通用,用户需要持有多个硬件设备,增加了管理和使用的复杂性。

(4)短信验证码依赖于手机、SIM 卡、运营商基站,可能面临手机丢失、SIM 卡被盗、基站被伪造等风险。

(5)通过钓鱼网站、中间人攻击等手段获取用户验证码,给用户带来信息泄露的风险。

3. 生物特征认证的挑战

生物特征认证利用用户独特的生物特征(如指纹、面部、虹膜、声音等)进行身份验证,虽然具有高安全性和便利性,但也存在以下局限性。

(1)数据不可更换:用户无法更换自己的生物特征,如指纹、虹膜等。这与密码不同,密码可以随时更换,而生物特征无法更换,一旦生物特征数据泄露,则后果很严重。

(2)设备依赖:生物特征认证主要在移动设备(如手机、笔记本电脑)上普及,而在桌面端等传统设备上使用受限。对于一些用户来说,这种限制增加了使用的复杂性。

(3)涉及隐私问题:生物特征数据的存储和传输存在隐私泄露的风险。虽然生物特征具有唯一性和难以复制的特点,但一旦被恶意获取,将带来严重的安全问题。

4. 基于证书的认证的挑战

在现代互联网环境中,基于证书的认证是一种常见的安全机制,主要用于确保用户身份的真实性和数据的完整性。然而,这种认证方式也面临一系列挑战。

（1）证书管理复杂性：基于证书的认证需要管理大量的数字证书，包括证书的颁发、更新和撤销。这种管理过程复杂且耗时，特别是在大规模系统中，可能导致管理上的错误和安全漏洞。数字证书通常具有有效期限，过期后必须重新申请和颁发，如果未能及时更新，用户可能会遭遇认证失败。此外，撤销机制的有效性也至关重要，若撤销的证书未能及时被系统识别，可能导致安全隐患。

（2）信任链问题：证书的有效性依赖于信任链，即证书颁发机构（CA）的信任。如果 CA 被攻破或其私钥泄露，攻击者可能伪造合法证书，从而获取对系统的非法访问。建立和维护信任链的完整性是一个持续的挑战。

（3）成本问题：颁发和管理数字证书通常涉及一定的费用，尤其是在需要购买商业 CA 证书的情况下。对于小型企业或个人用户而言，这可能是一项负担。

（4）攻击风险：基于证书的认证也可能面临中间人攻击（MITM），攻击者可以利用伪造的证书进行流量劫持，窃取用户数据。虽然现代浏览器和操作系统已经采取措施来防范这类攻击，但仍存在一定风险。

传统的认证方式虽然在一定程度上满足了用户身份验证的需求，但随着互联网的快速发展和网络安全威胁的增加，这些认证方式面临着越来越多的挑战。FIDO 联盟的诞生正是为了应对这些挑战，其通过开发和推广开放、可扩展、互操作的强身份验证标准，提供一种无需密码的安全认证方式，为用户带来更好的体验和更高的安全保障。

5.1.3 FIDO 联盟

FIDO（Fast Identity Online）联盟成立于 2012 年，是一个开放的行业协会。该联盟致力于改变身份验证问题的本质，减少全世界对密码的依赖，其成立的初衷是应对传统密码认证方式的诸多缺陷，如密码容易被破解、泄露，管理复杂，用户体验差等。FIDO 联盟希望通过推动制定、使用、遵守身份验证和设备鉴证标准，减少对密码的依赖，提高互联网和电子商务环境的安全性。

FIDO 联盟的架构包括两个主要协议：通用身份验证框架（Universal Authentication Framework，UAF）协议和通用第二因素（Universal 2nd Factor，U2F）协议。

5.2 FIDO 1.0 实现方案

5.2.1 FIDO 1.0 设计目标

FIDO 1.0 是 FIDO 联盟发布的第一个身份验证协议版本，致力于通过新的认证机制解决传统密码认证方式面临的诸多问题。

FIDO 1.0 包括两种主要协议：UAF 协议和 U2F 协议。这两个协议分别应对无密码认证和多因素认证的不同需求。

（1）UAF 协议：支持多种生物特征识别（简称生物识别）方式，包括指纹、声音、虹膜和人脸识别等。通过这些生物特征，用户无需输入密码即可完成验证。在注册时，用户根据服务器支持的验证方式选择一种本地认证方式，如指纹、面部识别等，也可以在密码认证的基础上增加生物识别,进一步提高账户的安全等级。

(2) U2F 协议:作为一种双因素认证机制,U2F 类似于国内的二代 U 盾保护方式。U2F 要求用户输入密码,并使用支持交互的硬件设备保障账户隐私。当用户进行身份认证时,服务器在适当的时机提示用户插入加密的硬件设备,并执行确认操作。此设备对传输数据进行签名并将签名返回服务器。服务器验证成功后,用户便可完成登录。由于 U2F 引入了硬件保护,用户可以选择使用简单的 4 位密码,无需设置复杂密码。

FIDO 1.0 的核心目标主要体现在以下几个方面。

(1) 降低对密码的依赖:FIDO 1.0 的主要目标之一是减少用户对传统密码的依赖,通过更安全的身份验证方法解决密码带来的安全隐患。传统的密码认证方式存在密码容易泄露、重复使用不安全、难以记忆等问题。FIDO 1.0 引入基于公钥加密的验证方法,取代以密码作为主要的身份认证的方式,以此提高安全性。

(2) 提升用户体验:FIDO 1.0 的目标之一是优化用户的身份验证流程,以提供更好的使用体验。它结合生物识别与硬件设备,让用户不必再记忆复杂密码或频繁更改密码,认证步骤更加直观、便捷,减少了因遗忘密码而无法登录的情况,进一步提升了用户满意度。

(3) 增强安全性:FIDO 1.0 通过公钥加密技术确保身份验证中数据的传输与存储安全。采用公钥加密意味着用户的私钥仅保存在个人设备上,而服务器仅存储公钥,这大大降低了私钥泄露的风险。此外,FIDO 1.0 引入生物识别和硬件设备,从而有效地减少身份盗用和欺诈的可能性。

(4) 实现跨平台兼容:FIDO 1.0 的设计还考虑了不同设备和平台间的兼容性需求。通过 FIDO 联盟定义的开放技术标准,各类设备能够实现认证兼容,无论是电脑、智能手机,还是平板设备,FIDO 1.0 都可提供一致的认证体验。这种跨平台兼容性有助于 FIDO 在各类在线服务和企业环境中广泛推广。

(5) 支持多样化的认证方式:FIDO 1.0 协议设计灵活,支持生物识别、硬件令牌、PIN 码等多种验证方式。用户可以选择最适合的验证方式,而企业和服务提供商可根据不同的安全需求组合各种认证方式,使 FIDO 1.0 适用于多种应用场景。

(6) 简化开发和实施:FIDO 1.0 提供了一系列开发工具和 API,方便开发人员集成与部署。通过 FIDO 1.0 的标准接口,开发人员能更轻松地将认证功能加入现有系统,从而降低开发及维护成本。FIDO 联盟也为企业提供了详尽的技术支持和文档,帮助其快速实现 FIDO 认证。

FIDO 1.0 致力于减少对传统密码的依赖,通过无密码和多因素认证,提升用户体验、增强安全性、实现跨平台兼容、支持多样化的认证方式,并简化开发和实施。FIDO 1.0 的推出代表了身份认证技术的革新,为互联网用户和企业提供了更高效、安全的解决方案。

5.2.2　UAF 协议规范

1. UAF 概述

UAF 由 FIDO 联盟推出,旨在提供一种无需密码的身份验证方式。UAF 通过本地认证手段(如指纹、人脸识别等)提高了用户身份验证的安全性和便捷性,同时解决了传统密码认证方式带来的问题。其主要目的是实现免密登录,为用户带来更好的使用体验,同时具有较高的安全性和隐私保护。

UAF 协议的工作基于公钥加密技术,其流程大致如下。

(1) 注册:用户使用支持 UAF 的设备进行注册。设备会生成一对公私钥,并将私钥安全地保存在本地,公钥则被上传至服务器;用户通过指纹或人脸识别等方式完成本地认证,服务器收到公钥后,将其与用户账号进行关联,完成注册流程。

(2) 认证:当用户尝试访问需要身份验证的服务时,选择 UAF 认证。设备会启动本地认证流程,用户通过生物识别方式验证身份。验证通过后,设备利用本地存储的私钥对服务器发送的数据进行签名,随后将签名返回服务器。服务器用先前保存的公钥验证签名的真实性,以确认用户身份。

2. UAF 组成

UAF 主要包括 FIDO 服务器、FIDO 客户端、FIDO 认证器,以及交互过程中使用的 UAF 协议四个组件。UAF 架构如图 5-1 所示,FIDO 服务器运行在依赖方(服务提供商)的基础设施上,负责处理和验证来自客户端的认证请求;FIDO 客户端是用户代理的一部分,运行在用户设备上,负责与认证器进行交互,并与 FIDO 服务器通信;FIDO 认证器(如指纹传感器或面部识别摄像头)集成在用户设备中,用于执行本地的用户身份验证。

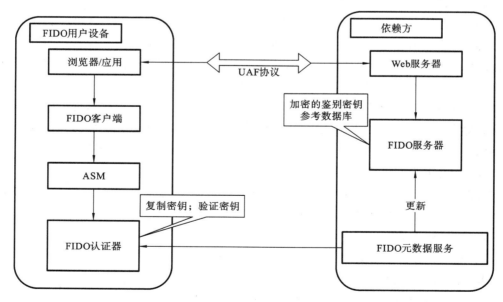

图 5-1 UAF 架构

FIDO 用户设备主要包括以下部分。

(1) 浏览器/应用(Browser/App):用户与依赖方服务进行交互的界面。

(2) FIDO 客户端(FIDO Client):作为用户设备上的用户代理组成部分,通过 FIDO 认证器 API 与特定的 FIDO 认证器进行交互。FIDO 客户端与设备中的用户代理

(如移动应用、浏览器)协同工作,用户代理通过专用接口与 FIDO 服务器进行通信。例如,特定的 FIDO 浏览器插件会利用现有的插件接口,或移动应用可能会使用专门的 FIDO SDK,最终由用户代理将 UAF 协议消息传递至依赖方的 FIDO 服务器。

(3)认证器特定模块(ASM):用于管理和操作 FIDO 认证器。

(4)FIDO 认证器(FIDO Authenticator):执行本地用户身份验证,如指纹传感器、面部识别摄像头等。FIDO 认证器是一个安全实体,集成在 FIDO 用户设备中,可以创建与依赖方相关联的密钥及运算。密钥用来参与 FIDO UAF 强鉴别协议。其主要功能如下。

① 在认证器内部实现用户校验机制,并且可以支持多种校验机制,例如,从生物识别校验到简单的物理验证,或者无用户校验。

② 实现在 UAF 协议中定义的加密操作。

③ 生成 FIDO 服务器可以解析的数据结构。

④ 如果认证器内置鉴证功能,则需要向 FIDO 服务器进行鉴证。

⑤ 使用交易确认显示功能将交易内容呈现给用户。

依赖方(Relying Party)主要包括以下部分。

(1)Web 服务器(Web Server):依赖方的在线服务,接收和处理用户的认证请求。

(2)FIDO 服务器(FIDO Server):负责管理用户的公钥和认证信息,同时用于验证签名的有效性,并运行在依赖方的基础设施上。FIDO 服务器与依赖方的 Web 服务器进行交互,由 Web 服务器通过用户代理将 UAF 协议消息传递至 FIDO 客户端。服务器比对配置的认证器元数据,以校验 FIDO 认证器的真实性,确保只有通过验证的认证器才可进行注册使用。FIDO 服务器还负责管理已注册的 FIDO 认证器和用户账户之间的关联。依赖方可以选择将 FIDO 服务器部署为本地服务器,或外包给第三方 FIDO 服务提供商。

(3)FIDO 元数据服务(FIDO Metadata Service):负责维护认证器的元数据和信任存储,确保认证器的可信性和兼容性。

FIDO 1.0 协议的工作流程主要分为注册流程、认证流程、交易确认、注销流程。

(1)注册流程:用户通过浏览器或应用访问服务提供商(依赖方)的服务,依赖方服务器发起注册请求,客户端与本地认证器交互,生成一对公私钥,私钥保存在本地设备中,公钥上传到依赖方服务器,并与用户账户关联。

(2)认证流程:用户再次访问服务时,依赖方服务器发起认证请求,客户端与认证器交互,用户通过本地认证方式(如指纹、人脸识别)验证身份,认证器使用私钥对挑战数据进行签名,客户端将签名发送给依赖方服务器,依赖方服务器使用公钥验证签名的有效性,完成身份验证。

(3)交易确认:用户在进行敏感操作(如交易)时,依赖方可以提示用户通过认证器确认操作,认证器生成交易确认信息并签名,确保操作的安全性和完整性。

(4)注销流程:依赖方可以触发删除与账户相关的认证密钥,注销用户在特定设备上的认证信息。

在 UAF 架构中,FIDO 用户设备与依赖方服务器通过 TLS 协议安全通信。FIDO

客户端在用户设备上运行,与本地的 FIDO 认证器和 ASM 模块协作,执行注册和认证操作。FIDO 元数据服务确保认证器的可信性,并定期更新认证器的元数据和信任存储。UAF 协议通过多组件协同工作,实现了一种安全、便捷的无密码认证方式。其核心在于通过本地认证和公钥加密技术保护用户数据,确保认证过程的安全性和隐私保护。

3. FIDO 认证器注册与用户认证

认证器初始化并与服务端交互时,FIDO 服务器验证 FIDO 认证器注册过程如下。

(1) 认证器发起注册申请,提出注册请求。

(2) FIDO 服务器返回注册信息,包括注册请求加安全策略。

(3) 在注册过程中,用户自主选择身份验证方式登录认证器,只有匹配 FIDO 服务器指定的安全策略验证方式才可用,在认证器通过对用户的鉴别后,认证器将会创建一个新的密钥对,该密钥对与该设备、在线服务和用户账户绑定。认证器保证针对每一个不同的在线服务,使用不同的公私钥对。

(4) 认证器设备保留私钥,并将公钥和对注册请求的应答一起发还给 FIDO 服务器。

(5) FIDO 服务器使用公钥和认证器元数据,校验 FIDO 认证器对验证注册请求的应答,确认认证器真实有效,保存认证器公钥,完成注册过程。

用户通过认证器与服务端交互,实现用户认证过程,具体流程如下。

(1) 认证器发起鉴别申请,提出鉴别请求。

(2) FIDO 服务器返回鉴别请求,附加挑战信息以及鉴别策略。

(3) 在认证过程中,认证器首先对用户进行鉴别,有些认证器对生物特征数据进行取样,有些认证器需要 PIN 码或本地认证器特定的口令条目,还有些认证器需要由硬件承载。

(4) 认证器通过对用户的鉴别后,将针对不同的在线服务,使用不同的私钥对挑战信息进行签名。

(5) 认证器把鉴别请求的应答(包含认证器私钥签名)一起发还给 FIDO 服务器。

(6) FIDO 服务器使用公钥和认证器元数据,校验 FIDO 认证器对鉴别请求的应答,确认真实有效,完成用户注册过程。

值得一提的是,在整个过程中通信都是加密的,并且私钥和生物特征信息永远不会离开本地用户的设备,不会在网络上传输,这将信息泄露的可能性降到最低。

4. UAF 隐私保护

用户隐私是 FIDO 在设计之初就予以考虑的,并在 UAF 上提供了支持。一些核心的隐私保护设计如下。

(1) UAF 设备没有一个全局可见的唯一标识符(实现不可链接性,即对同一角色或身份的关联)。如果出现 UAF 设备丢失的情况,捡到设备的人也无法准确将其指向某个服务方,并发现其他关联账户。此外,如果有多名用户共享某个 UAF 设备,且都进行过注册认证过程,依赖方将不能通过 UAF 协议来单独识别两个账户在共享设备。

(2) UAF 协议基于账户、设备、服务端生成唯一的非对称加密密钥对。不同服务端的密钥对不同,相互之间不会产生任何关联,即 FIDO 服务器具有不可链接性。

（3）UAF 协议需要极少量的用户个人数据,并且这些个人信息只会用在 FIDO 的作用过程中,如注册、认证、验权等。这个数据信息只存在于用户端环境中,且只有在必要的时候会做本地永久化处理。

（4）在 UAF 中,用户验证（如用户生物特征校验等）在本地执行。UAF 不向依赖方传递任何生物特征数据,更不会要求依赖方进行存储。

（5）用户会明确自己使用的某特定厂商的 UAF 设备。只有在用户同意的情况下,才会在注册期间生产唯一的加密密钥并将其绑定到依赖方。

（6）FIDO 认证器只能通过生产批次或制造商和设备型号的认证证书来识别。它们不能被单独标识。UAF 规范要求 100000 个或更多的 UAF 厂商以相同的认证证书和私钥来制造一批认证器,以确保不可链接性。

5.2.3　U2F 协议规范

1. U2F 概述

U2F 是 FIDO 联盟开发的第二因素认证协议,旨在增强传统密码认证的安全性。通过引入物理认证设备,如 USB 安全密钥、NFC、蓝牙设备,U2F 提供了一个强大且易用的第二层身份验证手段。

U2F 生态系统旨在为网络用户提供强大的身份验证功能,同时保护用户隐私。用户使用一个“U2F 设备”作为身份认证时的第二因素,当用户在特定来源的账户上注册 U2F 设备时,该设备会创建一个只能在该来源使用的新密钥对,并向该来源提供与该账户相关联的公钥。当用户验证来源（即登录）时,除了用户名和密码外,还可以通过验证设备创建的签名来检查用户是否拥有 U2F 设备。用户可以在网络上的多个网站使用同一设备,因此它可以作为用户的物理网络钥匙串,通过一个物理设备提供多个网站的多个（虚拟）密钥。使用开放的 U2F 规范,任何来源都可以使用任何支持 U2F 的浏览器（或操作系统）与用户出示的任何符合 U2F 规范的设备进行对话,以实现强身份验证。U2F 设备注册和身份验证操作通过浏览器内置的 JavaScript 应用程序接口和移动操作系统中的本地应用程序接口进行。

U2F 设备可以采用各种不同的形式,如独立的 USB 设备、独立的近场通信（NFC）设备、独立的蓝牙 LE 设备、内置在用户客户端机器/移动设备上的纯软件。有硬件支持时,安全性是最好的,但硬件支持不是必须的。

U2F 的规格分为两层,上层规定了协议的加密核心;下层规定了用户客户端如何通过特定传输协议向 U2F 设备发送 U2F 加密请求。作为 FIDO U2F 工作组的创始人之一,谷歌努力在 Chrome 浏览器中内置 U2F,并在谷歌账户中提供 U2F 作为第二因素选项,以帮助开放生态系统的启动。值得一提的是,U2F 设备能与用户拥有的任何现代客户端设备“兼容”,而无需额外的驱动程序或中间件设置。本着这一精神,USB U2F 设备的设计初衷是与现有的消费者操作系统兼容,无需安装驱动程序或更改软件。具有 U2F 设备感知功能的浏览器能够使用标准的内置操作系统 API 发现 U2F 设备并与之通信。因此,在基于 USB 的交付品中,我们利用了所有现代操作系统中的内置无驱动 libUSB 设备支持。

U2F 的主要组件包括 U2F 设备、U2F 客户端及依赖方(Relying Party)。U2F 设备主要指物理设备,如 USB 安全密钥、NFC 设备或蓝牙设备,用于生成和存储加密密钥;U2F 客户端主要指运行在用户设备上的软件组件,如浏览器或应用,负责与 U2F 设备进行通信并处理认证请求;依赖方主要指提供在线服务的服务器,负责处理用户的注册和认证请求,存储用户的公钥。

U2F 协议通过公钥加密、抗钓鱼攻击、隐私保护等措施确保认证的安全性。

(1) 公钥加密:使用公钥加密技术保护认证数据,确保私钥仅在 U2F 设备中存储和使用。

(2) 抗钓鱼攻击:U2F 设备要求用户在物理设备上进行交互(如按下按钮),防止远程攻击者利用钓鱼网站窃取认证信息。

(3) 隐私保护:每个服务生成独立的密钥对,防止不同服务之间的用户追踪和关联。

得益于 U2F 在安全性、易用性等方面的优势,U2F 广泛应用于各种需要高安全性的场景,例如:在线账户登录,保护用户的电子邮件、社交媒体和金融账户;企业环境,增强企业内部系统和应用的安全性,防止数据泄露和未授权访问;电子商务,保护在线支付和交易,确保交易的安全性和完整性。

U2F 协议通过引入物理认证设备,为用户提供一种安全、便捷的双因素认证解决方案。U2F 协议不仅增强了用户账户的安全性,还简化了用户的认证过程,广泛应用于各种在线服务和企业环境中,推动了现代身份验证技术的发展。

2. U2F 注册和认证流程

对 U2F 设备的访问,体现在浏览器中两个可用的 JavaScript 函数,其中一个用于创建密钥对,另一个用于生成签名。原在线服务或网站使用这些功能创建用户流程。

在用户注册时进行密钥对的创建,原点网站(通过用户名和密码或其他任何方式)对即将注册的用户进行验证。原点网站在浏览器中呈现的注册页面会调用 JavaScript 函数创建密钥对。在调用 JavaScript 函数时,用户可能会看到浏览器信息栏的警告,此时用户必须批准该警告。当用户批准后,密钥对生成请求发送到连接计算机的每个 U2F 设备。连接到计算机上的第一个 U2F 设备(即用户按下按钮的第一个连接到计算机上的 U2F 设备)会对该请求作出响应。浏览器将 U2F 设备的响应(如密钥句柄、公钥等)打包,作为 JavaScript 函数调用的结果返回给网页。注册网页将这些结果发送到原点网站,原点网站将这些信息存储在用户账户索引中,以完成注册。

在进行身份验证时生成签名,用户通常使用用户名和密码(如果网站只需要 U2F 设备验证,则只使用用户名)开始验证过程。原点网站会渲染一个中间认证页面,并向其中发送用户的密钥手柄,然后调用 JavaScript 函数创建签名。当调用签名函数时,浏览器可能会显示一个信息栏,要求用户批准。用户批准后,浏览器会与前面所述的所有连接到计算机的 U2F 设备对话,并汇总它们的响应。调用的 JavaScript 函数会返回"客户端数据"对象和 U2F 设备的第一个签名回复。中间认证网页会将"客户端数据"和 U2F 设备的回复发送给依赖方,依赖方会确定是否有任何签名符合其预期。根据

U2F 实现的不同,可能会有多个设备回复特定的密钥手柄。

3. U2F 设备

U2F 设备协议是开放的。不过,为了确保有效的安全性,U2F 设备必须按照一定的标准制造,例如,如果密钥手柄中包含用制造商特定方法加密的私人密钥,那么这种加密方法必须经过认证,最好是由 FIDO 等认证机构实施。此外,实际的加密引擎最好具有一些强大的安全属性。

考虑到这些因素,依赖方需要能够以一种强有力的方式识别与之通话的设备类型,以便能够对照数据库检查该设备类型是否具有特定依赖方所关心的认证特征。举例来说,金融服务网站可能会选择只接受硬件支持的 U2F 设备,而其他网站则可能允许使用软件实现的 U2F 设备。

每个 U2F 设备上都有一个共享的"认证"密钥对,该密钥对可与同一供应商生产的大量 U2F 设备共享,这样做的目的是防止 U2F 设备被单独识别。U2F 设备在注册过程中输出的每一个公钥都会与认证私钥一起签名,这样做的目的是,每个供应商使用的所有"认证"密钥对的公钥都可以在公共领域获得,这可以通过证书链到根公钥实现,也可以以列表的形式实现。

当这样的基础设施可用时,特定的依赖方(如银行)可能会选择只接受来自某些供应商的 U2F 设备,这些供应商拥有对应的已发布认证。为了执行这一政策,它可以验证用户出示的 U2F 设备的公钥是否来自信任的供应商。

需要注意的是,供应商仍有可能制造出未经认证的 U2F 兼容设备,其认证密钥也不会公布在"认证数据库"中。依赖方仍可选择接受此类设备,但在这样做时,依赖方将完全知道该设备类型不在认证数据库中。

5.3　FIDO 2.0 升级方案

5.3.1　FIDO 2.0 概述

FIDO 2.0 是由 FIDO 联盟和 W3C(万维网联盟)联合开发的最新身份验证标准,旨在通过无密码的认证方式提高互联网的安全性并改进用户的使用体验。FIDO 2.0 由两个核心组件组成:WebAuthn(Web 身份验证)和 CTAP(客户端到认证器协议)。

WebAuthn 定义了一套标准的 Web API,允许网站利用它通过公钥加密技术进行身份验证。该标准支持多种验证方式,包括指纹、人脸识别和安全密钥。用户无需记住复杂的密码即可完成验证。

CTAP 定义了客户端设备(如浏览器或操作系统)与外部认证器之间的通信方式。CTAP 包含 CTAP1(兼容 U2F)和 CTAP2(支持 WebAuthn),增强了认证的灵活性和安全性。

FIDO 2.0 的主要目标如下。

(1)提高安全性:利用公钥加密技术保障认证数据的安全性,防止钓鱼攻击、中间人攻击、凭证重放攻击等安全威胁。

（2）改进用户体验：用户无需记住复杂的密码，只需要通过指纹、人脸识别或安全密钥等简单方式进行验证，这大大简化了注册和登录流程，从而提高了用户满意度。

（3）支持多设备和平台：WebAuthn和CTAP的设计让FIDO 2.0可以在不同设备和平台间操作，包括桌面和移动设备，实现无缝连接。

（4）满足互操作性：通过标准化的API和协议，确保不同供应商的设备和服务能够互相兼容，为用户提供一致的体验。

FIDO 2.0结合WebAuthn和CTAP，为互联网和移动应用提供了一种安全、灵活的无密码认证解决方案，显著提升了用户体验，同时提高了安全性。FIDO 2.0的推出，标志着身份验证技术在安全性与便捷性方面迈向了新的里程碑。

5.3.2　CTAP概述

客户端到认证器协议（Client To Authenticator Protocol，CTAP）是一种应用程序层协议，用于在个人设备与加密功能之间进行通信。该协议可以使用不同的物理介质来运行各种传输协议，并且定义了这种传输协议的需求，但没有详细说明应该如何设置传输层连接的细节。为了提供用户交互的证据，实现此协议的外部验证器有一个获得用户手势的机制。用户手势可能包括同意按钮、密码、PIN、生物特征等。在执行此协议之前，客户端/平台（被称为主机）和外部验证器（以下简称验证器）必须建立一个机密的和可相互验证的数据传输通道。

CTAP对HID、NFC及BLE等传输协议进行一系列定义，描述了启用CTAP的设备如何使用这些协议与客户端通信。U2F和FIDO 2.0的认证器均具备这些特性，对应的名称为CTAP1和CTAP2。

（1）CTAP1：CTAP1是U2F协议的正式名称，U2F使用RawMessage格式。U2F JS API是2014年在谷歌浏览器中推出的一个仅支持U2F的传统API。由于该API只支持U2F且只有极少数浏览器支持，目前已被淘汰。相比之下，WebAuthn能够支持U2F和FIDO 2.0规范，更具现代意义。

（2）CTAP2：FIDO 2.0协议底层部分的正式名称。FIDO 2.0使用CBOR编码响应结构，可以理解为JSON，但与TLV有些类似。CTAP2规范定义了FIDO 2.0请求如何转换为CTAP1/U2F请求，以及CTAP1/U2F响应如何转换为CBOR/FIDO 2.0响应。不过，值得注意的是，U2F并不是FIDO 2.0协议的一部分。

5.3.3　WebAuthn协议概述

WebAuthn使用不对称加密替代密码或SMS文本在网站上注册、验证，解决了钓鱼攻击、数据破坏、SMS文本攻击，以及其他双因素验证等重大安全问题。同时，显著提高了易用性（因为用户不必管理越来越复杂的密码）。

WebAuthn用公钥证书代替密码完成用户的注册和身份认证（登录）。它更像是现有身份认证的增强或补充。为了保证通信数据安全，WebAuthn一般基于HTTPS（TLS）通信。在这个过程中，它有以下四个模块。

（1）Server（服务端）：可以被认为是一个依赖方，存储用户的公钥并负责用户的注册、认证。

（2）JavaScript(JS 脚本)：调用浏览器 API，与 Server 进行通信，发起注册或认证。

（3）Browser(浏览器)：需要包含 WebAuthn 的 Credential Management API，提供给 JS 调用，还需要实现与认证模块进行通信，由浏览器统一封装硬件设备的交互。

（4）Authenticator(认证器)：能够创建、存储、检索身份凭证。它一般是一个硬件设备（如智能卡、USB、NFC 等），也可能已经集成到了操作系统（如 Windows Hello，MacOS 的 Touch ID 等）。

1. WebAuthn 协议注册流程

WebAuthn 协议注册流程如下。

（1）应用请求注册：应用程序发出注册请求，服务端提供 API，由前端 JS 脚本调用发起注册请求。

（2）服务端返回注册数据：服务器将用户信息和依赖方信息发回应用程序。服务端需要知道当前由谁来注册，正常应用场景中，第一步需要在其他辅助认证的情况下获取当前合法的用户信息，如传输静态用户名、密码做一次校验，服务器认可当前是一个合法用户以后再请求注册。

（3）浏览器调用认证器：请求认证器创建认证证书，浏览器生成客户端数据（clientData）和 clientDataHash（服务端上下文的 SHA-256 哈希值），并传输给认证器。

（4）认证器创建密钥对：认证器通常会以某种形式要求用户确认密钥的所属形式，如输入 PIN、使用指纹、进行虹膜扫描等，以证明用户在场并同意注册。验证通过后，认证器将创建一个新的非对称密钥对，并安全地存储私钥供将来验证使用。公钥将成为证明的一部分，由在制作过程中烧录于认证器内的私钥进行签名。这个私钥具有可以被验证的证书链。

（5）认证器数据返回浏览器：返回数据包括新的公钥、全局唯一的凭证 ID 和认证凭证数据等，这些数据会返回浏览器。

（6）浏览器打包数据，发送到服务端：包含公钥、全局唯一的凭证 ID、认证凭证数据和客户端数据。其中，认证凭证数据包含 clientDataHash，可以确定当前生成的公钥分配给了当前请求注册的用户。

（7）服务端完成注册：收到客户端发送的注册请求，服务器需要执行一系列检查以确保注册完成且数据未被篡改。验证接收到的挑战与发送的挑战相同，使用对应认证器型号的证书链验证 clientDataHash 的签名。验证步骤的完整列表可以在 WebAuthn 规范中找到。一旦验证成功，服务器将会把新的公钥与用户账户相关联，以供将来用户使用公钥进行身份验证时使用。

2. WebAuthn 协议认证流程

WebAuthn 协议认证流程如下。

（1）应用请求认证：应用程序发出认证请求，服务端提供 API，由前端 JS 脚本调用发起认证请求。

（2）服务端返回挑战码：挑战码必须在服务器上生成，以确保身份验证过程的安全。

（3）浏览器调用认证器：请求认证器创建认证证书，浏览器生成 clientData 和 clientDataHash，并传输给认证器。

（4）认证器创建断言：认证器提示用户进行身份认证，如输入 PIN、使用指纹、进行虹膜扫描等，并通过在注册时保存的私钥对 clientDataHash 和认证数据进行签名创建断言。

（5）认证器数据返回浏览器：返回认证数据和签名到浏览器。

（6）浏览器打包数据，发送到服务端：将客户端数据、认证凭证数据和签名发送到浏览器，浏览器打包这些数据，发送给服务端。

（7）服务端完成认证：收到浏览器发送的认证请求，服务器需要执行一系列检查以确保认证完成且数据未被篡改，步骤包括使用注册请求期间存储的公钥验证身份验证者的签名；确保由身份验证程序签名的挑战码与服务器生成的挑战码匹配；检查账户信息，判断其是否是服务端存在的账户。

在 WebAuthn 规范中，可以找到验证断言的完整步骤列表。假设验证成功，服务器将注意到用户现在已通过身份验证。

5.4　FIDO 安全分析

FIDO 联盟的目标是通过提供基于公共加密密钥的安全、标准化和可互操作的验证生态系统，减少对手机和在线应用程序密码的依赖。FIDO 开发了一套认证方案，以支持新验证解决方案的研发和采用，帮助用户轻松地识别出具有最高质量和信任等级的解决方案。FIDO 认证允许评估身份验证解决方案的安全性和互操作性。不同层次的认证相辅相成，增强了认证的可靠性。

5.4.1　验证器层次

验证器的层次包含了以下 4 个级别。

（1）级别 1：包括实现 FIDO 2.0、UAF 或 U2F 规范的所有软件和硬件验证器。这是 FIDO 验证器的最基本实现，可以保护用户免受钓鱼攻击、服务器入侵和中间人（MitM）攻击。

（2）级别 2：2 级验证器的身份验证者必须具有额外的安全措施，以保护安全密钥免受更高级别的攻击。2 级身份验证者能够抵御恶意软件，这些恶意软件可能希望通过访问设备的操作系统来提取信息。

（3）级别 3：3 级验证器用来保护用户的密钥不受基本硬件攻击。设备应该能够抵抗物理篡改，或者至少在黑客操纵设备硬件时显示出明确的迹象。

（4）级别 3＋：这是最安全的 FIDO 验证器类型。3＋级验证器的身份验证者必须将其密钥存储在 TPM 中，以防止任何类型的物理篡改或数据提取。

5.4.2　FIDO 优势与不足

FIDO 联盟认可认证器的认证过程，通过认证器派生公私钥对和数字签名技术来达到认证的目的,FIDO 有以下几个主要的安全优势。

（1）本地化安全:在整个认证过程中,通过使用公开密钥加密技术对通信进行加密,私钥与生物特征信息始终保留在用户设备上(物理密钥或被用作验证器的设备),黑客没有机会拦截并窃取,减轻了常见的网络安全威胁。

（2）采用数字签名技术:这是因为 FIDO 认证器依赖的验证方法无法被拦截(如为一次性密码,则 OTP 会被截取),也不容易被破解。

（3）简化客户的登录体验:由于不用输入密码,用户只需轻敲手指,快速浏览屏幕,或点击物理验证键上的按钮就可以登录服务,并且用户也不需要为了认证而安装额外的软件、插件、驱动或移动应用程序。

（4）节省成本:使用密码会带来隐藏的费用。FIDO 通过减少密码重置、设备配置和客户支持来节省资金。此外,安全事故造成的声誉损害的成本往往无法计算。

（5）广泛使用和支持:通过广泛使用的协议来实现法规遵从性,这样它们就可以被公开获取并供用户免费使用、实现和更新。这些规范由一些利益相关者来管理,确保该规范的质量和互操作性。此外,FIDO 协议被许多不同行业的公司使用,它们可以用于所有主流的 Web 浏览器。

尽管 FIDO 具有其优势,但由于对设备的依赖,它同样存在许多不足之处。

（1）可移动部件太多:特别是 FIDO 2.0,它依赖于身份验证器(如私钥)、被请求的服务平台(如在线服务)和正在使用的浏览器之间的无缝通信。并非所有浏览器都支持身份验证器,一些 Android 设备安装了 FIDO 2.0 协议,而苹果设备依赖于自己的内部安全系统,一些较老的 iOS 版本并不支持 FIDO 2.0。这种一致可用性的缺乏可能会导致混乱,从而带来令人不满意的用户体验,好在越来越多的公司开始全力支持 FIDO。

（2）设备注册是特定于每个设备的:这在提高安全性方面非常有效。然而,这也要求用户进行额外操作,用户需要为每个希望使用的设备单独进行注册,以便访问服务、平台等。这个过程增加了用户的操作步骤和复杂性,对用户体验造成了一定的影响。

习题 5

5.1　请简要介绍 FIDO 2.0 的注册流程。

5.2　WebAuthn API 在 FIDO 2.0 体系架构中起到什么作用?

5.3　FIDO 联盟的目标和核心思想是什么?

5.4　请说明 CTAP 协议的主要功能和作用。

5.5　设计一个基于 FIDO 2.0 的身份验证方案,描述其工作流程,并解释如何提高其安全性。

5.6　分析 FIDO 2.0 在提升用户体验方面的优势,并举例说明其在实际应用中的具体表现。

6

访问控制基础知识

当用户通过了身份鉴别的验证后,便成为系统的合法用户,取得了对系统合法的访问权限。但是,当用户对系统资源进行具体访问之前,还必须受到系统的检查和控制,以使他只能在系统对其授权的范围内活动。本章介绍访问控制涉及的一些基本概念和基础知识。

6.1 基本概念

访问控制涉及的对象主要有两类:客体和主体。客体是访问控制要保护的对象,主体是访问控制要制约的对象。

在系统中,既包含信息,又可以被访问的实体称为客体(Object)。它们是一种信息实体,能从主体或其他客体接收信息。操作系统中的文件、存储页、存储段、目录、进程间的报文、I/O 设备,以及数据库中的表、记录、网络节点等都可看作是客体。

能访问或使用客体的活动实体称为主体(Subject),它可使信息在客体之间流动。用户是主体,系统内代表用户进行操作的进程自然被看作是主体。

与其他类型的数据一样,驻在内存或存于磁盘上的程序被看作是客体。但是,一旦程序运行,它就成为主体或进程的一部分。因此,对于一个程序来说,有时它的身份是客体,有时又是主体。系统内所有的活动都可看作是主体对客体的一系列操作。

访问权(Access Right)用于描述主体访问客体的方式。通常包含以下几种方式。

(1) 读(Read):主体可以查看系统资源的信息,如文件、记录或记录中的字段。

(2) 写(Write):主体可以对系统资源的数据进行添加、修改或删除。写权限往往包含读权限。

(3) 添加(Append):仅允许主体在系统资源的现有数据上添加数据,但不能修改现存的数据,如在数据库表中增加记录。

(4) 删除(Delete):主体可删除某个系统资源,如文件或记录。

(5) 执行(Execute):主体可以执行指定的程序。

另外还有以下两个特殊的权限。

(1) 拥有(Own):若客体 o 由主体 s 创建,则主体 s 对 o 具有拥有权,称 s 是 o 的拥有者。

（2）控制（Control）：主体 s 对客体 o 的控制权，表示 s 有权授予或撤销其他主体对 o 的访问权。

在实际系统的开发中，开发者可根据需要定义各种方式的访问权，赋予各自特定的含义，然后加以控制，例如，可定义用户创建新文件或记录等的创建（Create）权。

6.2　基本的访问控制方法

访问控制的方法不是唯一的，通常是根据实际系统的安全需求来决定采用什么样的控制方法，也有可能在一个系统中同时采用多种控制方法，以实现在最大限度提供信息资源服务的情况下确保系统的安全。目前，人们常用的有三种方法：自主访问控制、强制访问控制和基于角色的访问控制。

6.2.1　自主访问控制

自主访问控制（Discretionary Access Control，DAC）是指对某个客体具有拥有权的主体能够将对该客体的一种访问权或多种访问权自主地授予其他主体，并在随后的任何时刻可将这些授权予以撤销。也就是说，在自主访问控制下，用户可以按自己的意愿，有选择地与其他用户共享他的文件。

若主体 s 创建了客体 o，则 s 是 o 的拥有者，对 o 具有拥有权，与此同时，s 也具有了对客体 o 的所有可能的访问权，如对 o 的读、写、添加、删除等。若 o 是程序，那么 s 还对 o 具有执行权。特别是，s 也自动具有了对 o 的控制权，即 s 能在系统中决定哪些主体对 o 有访问权，以及有什么样的访问权。

自主访问控制是保护系统资源不被非法访问的一种有效手段，但这种控制是自主的，即它是以保护用户的个人资源的安全为目标并以个人的意志为转移的。虽然这种自主性满足了用户个人的安全要求，并为用户提供了很大的灵活性，但它对系统安全的保护力度是相当弱的。当系统中存放有大量数据，而这些数据的属主是国家、整个组织或整个公司时，谁来对它们的安全负责呢？为了保护系统的整体安全，必须采取更强有力的访问控制手段来控制用户对资源的访问，这就是强制访问控制。

6.2.2　强制访问控制

强制访问控制（Mandatory Access Control，MAC）是指一个主体对哪些客体被允许进行访问以及可以进行什么样的访问，都必须事先经过系统对该主体授权，这种授权与系统的应用背景密切相关。一般来说，系统根据用户在应用业务中的职务高低或被信任的程度，以及客体所包含的信息的机密性或敏感程度来决定用户对客体的访问权限的大小，这种控制往往可以通过给主体、客体分别赋以安全标记，并比较主体、客体的安全标记来实现；也可以通过限制主体只能执行某些程序来实现。

自主访问控制和强制访问控制实际上是人们在各种政治、经济、商业等活动中，用计算机实现的对信息资源安全性进行保护的两种不同方式。

例如,甲写了一篇文章,想在相关专业的刊物上发表,为了使文章不出现错误并且有更高的质量,在寄出去之前他希望同事乙帮助看一看,提些意见和建议,因此他愿意让乙阅读这篇文章。其他的人,如果没有他的允许就不可能看到他的文章,而只有在文章发表之后才能看到。但是,如果甲是受机构委托撰写一份文件,要求在文件定稿并正式下发之前不能向外泄露,那么,这时甲就不能自作主张将文件草稿给别人看;而且成文后,文件下发的范围也必须由机构的相关领导决定,不能由甲个人决定。这就是机构对这份文件访问权的强制性控制。

有些系统往往将自主访问控制与强制访问控制结合使用。在这种系统中,一个主体只有既通过了自主访问控制的检查又通过了强制访问控制的检查,才能访问某个客体。用户可以利用自主访问控制来防范其他用户对自己所拥有的客体的攻击,强制访问提供了一个不可逾越的更强的安全保护层。

强制访问控制不仅能阻止对系统的恶意攻击,也可以防止由于程序错误或用户的误操作所引起的泄露和破坏。

系统如何进行访问权限的强制控制呢?系统根据什么来决定允许或不允许某个主体对某个客体的访问呢?根据什么来决定允许某个主体对某个客体进行这样的访问而不能进行那样的访问呢?这往往是由系统的应用背景的安全需求所决定的。不同的应用有不同的安全需求,系统必须根据这些不同的安全需求,制定出不同的安全策略,来描述系统必须达到的安全目标或它必须抵抗的威胁。

6.2.3　基于角色的访问控制

随着商业和民用信息系统的发展,安全需求也在发生变化并呈现出多样化,这些系统对数据完整性的要求可能比对保密性的要求更突出。此外,由于诸如部门增加、合并或撤销,公司职员的增加或裁减,使系统总是处于不断变化之中,这些变化使一些访问控制需求难以用 DAC 或 MAC 来描述和控制。并且,在许多机构中,即使是由终端用户创建的文件,终端用户也没有这些文件的“所有权”。访问控制需要由用户在机构中承担的职务或工作职责,或者说由用户在系统中所具有的角色来确定。例如,一个银行的出纳员、会计和行长,一个学校的行政职员、教师和校长等都是一些不同的角色,他们具有不同的职责,对系统的访问权限也就不同。因此,利用社会中角色的概念帮助系统进行访问控制管理的思想应运而生。

早在 20 世纪 70 年代初,多用户、多应用联机系统出现时,就有人提出了角色的概念,但一直没有得到专家们的重视。直到 20 世纪 80 年代末、90 年代初,美国国家标准技术研究所(NIST)的安全专家们如 David F. Ferraiolo 等对《可信计算机系统评估准则》(TCSEC)的安全标准是否可靠,自主访问控制和强制访问控制是否真正能够胜任不断增长的安全需求提出疑问,并且提出了一种新的访问控制技术——基于角色的访问控制(Role-Based Access Control,RBAC)技术,才逐步引起了安全专家们的注意。一些著名的访问控制专家如 George Mason University 的 Sandhu 教授也将研究转向了RBAC。1995 年,Sandhu 等对 NIST 成员在 1992 年提出的 RBAC 模型和理论进行了扩展,提出了 RBAC 的基本模型——RBAC0 模型,进而构造了 RBAC96 模型族。

自主访问控制和强制访问控制都是将用户与访问权限直接联系在一起，或直接对用户授予访问权限，或根据用户的安全级决定用户对客体的访问权限。在基于角色的访问控制中，引入了角色的概念，将用户与权限进行逻辑分离。

基于角色的访问控制是指在一个组织机构里，系统为不同的工作岗位创建对应的角色，对每一个角色分配不同的操作权限（或操作许可）；另一方面，系统根据用户在机构中担任的职务或责任为其指派相应的角色。用户通过所分配的角色获得相应的操作权限，实现对信息资源的访问。

用户、角色和操作权限三者之间的关系如图 6-1 所示。

用户 ⟵ 角色 ⟵ 操作权限

图 6-1　用户、角色和操作权限三者之间的关系

将操作权限分配给角色，将角色的成员资格分配给用户，用户由所取得的角色成员资格获得该角色相应的操作权限。这种访问控制不是基于用户身份，而是基于用户的角色身份，同一个角色身份可以授权给多个不同的用户，一个用户也可以同时具有多个不同的角色身份。一个角色可以被指派具有多个不同的操作权限，一种操作权限可以指派给多个不同的角色。这样一来，用户与角色，角色与操作权限之间构成多对多的关系，如图 6-2 和图 6-3 所示。通过角色，用户与权限之间也形成了多对多的关系，即一个用户通过一个角色成员身份或多个角色成员身份可获得多个不同的操作权限；另一方面，一个操作权限通过一个或多个角色可以被授予多个不同的用户。

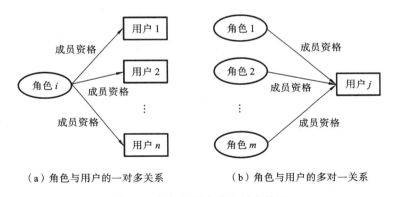

（a）角色与用户的一对多关系　　　　（b）角色与用户的多对一关系

图 6-2　角色与用户的多对多关系

这里所说的操作权限与前面的访问控制权限略有不同，操作权限是指某种访问权施加于某特定客体的权限，即操作权限实际上由两部分组成，可表示为一个二元组（访问权，客体）。

角色是 RBAC 机制中的核心，它一方面是用户的集合，另一方面又是操作权限的集合，作为中间媒介将用户与操作权限联系起来。角色与组概念之间的主要差别是，组通常作为用户的集合，而并非操作权限的集合。

医疗系统是基于角色的访问控制的典型例子，在这种系统中，可以定义各种角色，如外科医生、内科医生、儿科医生等各种专科医生，护士、药剂师、检验师等各种医辅职

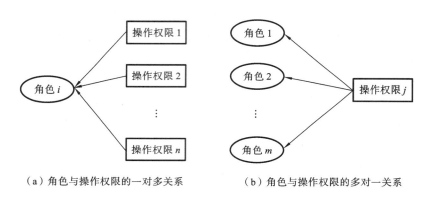

（a）角色与操作权限的一对多关系 　　（b）角色与操作权限的多对一关系

图 6-3　角色与操作权限的多对多关系

务。每一种角色都有许多成员，他们在系统中具有相同的操作权限。当一个用户的角色成员资格发生改变时，他所拥有的操作权限也相应会改变。例如，若某医生由内科医生改行为神经科医生，那么他在该系统中的操作权限就不再由内科医生这一角色的权限来决定，而只能在神经科医生这一角色的操作权限范围内。

6.3　安全策略与安全模型

6.3.1　安全策略

系统对主体实施访问控制时必须遵循一定的规则，即哪些主体对哪些客体可以具有什么样的访问权限，而哪些主体对哪些客体的哪些访问又是不允许的。执行访问控制的部件必须严格按照这些规则去控制，然而这些规则又是怎样确定的呢？这些规则是由实施访问控制的系统的安全需求确定的，不同的应用系统有各自不同的安全需求。例如，军事系统和政府办公系统最重要的安全需求是信息的机密性，不同职务的用户能看到的信息的多少和重要程度是不一样的。在商业和金融系统中，信息的机密性虽然也很重要，但更重要的安全需求是信息的完整性，即严防对数据的非法修改、伪造，以及出现错误。

反映系统安全需求的规则称为安全策略。因此，计算机系统的安全策略是为了描述系统的安全需求而制定的对用户行为进行约束的一整套严谨的规则，这些规则规定了系统中所有授权的访问是实施访问控制的依据。系统在实施访问控制之前，制定其安全策略是十分必要的。

6.3.2　安全策略举例

1. 军事安全策略

在军事系统中，最重要的安全需求是信息的机密性，往往根据信息的机密程度对信息分类，将各类机密程度不同的信息限制在不同的范围内，防止用户取得他不应该得到的密级较高的信息。多级安全（Multilevel Security）的概念始于 20 世纪 60 年代，是军事安全策略的一种数学描述，并用计算机可实现的方式来定义。

1）系统中主体和客体的安全标记

在实施多级安全策略的系统中，系统为每一个主体和每一个客体分配一个安全级（即安全标记）。对于主体来说，其安全级表示其在系统中被信任的程度或其在系统中访问信息的能力，有时也称为该主体的许可证。对于客体来说，其安全级表示该客体所包含信息的敏感程度或机密性。

2）安全标记的组成

安全标记由两部分组成，用有序二元组（密级，范畴集）表示。其中，密级用来反映信息（或可访问信息）的机密程度，通常分为一般、秘密、机密和绝密四个级别，根据需要可以将其扩充到任意多个级别。它们之间的关系用全序：

$$一般 \leqslant 秘密 \leqslant 机密 \leqslant 绝密$$

来表示。这意味着，若某主体具有访问密级 a 的能力，则对任意 $b \leqslant a$，该主体也具有访问 b 的能力，反之，则不然。

范畴（Category）集也可理解为部门或类别集，对于客体来说，它的范畴集可以定义为该客体所包含的信息所涉及的范围，如所涉及的部门或所具有的类别属性。对于主体来说，它的范畴集可以定义为该主体能访问的信息所涉及的范围或部门。

例如，假设某应用系统中密级定义为如上四种，分别用 U、C、S 和 TS 表示一般、秘密、机密和绝密。令 $A = \{U, C, S, TS\}$，这里 $U \leqslant C \leqslant S \leqslant TS$，"$\leqslant$"是 A 上的全序，它们构成偏序集 $\langle A; \leqslant \rangle$。

假设部门集 $B = \{科技处，生产处，情报处，财务处\}$，集合 B 的幂集 $P_B = \{S \mid S \subseteq B\}$，$P_B$（也可表示为 2^B）中的元素均是 B 的子集。显然，集合的包含关系"$\subseteq$"是 P_B 上的一个偏序关系，因此，$\langle P_B; \subseteq \rangle$ 也构成偏序集。

笛卡尔积 $A \times P_B = \{(a, H) \mid a \in A, H \in P_B\}$ 中的元素可用来表示系统中主体、客体的安全级。例如，假设系统中有一个主体 u 和三个客体 o_1、o_2、o_3，它们的安全级分别为：

class(u) ＝（S,{科技处,财务处}）

class(o_1) ＝（C,{科技处}）

class(o_2) ＝（TS,{科技处,情报处,财务处}）

class(o_3) ＝（C,{情报处}）

通过比较主体、客体的安全级，便可决定是否允许主体对客体访问以及允许什么样的访问。

3）如何比较主体、客体的安全级

我们注意到，可以在笛卡尔积 $A \times P_B$ 上定义一个二元关系"$\leqslant$"：对任意 (a_1, H_1)，$(a_2, H_2) \in A \times P_B$，当且仅当 $a_1 \leqslant a_2$，$H_1 \subseteq H_2$ 时，有 $(a_1, H_1) \leqslant (a_2, H_2)$。容易证明："$\leqslant$"是 $A \times P_B$ 上的一个偏序关系，即 $\langle A \times P_B; \leqslant \rangle$ 构成一个偏序集（请参阅参考文献[31]）。

根据上述主体 u 和客体 o_1、o_2、o_3 的安全级，可知

$$class(u) \leqslant class(o_2)，class(o_1) \leqslant class(u)$$

class(u) 与 class(o_3) 不可比。

在一偏序集 $\langle L; \leqslant \rangle$ 中，对任意 $l_1, l_2 \in L$，若 $l_1 \leqslant l_2$，则称 l_2 支配 l_1，因此，在这里称主体 u 的安全级支配客体 o_1 的安全级，客体 o_2 的安全级支配主体 u 的安全级，但主体 u 和客体 o_3 的安全级相互不可支配。

4）访问控制规则

多级安全策略可以粗略地描述如下。

（1）仅当主体的安全级支配客体的安全级时，允许该主体读访问该客体。

（2）仅当客体的安全级支配主体的安全级时，允许该主体写访问该客体。

这一策略可简称为"向下读，向上写"，执行的结果是信息只能由低安全级的客体流向高安全级的客体，高安全级的客体的信息不允许流向低安全级的客体。若要使一个主体既能读访问某个客体，又能写访问这个客体，则两者的安全级必须相同。

根据这一策略，上述的主体 u 可以读访问客体 o_1，可以写访问客体 o_2，但 u 对于客体 o_3，既不能读访问，也不能写访问。

在第 7 章 Bell-La Padula 模型的介绍中将会看到，在系统具体实施访问控制时，其控制更为精细。

在多级安全策略中，"写"访问权实际上指的是前面所说的"添加"权。

多级安全策略不仅适用于军事系统，也适用于政府及企业的办公自动化系统，凡具有层次结构的组织机构均可使用多级安全策略保护信息的机密性。

2. 商业安全策略

在商业和金融系统中，信息的机密性虽然重要，但更重要的安全需求是信息的完整性，它必须防止非授权的修改，防止数据的伪造和错误。系统的任何用户，即使是授权用户也不允许对数据随意修改，因为这样可能会使公司的资产或账户记录丢失或毁坏。有两种防伪造和错误的控制方法：良性事务和职责分散。

1）良性事务

良性事务限制用户对数据操纵，使其不能任意进行，而应按照可保证数据完整性的受控方式进行。因此，用户实际上受到了他可执行什么样的程序的限制，而他对数据的读、写方式隐含在那些程序的动作之中。

对用户的控制还可以通过一个简单的机制实现，在一个日志中把用户对数据的所有修改记录下来，使得所有的行为在必要时都可以在事后被审计。特别是删除操作将受到严格的控制，因为任何删除行为都有可能意味着伪造。

财务系统就是良性事务的一个结构化的例子，它们的事务处理遵循双入口规则，双入口规则要求记录下的修改部分之间保持平衡以保证系统内部数据的一致性。例如，每签发了一张支票（意味着要进入一次现金账户），则要求有一个相应的可支付的账户入口；如果其中一个入口出现差错，各部分之间就会不一致。这可以由一个平衡账簿的独立的测试程序来检查，通过该程序可以查出非授权支票等诈骗行为。

2）职责分散

第二种控制伪造和诈骗的机制是职责分散。把一个操作分成几个子操作，并要求不同的子操作由不同的用户来执行，这样可间接保证数据客体和它所描述的外部世界之间的一致性。例如，一个购买货物并付款的过程，可以由以下几个子操作来完成：授权购买订单、记录到货、记录到货发票、授权付款。最后一个步骤只有在前三个步骤完成之后才能执行。如果每个步骤由不同的用户执行,其外部和内部描述就会一致,除非有人暗中勾结。如果一个人可以执行所有这些步骤,那么伪造是可能的。例如,置入一个订单,支付给一个没有任何发货的虚假公司。在这种情形下,账面是平衡的。错误发生在真实的事物和记录的货物清单之间的不一致。

职责分散最基本的规则是,被允许创建或验证良性事务的人,不允许他去执行该良性事务,这个规则使得对一组良性事务的修改,至少需要两个人的参与才可进行。

如果职员不暗中勾结,则职责分散是有效的。这里的假设可能是不安全的,但在防诈骗的实际控制中已被证明这种方法是有效的。还可以采取一些措施使职责分散的威力变得更强大。例如,随机选取一组职员来执行一组操作,合谋的机会就要小得多。

良性事务和职责分散是商业数据完整性保护的基本原则。用于商业数据处理的计算机系统,需要有专门的机制实施这两条规则。为了保证数据仅由良性事务来处理,首先要保证数据只能由一组指定的程序操纵。这些程序必须被证明其构造正确,并要对安装和修改这些程序的能力进行控制,保证他们的合法性。为保证职责分散,每一个用户必须仅被允许使用指定的程序组,并对用户执行程序的权限进行检查,以保证达到期望的控制。

这里的数据完整性控制与军事中的数据机密性控制有很大的差别。首先,在这里数据客体不是与一个特定的安全级别相关,而是与一组允许操纵它的程序相联系;其次,用户并不是被授权直接去读或写某一数据,而是被授权去执行与某一数据相关的程序。这样一来,一个用户即便被授权去写一个数据客体,也只能通过针对那个数据客体定义的一些事务去做。

商业安全策略体现的也是一种强制访问控制,但它是与军事安全策略的安全目标、控制机制不同的另一类强制控制。它的强制性体现在用户必须通过指定的程序访问数据,而且允许其操纵某一数据客体的程序列表和允许执行的某一程序的用户列表不能被系统的一般用户所更改。

以下两条要求对军事安全和商业安全来说是相同的。它们对任何一个安全策略来说都是不可分割的一部分。

(1)计算机系统必须有一种机制来保证系统实施了安全策略中的安全需求。

(2)系统中的安全机制必须能防止篡改和非授权的修改。

6.3.3 安全模型

设计一个安全系统的关键是对系统的安全需求有全面、清晰的了解。根据安全需求制定出相应的安全策略,并对安全策略所表达的安全需求进行清晰、准确的描述,建立相应的安全模型。

一个好的安全模型应能对安全策略所表达的安全需求进行简单、精确和无歧义的描述,它是安全策略的一个清晰的表达方式。一般来说,安全模型应具有以下特点。

(1)它是精确的,无歧义的。

(2)它是简单、抽象的,也是易于理解的。

（3）它仅涉及安全性质，不过分限制系统的功能与实现。

1. 安全模型的分类

安全模型分为非形式化的安全模型和形式化的安全模型。

1）非形式化的安全模型

非形式化的安全模型是用自然语言对系统的安全需求进行描述，这种描述方法直观、易于理解，但不够严谨，容易产生歧义，并且不简洁。对于安全性要求不高的系统，或改造一个已存在的系统，在需要增强其安全性时，可以使用这种描述方法。

2）形式化的安全模型

形式化的安全模型使用数学符号精确描述系统的安全需求，这种描述方法较非形式化描述方法显得抽象和较难理解，这需要设计或开发人员有较好的数学修养。但是，这种描述方法的最大优点是简洁、准确、严谨，不会出现歧义，并可以对其进行形式化的验证或证明。若要设计高安全级的计算机系统，则必须建立形式化的安全模型，并对其安全性进行形式化的证明。

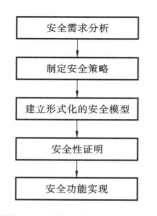

图 6-4　安全系统的开发过程

2. 安全系统的开发过程

一个安全系统的开发过程如图 6-4 所示。

如果一个系统未达到所希望的安全性，那么原因可能有两个：一是对安全性的定义有缺陷，二是安全控制有漏洞。第一个问题涉及系统能做什么，不能做什么。相对于系统的功能的定义来说，系统的安全的定义是比较复杂的，因为它必须非常精确。第二个问题是软件的可靠性问题，它可以通过与设计技术相关的软件工程手段来克服。

3. 常见的几种安全模型

人们根据不同的安全需求，从不同的角度考虑系统安全，分别提出了一些安全模型。

1）Bell-La Padula 模型

Bell-La Padula(BLP)模型是最早的也是应用较为广泛的一种安全模型。它是由 David Bell 和 Leonard La Padula 于 1937 年创立的符合军事安全策略的计算机操作模型。这项工作产生于早期 Case Western Reserve University 所做的工作。模型的目标是详细说明计算机的多级操作规则。这种对军事安全策略的精确描述称为多级安全策略。

因为 BLP 模型是最著名的多级安全策略模型，所以常把多级安全策略模型的概念与 BLP 模型联系在一起。事实上，其他一些模型也符合多级安全策略模型的特性，每种模型都试图用不同的方法来表达多级安全策略。

BLP 模型是一个形式化的模型，它使用数学语言对系统的安全性质进行描述。BLP 模型也是一个状态机模型，它形式化地定义了系统、系统状态和状态间的转换规则，定义了安全概念，并制定了一组安全特性，对系统状态和状态转换规则进行约束，使得对于一个系统,如果它的初始状态是安全的,并且经过的一系列规则都是安全的,那么可以证明该系统是安全的。这里所谓的"安全",指的是不产生信息的非法泄漏,即不会产生信息由高安全级的实体流向低安全级的实体。

2)安全信息流的格模型

安全信息流的格模型是 1976 年 Denning 提出来的。从本质上来说这一模型所反映的安全需求与 BLP 模型是一致的,即主体不能把高安全级的客体中的数据传送到低安全级的客体。但这一模型又是对 BLP 模型的扩充,它不仅禁止用户直接读取超过其安全级的客体,还禁止其伙同有权访问这些客体的用户以某种巧妙的方式间接访问这些信息。

该模型定义了主体、客体的安全类,在系统安全类集合上定义了信息流关系,并用格结构来描述安全信息流。在系统中执行任意操作序列所产生的信息流动,只能沿着格结构所定义的流关系的方向进行流动。

3)无干扰模型

无干扰模型是 Goguen 与 Meseguer 在 1982 年提出来的。它用无干扰的概念描述安全策略。所谓"无干扰"是指,设有使用某一命令集的一组用户和另一组用户,如果第一组用户使用这些命令所得到的结果对第二组用户能访问的信息没有影响,则称第一组用户没有干扰第二组用户。

4)Biba 模型

Biba 模型是数据完整性保护模型,是 Biba K. J. 于 1977 年提出来的。该模型认为,数据客体以不同的完整性级别存在,系统应防止低完整性级别的主体破坏高完整性级别的数据的完整性。因此,它规定仅当主体的完整性级别支配客体的完整性级别时,主体才对该客体有修改的权限。

5)Clark-Wilson 模型

Clark-Wilson 模型是 1987 年 Clark 和 Wilson 根据商业数据处理的实践经验提出来的。它是保护数据完整性的模型,是对商业安全策略的描述。因此,该模型主要基于良性事务和职责分散这两个基本概念。

习题 6

6.1 什么是自主访问控制?什么是强制访问控制?两者的根本区别在哪里?

6.2 什么是基于角色的访问控制?与自主访问控制和强制访问控制相比,它的优势体现在哪些方面?

6.3 在基于角色的访问控制中,角色的含义是什么?它起什么作用?引入"角色"给系统的访问控制带来了什么便利?

6.4 安全策略在构建安全计算机信息系统中起何作用?

6.5 军事安全策略与商业安全策略有哪些区别?

6.6 安全模型在设计安全计算机信息系统中起何作用?

7

访问控制与安全模型

目前,常用的也是基本的访问控制方法主要有自主访问控制、强制访问控制和基于角色的访问控制,相应具有代表性的安全模型分别是访问矩阵模型、BLP 模型和RBAC 模型。本章分别对它们加以介绍。

7.1　自主访问控制与访问矩阵模型

如第 6 章所述,自主访问控制是基于请求者的身份和访问规则来控制访问的,访问规则规定请求者可以做什么、不可以做什么。之所以称为是自主的,是因为一个实体可以被授权按其自己的意愿使另一个实体能够访问某些资源。

7.1.1　访问矩阵模型

访问矩阵的概念最早是 Lampson 于 1969 年提出的,随后 Graham、Denning 和Harrison 等进行了改进和细化。

1. 系统状态

实施了自主访问控制的系统,其状态可以由一个三元组

$$(S, O, A)$$

表示。其中,

S 表示主体的集合;

O 表示客体的集合,由于主体也可以被看作客体,因此 $S \subseteq O$;

A 为访问矩阵。行对应于主体,列对应于客体。矩阵中第 i 行 j 列的元素 a_{ij} 是访问权的集合,列出了允许主体 s_i 对客体 o_j 可进行的访问权。为方便起见,元素 a_{ij} 常记为 $A[s_i, o_j]$。

例 7-1　图 7-1 给出了三个主体 s_1、s_2、s_3,两个存储器段 M_1、M_2 和两个文件 F_1、F_2的访问矩阵的一个简单例子。

在这里,主体集 $S = \{s_1, s_2, s_3\}$,客体集 $O = \{M_1, M_2, F_1, F_2\}$,$A$ 就是图 7-1 给出的三行四列的矩阵。有序三元组 (S, O, A) 反映了该系统的一个状态。例如,在这一状态下,主体 s_1 拥有 M_1 和 F_1,并对 M_1 具有读、写和执行的权限,对 F_1 具有读、写和删除的

权限。而对 M_2 和 F_2，s_1 不具有任何访问权限。

客体

主体		M_1	M_2	F_1	F_2
	s_1	$Own、R、W、E$		$Own、R、W、D$	
	s_2	R	$Own、R、W$	W	R
	s_3	$R、W$		R	$Own、R、W、D$

图 7-1　访问矩阵 A

当某一主体 s_i 要对客体 o_j 进行访问时，系统中的监控程序检查矩阵 A 中的元素 $A[s_i,o_j]$ 以决定 s_i 对 o_j 是否可以进行 s_i 所请求的访问。监控程序可以由硬件、软件或者硬件与软件共同组成。监控程序的一个例子是检验地址的硬件，它检查该地址是否处于与某一进程相联系的存储段边界内。

我们称 (S,O,A) 为系统的保护状态。它给出了在一特定的时间点每个主体对每个客体的访问权的信息集。

2. 系统状态的变化

系统的保护状态是变化的，其变化是由一些命令引起的，这些命令则由改变访问矩阵的一些基本操作的序列所组成，这些基本操作是：

enter	r	into	$A[s,o]$	将访问权 r 添加到 $A[s,o]$ 中；
delete	r	from	$A[s,o]$	在 $A[s,o]$ 中删除访问权 r；
create	Subject		s'	生成一个主体 s'；
create	Object		o'	生成一个客体 o'；
destroy	Subject		s'	删除主体 s'；
destroy	Object		o'	删除客体 o'。

这里 r 表示某一种访问权。

表 7-1 形式化地定义了这些基本操作对访问矩阵的影响，其中，op 代表基本操作，$Q=(S,O,A)$ 表示操作前的系统状态，在表中定义的条件下，执行 op 引起系统状态变化，由 Q 变成 $Q'=(S',O',A')$。

表 7-1　基本操作

op	条　件	新　状　态
enter r into $A[s_i,o_j]$	$s_i \in S$ $o_j \in O$	$S'=S$ $O'=O$ $A'[s_i,o_j]=A[s_i,o_j] \bigcup \{r\}$ $A'[s_k,o_l]=A[s_k,o_l]$，当 $(s_k,o_l) \neq (s_i,o_j)$
delete r from $A[s_i,o_j]$	$s_i \in S$ $o_j \in O$	$S'=S$ $O'=O$ $A'[s_i,o_j]=A[s_i,o_j]-\{r\}$ $A'[s_k,o_l]=A[s_k,o_l]$，当 $(s_k,o_l) \neq (s_i,o_j)$

续表

op	条　件	新　状　态
create subject s'	$s' \notin S$	$S' = S \cup \{s'\}$ $O' = O \cup \{s'\}$ $A'[s, o] = A[s, o]$，当 $s \in S, o \in O$ $A'[s', o] = \varnothing$，当 $o \in O'$ $A'[s, s'] = \varnothing, s \in S'$
create object o'	$o' \notin O$	$S' = S$ $O' = O \cup \{o'\}$ $A'[s, o] = A[s, o]$，当 $s \in S, o \in O$ $A'[s, o'] = \varnothing$，当 $s \in S'$
destroy subject s'	$s' \in S$	$S' = S - \{s'\}$ $O' = O - \{s'\}$ $A'[s, o] = A[s, o]$，当 $s \in S', o \in O'$
destroy object o'	$o' \in O$ $o' \notin S$	$S' = S, O' = O - \{o'\}$ $A'[s, o] = A[s, o]$，当 $s \in S', o \in O'$

　　一条命令可能由若干个基本操作构成,例如,任何进程都可创建一个新文件。此时,系统将自动给创建文件的进程分配对该文件的拥有权和读、写权,这可用以下命令表示:

```
command create file (p,f)
    create      object  f;
    enter    Own      into  A[p,f];
    enter    R        into  A[p,f];
    enter    W        into  A[p,f];
    end.
```

　　访问矩阵模型是在实际系统中实现保护策略和机制的抽象表示。因此,它提供了一个帮助理解和描述保护系统的辅助概念,一个便于比较不同保护系统的共同框架和一个研究保护系统固有特性的形式模型。然而,有些策略和机制用其他模型更容易描述,这在后面的讨论中将会看到。

7.1.2　访问矩阵的实现

　　在实施自主访问控制的系统中,访问矩阵提供的信息必须以某种形式保存在系统中,以便系统在主体发出访问客体的请求时,监控程序进行相应的安全检查,并在主体进行自主授权或撤销授权时,动态地维护这些信息。然而,在操作系统实现自主访问控制时,都不是将矩阵整个地保存起来,因为该矩阵可能是很大的稀疏矩阵,这样做效率很低,实际的做法是,基于矩阵的行或列表达访问控制信息。

1. 基于授权表的自主访问控制

将访问矩阵按列分解,为每一个客体产生一个授权表,该表由被授权访问该客体的所有主体及这些主体对该客体所具有的访问权限组成。其形式如表 7-2 所示。表长 $n \geqslant 0$,其中,s_i 表示主体,z_i 表示 s_i 对 o 的访问权限。因此,客体 o 的授权表由访问矩阵中客体 o 所对应的列中所有非空项组成。

表 7-2　客体 o 的授权表

主　　体	权　　限
s_1	z_1
s_2	z_2
…	…
s_n	z_n

例 7-2　在图 7-1 所给出的例子中,文件 F_1 和 F_2 的授权表分别如表 7-3 和表 7-4 所示。

表 7-3　文件 F_1 的授权表

主　　体	权　　限
s_1	Own、R、W、D
s_2	W
s_3	R

表 7-4　文件 F_2 的授权表

主　　体	权　　限
s_2	R
s_3	Own、R、W、D

在实际应用中,如果对某客体可以访问的主体很多,那么授权表会变得很长,占据较大的存储空间,并且在监控程序进行判别时,也将花费较多的 CPU 时间。因此,可利用分组与通配符对授权表进行简化。我们知道,在一个实际的多用户系统中,用户往往可按其所属部门或工作性质进行分类,将属于同一部门或工作性质相同的人(例如,所有的外科医生,或所有的内科医生)归为一个组。一般来说,他们访问的客体及访问客体的方式基本上是相同的。这时,为每个组分配一个组名,访问判决时可以按组名进行,在授权表中相应地设置一个通配符"＊",它可以替代任何组名或主体标识符。这时,授权表中的主体用如下形式标识:

$$主体标识 = ID.GN$$

其中,ID 为主体标识符,GN 表示该主体所属的组名。例如,客体 F 的授权表如表 7-5 所示。

表 7-5　客体 F 的授权表

主 体 标 识	权　　限	主 体 标 识	权　　限
小张.Crypto	R、E、W	小李.＊	R
＊.Crypto	R、E	＊.＊	N

由授权表可以看出,属于 Crypto 组的所有主体(＊.Crypto)对客体都具有读和运行权,Crypto 组的小张不仅对 F 具有读和运行权,还具有写权,无论哪个组的小李对 F 都只可进行读访问。对于其他任何主体,无论属于哪个组(＊.＊),对该客体都不具有任何模式的访问权,通过这样简化,授权表可大大缩小。

在客体 o 的授权表中,o 的拥有者可以通过删除某个主体在授权表中的项目来撤销该主体对 o 的访问权限,或通过增加某个主体在授权表中的项目来授予该主体对 o 的访问权限。

因为每个授权表都提供了一个指定资源的信息,所以当想要确定哪个主体对某个资源具有哪些访问权限时,使用授权表很方便。但是,对于要确定一个特定主体可以使用的所有访问权时,这种数据结构就不方便了。

表 7-6 主体 s 的能力表

客 体	权 限
o_1	z_1
o_2	z_2
…	…
o_n	z_n

2. 基于能力表的自主访问控制

将访问矩阵按行分解,为每一个主体产生一个能力表,该表由该主体被授权访问的所有客体及该主体对这些客体所具有的访问权限组成。其形式如表 7-6 所示,表长 $n \geq 0$,其中,o_i 表示客体,z_i 表示该主体对 o_i 的访问权限。因此,主体 s 的能力表由访问矩阵中主体 s 所对应的行中所有非空项组成。

例 7-3 图 7-1 所给出的例子中,主体 s_1 和 s_2 的能力表分别如表 7-7 和表 7-8 所示。

表 7-7 主体 s_1 的能力表

客 体	权 限
M_1	Own、R、W、E
F_1	Own、R、W、D

表 7-8 主体 s_2 的能力表

客 体	权 限
M_1	R
M_2	Own、R、W
F_1	W
F_2	R

根据主体 s 的能力表,可以决定 s 可否对给定客体进行访问及可以进行什么样的访问。能力表在时间效率和空间效率上都优于访问矩阵,但能力表也有许多不方便之处,例如,对于一个给定的客体,要确定所有有权访问它的主体、用户生成一个新的客体,并对其授权或删除一个客体,这就显得较为麻烦。

能力表存在一个比授权表更为严重的安全问题,即能力表可能被伪造,解决这个问题的办法是让操作系统管理这些能力表,将这些能力表保存在用户不能访问的一块内存区域中。

针对单个客体的授权表和单个主体的能力表,Sandha 等提出了一种数据结构,它不像访问矩阵那么稀疏,但比上述的授权表和能力表更为方便,称之为整体授权表。整体授权表中的一行对应一个主体对一个客体的一种访问权,若按主体排序访问该表,则等价于能力表;若按客体排序访问该表,则等价于授权表,关系数据库很容易实现这种类型的授权表。

例 7-4 图 7-1 所给出的例子中,整体授权表如表 7-9 所示。

表 7-9 图 7-1 例子中的整体授权表

主 体	访 问 模 式	客 体	主 体	访 问 模 式	客 体
s_1	Own	M_1	s_2	Write	M_2
s_1	Read	M_1	s_2	Write	F_1
s_1	Write	M_1	s_2	Read	F_2
s_1	Execute	M_1	s_3	Read	M_1

续表

主　　体	访 问 模 式	客　　体	主　　体	访 问 模 式	客　　体
s_1	Own	F_1	s_3	Write	M_1
s_1	Read	F_1	s_3	Read	F_1
s_1	Write	F_1	s_3	Own	F_2
s_1	Delete	F_1	s_3	Read	F_2
s_2	Read	M_1	s_3	Write	F_2
s_2	Own	M_2	s_3	Delete	F_2
s_2	Read	M_2			

7.1.3　授权的管理

在前面曾提到过,在主体对客体的权限中,有两种特殊的权限,即拥有权(Own)和控制权(Control)。若主体 s 创建了客体 o,则称 s 是 o 的拥有者,对 o 就具有了拥有权。在系统中,客体 o 的拥有者对 o 具有全部的访问权限,他对客体 o 的访问权仅能通过超级用户(如系统管理员或系统安全员)来改变。与此同时,他也具有了对客体 o 的控制权,即他可以将客体 o 的访问权(如读、写权等),全部或部分授予其他的主体,并且可以在以后的任何时刻撤销他所授予的权限。也就是说,他具有修改该客体的授权表的能力。当系统的其他主体被授予了对客体 o 的访问权后,他是否可以将这一访问权再授予别的主体呢?这涉及系统内的授予权或者说控制权的管理问题,对此,有以下三种主要的处理模式。

1. 集中型管理模式

在这种管理模式下,客体 o 的拥有者对 o 具有全部的控制权,其他的主体对 o 只可能有访问权而没有控制权。拥有者是唯一(超级用户除外)有权修改 o 的授权表的主体,即他是唯一能决定哪些主体对 o 具有访问权和具有什么样的访问权的主体。因此,系统中的其他主体若被授予对 o 的某种访问权,那么他仅对 o 具有了相应的访问权,但无权将这一访问权再授予其他主体。在这种模式下客体的拥有者无权将对该客体的控制权授予其他的主体。

这种方法目前已经应用在许多系统中,但对它的使用有一定的限制,拥有者是唯一能够删除客体的主体,如果拥有者离开客体所属的组织或者意外死亡,那么系统必须设立某种特权机制,以便在意外情况发生时能够删除客体。Unix 系统是一个实施这种管理模式的例子,在 Unix 系统中,利用超级用户来实施特权控制。

集中型管理模式的另一个缺点是:对某客体非拥有者的主体想要修改对该客体的访问权较为困难,他必须请求该客体的拥有者为他改变相应客体的授权表。然而,从安全的角度看,这些缺点或许正是某些系统所希望具有的优点。

2. 分散型管理模式

在分散型管理模式下,客体的拥有者不仅可以将对该客体的访问权授予其他主体,而且可以同时授予其对该客体相应访问权的控制权(或相应访问权的授予权)。这样一来,对于一个客体 o,系统中哪些主体对 o 有访问权,有什么样的访问权,不但 o 的拥有者可以决定,其他被授予控制权的主体也可决定。因此,在系统中形成了一个允许传递授权的局面。在这种管理模式下,当一个主体撤销其所授予的对某个客体的某种访问权限时,必须将由于这一授权而引起的所有授权都予以撤销。

下面是一个使用这种管理模式的例子。

例 7-5   在数据库中,对关系的访问权包括:

Read   读表中的行,利用关系查询,定义基于关系的视图;

Insert   在表中插入新的行;

Delete   删去表中的某行;

Update   修改表中某一列的数据;

Drop   删去某个表。

现假设用户 A 对某关系 X 所建立的一系列授权的结果如下,A 在时刻 $t=10$ 将对 X 的 Read 权和 Insert 权授予了 B,并同时授予了 B 对这两种访问权的授予权。B 在 $t=20$ 将这两种访问权授予了 C,并允许 C 再授权。A 在 $t=15$ 将对 X 的 Read 权授予了 D,但没有授予 D 对 Read 的控制权。D 在 $t=30$ 从用户 C 处又得到对于 X 的 Read 和 Insert 两种访问权及其授予权。

上述授权过程可用有向图表示,如图 7-2 所示。图中,每一节点表示一个可访问这个关系的用户,每条有向边表示访问权的授予,边上标有被授予的权限和授予的时刻。$r(y)$ 表示授予权限 r 及对 r 的控制权,$r(n)$ 表示仅授予权限 r 但不授予对 r 的控制权。

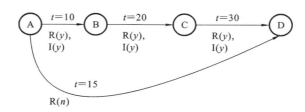

图 7-2   对关系 X 的访问权的转移

假定在时刻 $t=40$ 用户 A 撤销了授予 B 的权限,则此时 B 授予 C 的权限及 C 授予 D 的权限也相应被撤销,虽然 D 保留了直接由 A 得到的读访问权,但 D 失去了对此访问权的授予权。

上述授权过程可以记录在一个访问表中,它的每一个元组说明了接受访问权的用户、用户被允许访问的表的名字、表的类型(视图或基表)、访问权的授予者、授予的访问权及接受者对其是否具有控制权。每个访问权(除修改权外)可由表中的一列表示,且指出授予的时刻(0 表示没被授予),撤销授权时利用时间戳来判断访问权传播的路径。

修改哪一列可用 All(全部)、None(没有)或 Some(有些)来实现,若说明为 Some,则对每一可修改的列,元组被放在另一个表中。

通过选择 Table=X 的所有元组,可以从上述访问表中得到一个特定关系 X 的授权表,例如图 7-2 所示的例子中,关系 X 的授权表如表 7-10 所示。

表 7-10 关系 X 的授权表

用户	表	授予者	读（Read）	插入（Insert）	控制
B	X	A	10	10	y
D	X	A	15	0	n
C	X	B	20	20	y
D	X	C	30	30	y

在 $t=40$ 用户 A 撤销了对 B 的授权后，表 7-10 的状态变化结果如表 7-11 所示。

表 7-11 $t=40$ 后关系 X 的授权表

用户	表	授予者	读（Read）	插入（Insert）	控制
D	X	A	15	0	n

分散型的管理模式使得系统中的主体对客体的访问权的控制有充分的自主权。一旦某主体 A 将某客体的访问权及其控制权授予了某主体 B，那么 B 就可以将这种权力再分配给其他主体，而不必征得客体拥有者的同意，这对于那些对资源共享程度要求较高的系统来说，无疑大大减少了权限管理上的工作量，但对于要求充分保护拥有者的权力和保护系统资源的安全性来说又有其缺陷。因为一旦对客体的控制权分配出去，拥有者再想控制客体就很困难了。因此，可以在分散型管理模式的基础上对授予权的传递进行一些限制。

3. 受限的分散型管理模式

受限的分散型管理模式是将系统中对客体的访问权限制在一定的主体范围内，限制主要根据客体拥有者的意愿进行。例如，客体 o 的拥有者可对系统内不允许对 o 进行写访问的主体发放黑令牌，以阻止其他有权对 o 进行写访问的主体将这一访问权授予这些主体。又例如，可以根据系统应用对象的需求，将授权路径限制在某一组织结构内。

例如，假设图 7-3 表示某一公司的组织结构。顶级节点总经理在权限的管理上可看作是系统管理员或系统安全员或系统中所有资源的拥有者，他对资源的访问权具有绝对的控制权。为了将控制权进行分散管理，而又不至于滥用，他可将其控制权分别授予两个部门经理，两个部门经理又可在各自管辖的范围内对其项目经理授予权限……

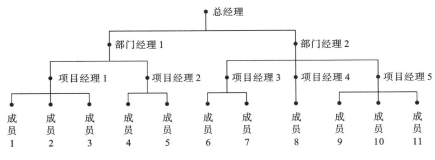

图 7-3 树型控制方式

在这种等级结构中,最底层的主体对任何客体都只可能具有访问权,而不具有对访问权的授予权。中间层的主体对客体可能既具有访问权,又具有对这一访问权的授予权,但其授权对象必须是其下属。这种管理模式的授权路径较为固定,当出现安全问题时,便于追查。

7.2　强制访问控制与 BLP 模型

如第 6 章所述,强制访问控制是系统基于自身的安全需求制定相应的安全策略,并根据用户在系统中的地位和职责对其访问权进行控制的一种方法。之所以称它是强制性的,是因为在这种访问控制方法中,允许哪些主体对一个资源进行什么样的访问,不是按照资源所有者或其他主体的意愿,而是按照系统事先制定的规则来决定的。

强制访问控制最早应用于军事部门,并通过多级安全的概念来描述其控制,BLP模型是最著名的多级安全模型,所以人们常把多级安全的概念与 BLP 模型联系在一起。

强制访问控制可以基于不同的安全目的,例如,可以通过强制访问控制实现信息机密性的保护,也可以通过强制访问控制实现信息完整性的保护。BLP 模型是实现信息机密性保护最具代表性的一个安全模型。Biba 模型则是实现数据完整性保护的模型。

本节将以较为简洁的方式介绍 BLP 模型最基本和最核心的内容,以使读者了解一个系统的安全需求是如何体现在该系统的安全策略中的,而相应的安全模型又是如何以准确、严谨且又便于系统设计与开发人员理解和实现的方式描述出来的。

7.2.1　BLP 模型

BLP 模型是著名的描述军事安全策略的形式化模型,已为许多操作系统所使用;BLP 模型也是一个状态机模型,它用状态变量表示系统的安全状态,用状态转换规则描述系统状态的变化,用一组安全特性对系统状态和状态转换规则进行约束,使系统始终保持其安全性。在这里,安全是指信息的机密性得到保护,不会产生非法泄露。

1. 模型的基本元素

BLP 模型的基本元素是用来描述使用多级安全策略的信息系统中的实体,这些实体的安全标记(即安全级)及其各种可能的访问请求,以及系统对用户请求的各种可能的判定等。因为使用的都是数学符号,所以看起来比较抽象,实际上这些符号的意义是很直观的。

先看一个例子,某电视台拟组织一场才艺竞赛,竞赛之前经报名和条件审核,可确定参赛者名单,如张亮,王丽,…组织方需给每个参赛者分配一个编号,如张亮为 1 号,王丽为 2 号,…用以确定竞赛时的出场次序。另外,组织方要公布允许的参赛项目,如唱歌,跳舞,乐器独奏,单口相声,…并根据参赛者的个人背景,以及对参赛项目的数量和种类的选择做出某些限制,组织方可以提供他们所要使用的道具,如小提琴,钢琴,演出服装,麦克风,伴舞者等,组织方还需要请若干评委对参赛者的表演进行评判,其评判的结果,可以采取百分制进行评分。一切安排就绪后,竞赛就可以开始了,可以将参赛者、参赛者的编号、竞赛的项目、道具，以及评委评分采用的方式看作是组成这场竞赛的一些基本要件。BLP 模型所要描述的具有多级安全的信息系统，与此例有一定的类似之处，即在描述系统如何运行之前要描述组成这一系统的基本要件，我们称其为基本元素。

在介绍 BLP 模型的基本元素之前，请特别注意以下两个概念及其表示方法。

1）集合的笛卡尔积

设 A_1，A_2，$\cdots$，A_n 是 n 个集合，集合

$$A_1 \times A_2 \times \cdots \times A_n = \{(a_1, a_2, \cdots, a_n) \mid a_i \in A_i, i = 1, 2, \cdots, n\}$$

称为集合 A_1，A_2，$\cdots$，A_n 的笛卡尔积。

这一笛卡尔积的元素是由 n 个个体组成的有序 n 元组 $(a_1, a_2, \cdots, a_n)$，这 n 个个体按照符号 $A_1 \times A_2 \times \cdots \times A_n$ 给定的次序，分别取自于集合 A_1，A_2，$\cdots$，A_n。如果 A_1，A_2，$\cdots$，A_n 均是有限集，则笛卡尔积 $A_1 \times A_2 \times \cdots \times A_n$ 也是有限集，且其元素个数

$$\sharp(A_1 \times A_2 \times \cdots \times A_n) = \sharp A_1 \times \sharp A_2 \times \cdots \times \sharp A_n$$

2）集合的幂集

设有集合 A，A 的幂集用 P_A 或 2^A 表示，定义为

$$P_A = \{H \mid H \subseteq A\}$$

即 A 的幂集 P_A 是由 A 的所有子集构成的集合。

（注：关于这两个概念的详细叙述，请参阅参考文献[31]。在 BLP 模型的描述中，经常使用这两个概念。）

BLP 模型定义了如下集合。

（1）$S = \{s_1, s_2, \cdots, s_n\}$ 为主体的集合。主体指用户、进程。

（2）$O = \{o_1, o_2, \cdots, o_m\}$ 为客体的集合。客体指文件、数据、程序、存储器段等，主体也可看作客体。

主体 s_i 是对系统进行操作或者说要访问系统资源的一些实体，类似于上例中的参赛者，客体 o_j 是系统中的各种资源，可供主体 s_i 使用，类似于上例中的道具。

（3）$C = \{c_1, c_2, \cdots, c_q\}$ 为主体或客体的密级，$c_1 < c_2 < \cdots < c_q$，元素之间呈全序（线性序）关系。

（4）$K = \{k_1, k_2, \cdots, k_r\}$ 为范畴集。可看作某个组织中部门的集合或类别的集合。

正如 6.3.2 节中军事安全策略所介绍的一样，系统为每个主体和客体都分配一个安全级，安全级由密级和范畴集两部分组成，表示为有序二元组（密级，范畴集）。每一个密级都取自集合 C 中的一个元素 c_i。6.3.2 节介绍的系统仅有四个密级，这里采用更一般的描述，系统可以扩展为任意多个密级。每一个范畴集都由集合 K 的一个子集 H_j 表示，因此，每一个实体的安全级由 (c_i, H_j) 表示。集合 C 和集合 K 分别限定了密级和范畴集的取值范围。安全级类似于上例中参赛者的编号，根据参赛人数，将参赛者的编号限定在一定的范围内。这里安全级的取值范围不是根据主体、客体的数目来决定的，而是根据系统对信息保密性的需求及系统服务对象的组织结构来决定的。

（5）$A = \{R, W, E, A, C\}$ 为访问属性集。其中，R 表示 Read，只读；W 表示 Write，读/写；E 表示 Execute，执行；A 表示 Append，添加；C 表示 Control，控制。

访问属性集 A 中各元素的含义与 6.1 节介绍的基本相同，实际上，读者开发应用系统时，根据需要可自行定义各种访问属性。

（6）$RA=\{g, r, c, d\}$ 为请求元素集。集合 RA 中各元素描述了用户对系统可能发出的各种类型的操作请求。其中，g 表示 get 或 give；r 表示 release 或 rescind；c 表示 change 或 create；d 表示 delete。

get 表示主体要求得到对某个客体的某种访问权。give 表示主体要求授予另一个主体对某客体的某种访问权，即自主访问控制中的授权。完整的请求由一个包含有 g 的五元组表示，配合五元组中的其他元素可判断出 g 代表 get 还是 give。

release 表示主体请求释放对某客体的访问权。rescind 表示主体撤销另一主体对某客体的访问权，即自主访问控制中的权限回收。在五元组中，r 代表 release 还是 rescind，可根据五元组中其他元素作出判断。

change 用于改变处于静止状态的客体的安全级。什么是静止状态的客体以及如何使用该命令在后面再进行具体介绍。create 表示主体要求创建一个客体。在五元组中，c 代表 change 还是 create，可根据五元组中其他元素作出判断。

delete 表示主体要求删除某个客体，当然，按照前面所介绍的安全规则，主体必须是该客体的拥有者或者对该客体具有控制权，系统才允许该请求。

（7）$D=\{yes, no, error, ?\}$ 为结果集（判定集）。判定集 D 中的各元素表示系统根据预先制定的安全规则，对用户的操作请求是否允许所做出的回应。其中，yes 表示用户请求符合安全规则，系统允许其执行；no 表示用户请求违反安全规则，其请求被拒绝；error 表示系统出错；? 表示请求出错，即请求者未按规定的格式提出请求。集合 D 中的元素类似于上例中评委的评分结果。

（8）$\mu=\{M_1, M_2, \cdots, M_p\}$ 为访问矩阵的集合。μ 中的元素记作 M_k，它是用来描述自主访问控制授权的访问矩阵。任何一个时刻系统中自主授权的状态在 μ 中都有一个访问矩阵与其对应。M_k 是一个 $n\times m$ 的矩阵，M_k 中的第 i 行，j 列的元素在 BLP 模型中记为 M_{ij}。因此，M_{ij} 是 A 的子集，可以为空。

（9）$F=C^S\times C^O\times (P_K)^S\times (P_K)^O$ 是四个集合的笛卡尔积。其中，

$$C^S=\{f_1 \mid f_1:S\rightarrow C\}$$

其元素 f_1 定义系统中每一个主体的密级；C^S 给出了对主体密级所有可能的定义。

$$C^O=\{f_2 \mid f_2:O\rightarrow C\}$$

其元素 f_2 定义系统中每一个客体的密级；C^O 给出了对客体密级所有可能的定义。

$$(P_K)^S=\{f_3 \mid f_3:S\rightarrow P_K\}$$

其元素 f_3 定义系统中每一个主体的范畴（或部门）集。

$$(P_K)^O=\{f_4 \mid f_4:O\rightarrow P_K\}$$

其元素 f_4 定义系统中每一个客体的范畴集。$(P_K)^S$ 和 $(P_K)^O$ 的含义分别与 C^S 和 C^O 类似。取定 F 中的一个元素 $f=(f_1, f_2, f_3, f_4)$，相当于对系统中的所有主体和客体均分配了密级和部门集。例如，$(f_1(s_i), f_3(s_i))$ 定义了主体 s_i 的安全级，$(f_2(o_j), f_4(o_j))$ 定义了客体 o_j 的安全级。集合 F 中的所有元素给出了对主体和客体的安全级的所有可能的定义方式。

2. 系统状态

BLP 模型用 $V = P_{(S \times O \times A)} \times \mu \times F$ 表示系统所有可能的状态，V 中的元素 $v = (b, M, f)$ 表示系统的某个状态。其中，

$$b \in P_{(S \times O \times A)} \quad 或 \quad b \subseteq S \times O \times A$$

是当前访问集，表示哪些主体取得了对哪些客体的什么样的访问权限。

例如，若 $b = \{(s_1, o_2, r), (s_1, o_3, w), (s_2, o_2, e), \cdots\}$，则表示在状态 v 下，主体 s_1 对客体 o_2 有读访问权，主体 s_1 对客体 o_3 有写访问权，主体 s_2 对客体 o_2 有执行访问权等。

$$M \in \mu$$

是访问矩阵，它表示在状态 v 下，主体自主授权的状态，它的第 i 行、j 列的元素表示主体 s_i 被自主地授予了对客体 o_j 的哪些访问权限。

$$f \in F, \quad f = (f_1, f_2, f_3, f_4)$$

其中，f_1 和 f_3 给出了所有主体的安全级，f_2 和 f_4 给出了所有客体的安全级。

系统在任何一个时刻都处于某一种状态 v，即对任意时刻 t，必有状态 v_t 与之对应。随着用户对系统的操作，系统的状态会不断地发生变化。对应状态 v，集合 b 中的那些主体对客体的访问权限是否会带来对信息的泄露呢？也就是说，我们必须关心系统在各个时刻的状态，特别是与状态相对应的访问集 b 是否能保证系统的安全性。只有每一个时刻状态是安全的，系统才可能是安全的。为此，BLP 模型对状态的安全性进行了定义。

3. 安全特性

BLP 模型的安全特性定义了系统状态的安全性，也集中体现了 BLP 模型的安全策略。BLP 模型要求系统既具有自主访问控制又具有强制访问控制，其安全性要求如下。

1）自主安全性

状态 $v = (b, M, f)$ 满足自主安全性，当且仅当对所有的 $(s_i, o_j, x) \in b$，有 $x \in M_{ij}$。

这条性质是说，若 $(s_i, o_j, x) \in b$，即如果在状态 v 下，主体 s_i 获得了对客体 o_j 的 x 访问权，那么 s_i 必定是得到了相应的自主授权。若存在 $(s_i, o_j, x) \in b$，但主体 s_i 并未得到对客体 o_j 的 x 访问权的授权（即 $x \notin M_{ij}$），则状态 v 被认为不符合自主安全性。

2）简单安全性

状态 $v = (b, M, f)$ 满足简单安全性，当且仅当对所有的 $(s, o, x) \in b$，有

① $x = e$ 或 $x = a$ 或 $x = c$；

② $(x = r$ 或 $x = w)$ 且 $(f_1(s) \geqslant f_2(o), f_3(s) \supseteq f_4(o))$。

这条性质是说，若在 b 中主体 s 获得了对客体 o 的 r 访问权或 w 访问权，则 s 的密级必须不低于 o 的密级，s 的范畴集必须包含 o 的范畴集。也就是说，s 的安全级必须支配 o 的安全级，这条性质的意义在于低安全级的主体不允许获得高安全级客体的信息。

注意，在 BLP 模型中，w 访问权表示可读、可写，即主体对客体的修改权。

3）*-性质

状态 $v = (b, M, f)$ 满足 *-性质，当且仅当对所有的 $s \in S$，若

$$o_1 \in b(s:w,a), \quad o_2 \in b(s:r,w)$$

则

$$f_2(o_1) \geqslant f_2(o_2), \quad f_4(o_1) \supseteq f_4(o_2)$$

其中,符号 $b(s:x_1,\cdots,x_n)$ 表示 b 中主体 s 对其具有访问权限 $x_i(1 \leqslant i \leqslant n)$ 的所有客体的集合。

这条性质是 BLP 模型中最重要的一条安全特性。$o_1 \in b(s:w,a)$,意味着 s 对 o_1 有 w 权或 a 权,此时,信息可能由 s 流向 o_1;$o_2 \in b(s:r,w)$ 意味着 s 对 o_2 有 r 权或 w 权,此时信息可能由 o_2 流向 s。它们组成的四种情形如图 7-4 所示,其中箭头表示信息的流向。这样一来,在访问集 b 中以 s 为媒介,信息就有可能由 o_2 流向 o_1,因此要求 o_1 的安全级必须支配 o_2 的安全级,当 s 对 o_1 和 o_2 均具有 w 访问权时,两次运用该特性,则要求 o_1 的安全级等于 o_2 的安全级。这反映 BLP 模型中信息只能由低安全级向高安全级流动的安全策略。

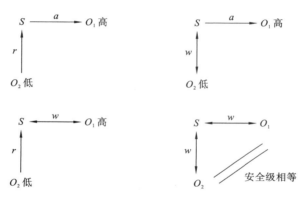

图 7-4 *-性质解析

例如,设状态 $v=(b,\boldsymbol{M},f)$,其中

$$b=\{(s_1,o_1,w),\ (s_1,o_2,r),\ (s_2,o_3,a),\ (s_2,o_2,w)\}$$

$$f=(f_1,f_2,f_3,f_4)$$

则此时通过 s_1 信息有可能由 o_2 流向 o_1,通过 s_2 信息有可能由 o_2 流向 o_3,按照 *-性质的要求必须有

$$f_2(o_1) \geqslant f_2(o_2), f_4(o_1) \supseteq f_4(o_2), f_2(o_3) \geqslant f_2(o_2), f_4(o_3) \supseteq f_4(o_2)$$

如果一个状态 v 同时满足上述三条性质,那么 v 是安全状态。

4. 主体的操作请求

主体对系统可能会有各种操作请求,如要求对某客体进行某种访问、要求授权给另一主体对某客体的某种访问权等。BLP 模型统一用一个五元组来描述主体的各种操作请求,其操作请求涉及的对象和请求的类型由五元组中的元素表示。令

$$R=S^+ \times RA \times S^+ \times O \times X$$

R 的元素代表主体对系统的一个完整的请求,用五元组 $(\sigma_1,\gamma,\sigma_2,o_j,x)$ 表示。因此,R 是主体的请求集。其中,

$$S^+=S\cup\{\varnothing\}, \quad X=A\cup\{\varnothing\}\cup F$$

在五元组中，σ_1 和 σ_2 均代表主体，可以为空，用 $\varnothing$ 表示。γ 代表请求的类型，在 RA 中取值。例如，若 $\gamma = g$，则表示某主体请求得到对某客体的某种访问权（此时 g 相当于 get）；也可能表示某主体请求授予另一主体对某客体的某种访问权（此时 g 相当于 give），至于 g 是代表前者还是后者，由五元组中是出现一个主体还是出现两个主体来加以区分。例如，若 $R_k \in R$，$R_k = (\varnothing, g, s_i, o_j, r)$，则表示主体 s_i 请求得到对客体 o_j 读访问权，此时 g 代表 get，若 $R_l \in R$，$R_l = (s_\lambda, g, s_i, o_j, w)$，则表示主体 s_λ 请求授予主体 s_i 对客体 o_j 写访问权，此时 g 代表 give。o_j 代表某一客体。x 可能是某个访问权限；也可能是 $f \in F$，定义系统中各主体、客体的安全级。x 还可能为空，用 $\varnothing$ 表示，x 的取值随请求的不同而不同。

5. 状态转换规则

当用户发出操作请求时，系统必须根据前面定义的三条安全特性对用户的请求进行检查，符合安全特性的操作请求被认为是安全的，并被允许执行，否则拒绝执行。系统的状态随着用户的操作不断地转变。

状态转换规则用来描述系统对用户操作请求的判定和处理过程，这里面最重要的是系统对各种状态下的各类操作请求，应如何进行安全性检查的问题。BLP 模型定义了 10 条基本规则，这些规则可以用函数 $\rho: R \times V \to D \times V$ 表示。它表示对任意请求 $R_k \in R$ 和任意状态 $v \in V$，必有判定 $D_l \in D$，状态 $v^* \in V$，使 $\rho(R_k, v) = (D_l, v^*)$。这意味着，在状态 v 下，当主体发出请求 R_k 时，系统会相应产生一个判定 D_l，并且可能发生状态转换，状态由 v 转换为 v^*。

下面介绍 BLP 模型的 10 条基本（状态转换）规则。这 10 条规则，清楚、具体地描述了 BLP 模型是如何进行安全控制的，以及它的安全目标和控制策略是如何实现的。

规则 1 用于主体 s_i 请求得到对客体 o_j 的 read 访问权。其请求的五元组 $R_k = (\varnothing, g, s_i, o_j, r)$，系统的当前状态 $v = (b, \mathbf{M}, f)$。

> **Rule 1**：get-read：$\rho_1(R_k, v) \equiv$
>
> if $\quad \sigma_1 \neq \varnothing$ or $\gamma \neq g$ or $x \neq r$ or $\sigma_2 = \varnothing$ then
>
> $\qquad \rho_1(R_k, v) = (?, v)$
>
> if $\quad r \notin M_{ij}$ or $[(f_1(s_i) < f_2(o_j)$ or $f_3(s_i) \not\supseteq f_4(o_j))]$ then
>
> $\qquad \rho_1(R_k, v) = (\text{no}, v)$
>
> if $\quad U_{P_1} = \{o \mid o \in b(s_i : w, a)$ and $[f_2(o_j) > f_2(o)$ or $f_4(o_j) \not\subseteq f_4(o)]\} = \varnothing$ then
>
> $\qquad \rho_1(R_k, v) = (\text{yes}, (b \bigcup \{(s_i, o_j, r)\}, \mathbf{M}, f))$
>
> else
>
> $\qquad \rho_1(R_k, v) = (\text{no}, v)$
>
> end

规则 1 对主体 s_i 的请求作了如下检查。

（1）主体的请求是否适用于规则 1。

（2）o_j 的拥有者（或控制者）是否授予了 s_i 对 o_j 的访问权。

（3）s_i 的安全级是否支配 o_j 的安全级。

（4）在访问集 b 中，若 s_i 对另一客体 o 有 write 访问权或 append 访问权，是否一定有 o 的安全级支配 o_j 的安全级。

若上述检查有一项不通过，则系统拒绝执行 s_i 的请求，系统状态保持不变。若请求全部通过了上述检查，则 s_i 的请求被执行，三元组 (s_i, o_j, r) 进入系统的访问集 b，亦即允许 s_i 对 o_j 进行读访问。系统状态由 v 转换成 $v^* = (b\bigcup\{(s_i, o_j, r)\}, \boldsymbol{M}, f)$。

显然，检查项目（2）是系统在实施自主访问控制，项目（3）和项目（4）是系统在实施强制访问控制，只有通过了所有检查，才能保证系统在进行状态转换时，其安全性仍然得到保持。

规则 2　用于主体 s_i 请求得到对客体 o_j 的 append 访问权。其请求的五元组 $R_k = (\varnothing, g, s_i, o_j, a)$，系统的当前状态 $v = (b, \boldsymbol{M}, f)$。

> **Rule 2**：get-append：$\rho_2(R_k, v) \equiv$
> if　$\sigma_1 \neq \varnothing$ or $\gamma \neq g$ or $x \neq a$ or $\sigma_2 = \varnothing$　then
> 　　$\rho_2(R_k, v) = (?, v)$
> if　$a \notin M_{ij}$　then
> 　　$\rho_2(R_k, v) = (\text{no}, v)$
> if　$U_{P_2} = \{o | o \in b(s_i : r, w) \text{ and } [f_2(o_j) < f_2(o) \text{ or } f_4(o_j) \not\supseteq f_4(o)]\} = \varnothing$　then
> 　　$\rho_2(R_k, v) = (\text{yes}, (b\bigcup\{(s_i, o_j, a)\}, \boldsymbol{M}, f))$
> else
> 　　$\rho_2(R_k, v) = (\text{no}, v)$
> end

规则 2 对主体 s_i 的请求所作的检查类似于规则 1，不同的是，当 s_i 请求以 append 方式访问 o_j 时，无需作简单安全性检查。

规则 3　用于主体 s_i 请求得到对客体 o_j 的 execute 访问权。其请求的五元组 $R_k = (\varnothing, g, s_i, o_j, e)$，系统的当前状态 $v = (b, \boldsymbol{M}, f)$。

> **Rule 3**：get-execute：$\rho_3(R_k, v) \equiv$
> if　$\sigma_1 \neq \varnothing$ or $\gamma \neq g$ or $x \neq e$ or $\sigma_2 = \varnothing$　then
> 　　$\rho_3(R_k, v) = (?, v)$
> if　$e \notin M_{ij}$　then
> 　　$\rho_3(R_k, v) = (\text{no}, v)$
> else
> 　　$\rho_3(R_k, v) = (\text{yes}, (b\bigcup\{(s_i, o_j, e)\}, \boldsymbol{M}, f))$
> end

规则 3 对 s_i 的请求只作类似于规则 1 中的（1）（2）两项检查，因此 s_i 在请求得到对 o_j 的执行权时不需要作简单安全性和 *-性质的检查。

规则 4　用于主体 s_i 请求得到对客体 o_j 的 write 访问权。其请求的五元组 $R_k = (\varnothing, g, s_i, o_j, w)$，系统的当前状态 $v = (b, \boldsymbol{M}, f)$。

Rule 4:get-write:$\rho_4(R_k, v) \equiv$

if $\sigma_1 \neq \varnothing$ or $\gamma \neq g$ or $x \neq w$ or $\sigma_2 = \varnothing$ then

   $\rho_4(R_k, v) = (?, v)$

if $w \notin M_{ij}$ or $[f_1(s_i) < f_2(o_j)$ or $f_3(s_i) \not\supseteq f_4(o_j)]$ then

   $\rho_4(R_k, v) = (no, v)$

if $U_{P_4} = \{o| o \in b(s_i:r)$ and $[f_2(o_j) < f_2(o)$ or $f_4(o_j) \not\supseteq f_4(o)]\}$

   $\bigcup \{o| o \in b(s_i:a)$ and $[f_2(o_j) > f_2(o)$ or $f_4(o_j) \not\subseteq f_4(o)]\}$

   $\bigcup \{o| o \in b(s_i:w)$ and $[f_2(o_j) \neq f_2(o)$ or $f_4(o_j) \neq f_4(o)]\} = \varnothing$ then

   $\rho_4(R_k, v) = (yes, (b \bigcup \{(s_i, o_j, w)\}, \boldsymbol{M}, f))$

else

   $\rho_4(R_k, v) = (no, v)$

end

规则 4 的安全性检查类似于规则 1,也要进行以下四项检查。

(1) s_i 的请求是否适用于规则 4。

(2) s_i 是否被自主地授予了对 o_j 的 write 权。

(3) s_i 的安全级是否支配 o_j 的安全级。

(4) ∗-性质的检查。

但规则 4 的 ∗-性质的检查较为复杂,它要求以下三个条件均必须成立。

(1) 在 b 中,若 s_i 已对某一客体 o 有 read 访问权,则 o_j 的安全级必须支配 o 的安全级。

(2) 在 b 中,若 s_i 已对某一客体 o 有 append 访问权,则 o_j 的安全级必须受 o 的安全级支配。

(3) 在 b 中,若 s_i 已对某一客体 o 有 write 访问权,则 o_j 的安全级必须等于 o 的安全级。

只要其中有一条不成立,则认为 ∗-性质不成立,拒绝执行用户请求。

规则 5   用于主体 s_i 请求释放对客体 o_j 的访问权,包括 read、write、append、execute 等权。其请求的五元组 $R_k = (\varnothing, r, s_i, o_j, r)$ 或 $R_k = (\varnothing, r, s_i, o_j, w)$ 或 $R_k = (\varnothing, r, s_i, o_j, a)$ 或 $R_k = (\varnothing, r, s_i, o_j, e)$,系统的当前状态 $v = (b, \boldsymbol{M}, f)$。

Rule 5:release-read/write/append/execute:$\rho_5(R_k, v) \equiv$

if $(\sigma_1 \neq \varnothing)$ or $(\gamma \neq r)$ or $(x \neq r, w, a$ and $e)$ or $(\sigma_2 = \varnothing)$ then

   $\rho_5(R_k, v) = (?, v)$

else

   $\rho_5(R_k, v) = (yes, (b - \{(s_i, o_j, x)\}, \boldsymbol{M}, f))$

end

因为访问权的释放不会对系统造成安全威胁,所以不需要作安全性检查,并可将四种情形用同一条规则进行处理。

规则 6 用于主体 s_λ 请求授予主体 s_i 对客体 o_j 的某种访问权。其请求的五元组 $R_k = (s_\lambda,\ g,\ s_i,\ o_j, r)$ 或 $R_k = (s_\lambda,\ g,\ s_i,\ o_j, w)$ 或 $R_k = (s_\lambda,\ g,\ s_i,\ o_j, a)$ 或 $R_k = (s_\lambda,\ g,\ s_i,\ o_j, e)$，系统的当前状态 $v = (b,\ \boldsymbol{M},\ f)$。

Rule 6：give-read/write/append/execute：$\rho_6(R_k,\ v) \equiv$

if $(\sigma_1 = \varnothing)$ or $(\gamma \neq g)$ or $(x \neq r,\ w,\ a\ \text{and}\ e)$ or $(\sigma_2 = \varnothing)$ then

$\rho_6(R_k,\ v) = (?, v)$

if $x \notin M_{\lambda j}$ or $c \notin M_{\lambda j}$ then

$\rho_6(R_k,\ v) = (\text{no},\ v)$

else

$\rho_6(R_k,\ v) = (\text{yes},\ (b,\ \boldsymbol{M} \oplus [x]_{ij},\ f))$

end

规则 6 中 $\boldsymbol{M} \oplus [x]_{ij}$ 表示将 x 加入访问矩阵 $\boldsymbol{M}$ 的第 i 行第 j 列元素 M_{ij} 中，即用集合 $M_{ij} \bigcup \{x\}$ 替换 $\boldsymbol{M}$ 中的 M_{ij}。

由于 s_λ 的请求只涉及自主访问控制中的授权，因此规则 6 除了作请求是否适用于规则 6 的检查外，仅作自主安全性有关的检查，即 s_λ 自身必须同时具有对客体 o_j 的 x 访问权和控制权，方能对 s_i 进行相应的授权。

要注意的是，这一授权的成功，并不意味着 s_i 已获得对 o_j 的 x 访问权。因为 s_i 还未经过简单安全性和 $*$-性质的检查。规则 6 的处理结果是仅修改访问矩阵 $\boldsymbol{M}$，使 M_{ij} 项元素也包含进权限 x。此时，访问集 b 中的三元组并无变化。

规则 7 用于主体 s_λ 撤销主体 s_i 对客体 o_j 的某种访问权。其请求的五元组 $R_k = (s_\lambda,\ r,\ s_i,\ o_j, r)$ 或 $R_k = (s_\lambda,\ r,\ s_i,\ o_j, w)$ 或 $R_k = (s_\lambda,\ r,\ s_i,\ o_j, a)$ 或 $R_k = (s_\lambda,\ r,\ s_i,\ o_j, e)$，系统的当前状态 $v = (b,\ \boldsymbol{M},\ f)$。

Rule 7：rescind-read/write/append/execute：$\rho_7(R_k,\ v) \equiv$

if $(\sigma_1 = \varnothing)$ or $(\gamma \neq r)$ or $(x \neq r,\ w,\ a\ \text{and}\ e)$ or $(\sigma_2 = \varnothing)$ then

$\rho_7(R_k,\ v) = (?, v)$

if $x \notin M_{\lambda j}$ or $c \notin M_{\lambda j}$ then

$\rho_7(R_k,\ v) = (\text{no},\ v)$

else

$\rho_7(R_k,\ v) = (\text{yes},\ b - \{(s_i,\ o_j,\ x)\},\ \boldsymbol{M} \ominus [x]_{ij},\ f))$

end

规则 7 中，$\boldsymbol{M} \ominus [x]_{ij}$ 表示将 x 从访问矩阵 $\boldsymbol{M}$ 的第 i 行第 j 列元素 M_{ij} 中去掉，即用集合 $M_{ij} - \{x\}$ 替换 $\boldsymbol{M}$ 中的 M_{ij}。

类似于规则 6，规则 7 也只涉及自主安全性。系统要求 s_λ 必须对 o_j 同时具有 x 访问权和控制权，方能对 s_i 的 x 访问权予以撤销。

系统执行这一请求时，不仅要从访问矩阵 $\boldsymbol{M}$ 的第 i 行第 j 列的元素 M_{ij} 中将 x 删除掉，而且必须在访问集 b 中也删去三元组 $(s_i,\ o_j,\ x)$，这意味着主体 s_i 将丧失对 o_j 的 x 访问权，尽管它可能符合简单安全性和 $*$-性质。

规则 8   用于改变静止客体的密级和范畴集。其请求的五元组 $R_k = (\varnothing, c, \varnothing, o_j, f^*)$，其中 c 表示 change，系统的当前状态 $v = (b, \boldsymbol{M}, f)$。

Rule 8：change-f：$\rho_8(R_k, v) \equiv$

if $(\sigma_1 \neq \varnothing)$ or $(\gamma \neq c)$ or $(\sigma_2 \neq \varnothing)$ or $(x \notin F)$ then

$\quad \rho_8(R_k, v) = (?, v)$

if $f_1^* \neq f_1$ or $f_3^* \neq f_3$ or $[f_2^*(o_j) \neq f_2(o_j)$ or $f_4^*(o_j) \neq f_4(o_j)$ for some

$\quad j \in A(m)]$ then

$\quad \rho_8(R_k, v) = (\text{no}, v)$

else

$\quad \rho_8(R_k, v) = (\text{yes}, (b, \boldsymbol{M}, f^*))$

end

所谓静止客体是指被删除了的客体，该客体名可以被系统中的主体重新使用，例如，某存储器段或某个文件名，当该客体被重新用来存放数据时，客体的安全级定义为创建这一客体的主体的安全级。虽然主体可以创建客体，但该客体的安全级必须由系统定义，因此规则 8 中没有主体。

$A(m)$ 是活动客体的下标集，即 $A(m) = \{j \mid 1 \leqslant j \leqslant m$，并且存在 i，使 $M_{ij} \neq \varnothing\}$。

规则 8 的安全性要求是，新定义的安全级 $f^* = (f_1^*, f_2^*, f_3^*, f_4^*)$ 不能改变系统中主体的安全级，也不能改变活动客体的安全级，只能改变静止客体的安全级，在这种情形下，新状态 v^* 用 f^* 代替原状态 v 中的 f。

规则 9   用于主体 s_i 创建一个客体 o_j。其请求的五元组 $R_k = (\varnothing, c, s_i, o_j, e)$ 或 $R_k = (\varnothing, c, s_i, o_j, \varnothing)$，系统的当前状态 $v = (b, \boldsymbol{M}, f)$。

Rule 9：create-object：$\rho_9(R_k, v) \equiv$

if $\sigma_1 \neq \varnothing$ or $\gamma \neq c$ or $\sigma_2 = \varphi$ or $(x \neq e$ and $\varnothing)$ then

$\quad \rho_9(R_k, v) = (?, v)$

if $j \in A(m)$ then

$\quad \rho_9(R_k, v) = (\text{no}, v)$

if $x = \varnothing$ then

$\quad \rho_9(R_k, v) = (\text{yes}, (b, \boldsymbol{M} \oplus [r, w, a, c]_{ij}, f))$

else

$\quad \rho_9(R_k, v) = (\text{yes}, (b, \boldsymbol{M} \oplus [r, w, a, c, e]_{ij}, f))$

end

规则 9 要求主体 s_i 所创建的客体不能是活动的客体。

当客体创建成功后，系统便将对 o_j 的所有访问权赋予 s_i。需要区分的是，当 o_j 不是可执行程序时，execute 访问权不赋予 s_i。这里只涉及自主访问控制中的授权。

规则 10   用于主体 s_i 删除客体 o_j。其请求的五元组 $R_k = (\varnothing, d, s_i, o_j, \varnothing)$，系统的当前状态 $v = (b, \boldsymbol{M}, f)$。

Rule 10：delete-object：$\rho_{10}(R_k, v) \equiv$

if　$\sigma_1 \neq \varnothing$ or $\gamma \neq d$ or $\sigma_2 = \varnothing$ or $x \neq \varnothing$ then

　　$\rho_{10}(R_k, v) = (?, v)$

if　$c \notin M_{ij}$　then

　　$\rho_{10}(R_k, v) = (no, v)$

else

　　$\rho_{10}(R_k, v) = (yes, b, \mathbf{M} \ominus [r, w, a, c, e]_{ij}, 1 \leqslant i \leqslant n, f)$

end

从规则 10 中可以看出，s_i 必须对 o_j 具有控制权才能删除 o_j（在这里，拥有权和控制权是一致的），o_j 被删除后，o_j 成为静止客体。此时，访问矩阵的第 j 列，即 o_j 所对应的列中各元素必须全部清空，不包含任何权限。

6. 系统的定义

1）符号约定

$T = \{1, 2, 3, \cdots, t, \cdots\}$ 表示离散时刻的集合，常用作事件的下标，用来标识事件发生的顺序。在 BLP 模型中，它将作为请求序列、判定序列和状态序列的下标。

$X = R^T = \{x \mid x: T \to R\}$ 表示请求序列的集合。元素 x 是一请求序列，可表示为 $x = x_1 x_2 \cdots x_t \cdots$，时刻 t 时发出的请求用 x_t 表示。

$Y = D^T = \{y \mid y: T \to D\}$ 表示判定序列的集合。元素 y 是一判定序列，可表示为 $y = y_1 y_2 \cdots y_t \cdots$，时刻 t 时做出的判定用 y_t 表示。

$Z = V^T = \{z \mid z: T \to V\}$ 是状态序列的集合。元素 z 是一状态序列，可表示为 $z = z_1 z_2 \cdots z_t \cdots$，时刻 t 的状态用 z_t 表示。

2）系统的组成

设 $\omega = \{\rho_1, \rho_2, \cdots, \rho_s\}$ 是一组规则集，关系 $W(\omega) \subseteq R \times D \times V \times V$ 定义为

① $(R_k, ?, v, v) \in W(\omega)$，当且仅当对每个 i，$1 \leqslant i \leqslant s$，$\rho_i(R_k, v) = (?, v)$。

② $(R_k, error, v, v) \in W(\omega)$，当且仅当存在 i_1, i_2，$1 \leqslant i_1 < i_2 \leqslant s$，使得对于任意的 $v^* \in V$ 有 $\rho_{i_1}(R_k, v) \neq (?, v^*)$ 且 $\rho_{i_2}(R_k, v) \neq (?, v^*)$。

③ $(R_k, D_m, v^*, v) \in W(\omega)$，$D_m \neq ?$，$D_m \neq error$，当且仅当存在唯一的 i，$1 \leqslant i \leqslant s$，使得对某个 v^* 和任意的 $v^{**} \in V$，$\rho_i(R_k, v) \neq (?, v^{**})$，$\rho_i(R_k, v) = (D_m, v^*)$。

上述定义中，

① 意味着请求 R_k 出错，没有一条规则适合于它；

② 意味着系统出错，有多条规则适合于请求 R_k；

③ 意味着存在唯一一条规则适合于请求 R_k。

$W(\omega)$ 由满足上述定义的四元组 (R_k, D_m, v^*, v) 组成，这意味着在状态 v 下，若发出某请求 R_k，必存在一判定 D_m（$D_m \in \{?, error, yes, no\}$），根据 ω 中的规则，将状态 v 转换为 v^* 或保持状态 v 不变。

BLP 模型将系统记作 $\sum(R, D, W(\omega), z_0)$，定义为

$$\sum (R, D, W(\omega), z_0) \subseteq X \times Y \times Z$$

对任意$(x, y, z) \in X \times Y \times Z$,当且仅当对任一 $t \in T$,$(x_t, y_t, z_t, z_{t-1}) \in W(\omega)$时,有

$$(x, y, z) \in \sum (R, D, W(\omega), z_0)$$

其中,z_0是系统初始状态,通常表示为$z_0 = (\varnothing, \boldsymbol{M}, f)$。

由上述定义可知,系统是由 $X \times Y \times Z$ 中的某些三元组(x, y, z)组成的,三元组中的 $x = x_1 x_2 \cdots x_t \cdots$ 为一请求序列;$y = y_1 y_2 \cdots y_t \cdots$ 为一判定序列;$z = z_1 z_2 \cdots z_t \cdots$ 为一状态序列。

它们满足

$$(x_1, y_1, z_1, z_0) \in W(\omega)$$
$$(x_2, y_2, z_2, z_1) \in W(\omega)$$
$$(x_3, y_3, z_3, z_2) \in W(\omega)$$
$$\vdots$$
$$(x_t, y_t, z_t, z_{t-1}) \in W(\omega)$$
$$\vdots$$

如图 7-5 所示,系统从初始状态 z_0 开始,接收用户的一系列请求 $x_1, x_2, \cdots, x_t, \cdots$,根据 ω 中的规则做出一系列相应的判定 $y_1, y_2, \cdots, y_t, \cdots$,系统状态从 z_0 逐步转化为 $z = z_1, z_2, \cdots, z_t, \cdots$。

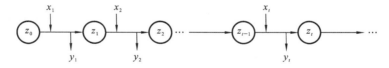

图 7-5 BLP 模型定义的系统

7.2.2 BLP 模型的安全性

1. BLP 模型的安全性证明

为了证明 BLP 模型所构建的系统是安全的,BLP 模型定义了安全状态、安全状态序列、系统的一次安全出现、安全系统,最后证明了 BLP 模型构建的系统是安全的。

1)安全状态

一个状态 $v = (b, \boldsymbol{M}, f) \in V$,若它满足自主安全性、简单安全性和 $*$-性质,那么这个状态就是安全的。

2)安全状态序列

设 $z \in Z$ 是一状态序列,若对于每一个 $t \in T$,z_t 都是安全状态,则 z 是安全状态序列。

3)系统的一次安全出现

$$(x, y, z) \in \sum (R, D, W(\omega), z_0)$$

称为系统的一次出现。若(x, y, z)是系统的一次出现,且 z 是一安全状态序列,则称

(x, y, z) 是系统 $\sum(R, D, W(\omega), z_0)$ 的一次安全出现。

4）安全系统

若系统 $\sum(R, D, W(\omega), z_0)$ 的每次出现都是安全的，则称该系统是安全系统。

5）BLP 模型构建的系统是安全的

为了证明 BLP 模型构建的系统是安全的，BLP 模型证明了以下两条主要的结论。

（1）BLP 模型的 10 条状态转换规则都是安全性保持的，即若 v 是安全状态，则经过这 10 条规则中任意一条规则转换后的状态 v^* 也一定是安全状态。

（2）若 z_0 是安全状态，ω 是一组安全性保持的规则，则系统 $\sum(R, D, W(\omega), z_0)$ 是安全的。

显然，BLP 模型的初始状态 $z_0 = (\varnothing, \boldsymbol{M}, f)$ 是安全的，BLP 模型又证明了它的 10 条状态转换规则均是安全性保持的，因此，BLP 模型所描述的系统是一个安全系统。

（注：关于 BLP 模型的安全性证明的详细过程，请参阅相关文献。）

2. BLP 模型的安全性和实用性分析

通过前面的介绍，可以看出 BLP 模型的安全目标是保护信息的机密性，对信息机密性的保护是通过安全级来进行控制的。它的安全目标和控制策略特别适合于军事部门、政府办公部门和有层次结构的机构，因此，BLP 模型提出后，受到美国国防部的特别推崇，以致在很长一段时期，人们将多级安全策略等同于强制访问控制，不仅许多操作系统使用它进行访问控制，而且在军事系统和办公系统中也得到了广泛的应用。

BLP 模型是一个严格形式化的安全模型，其安全性得到了形式化的证明，这一优点是至今许多安全模型所不及的。

安全模型和安全模型的应用是有距离的，也就是说，在应用安全模型进行系统设计时，还必须根据实际系统的安全需求和应用需求来灵活实施访问控制。例如，BLP 模型在主体创造客体时，将客体的安全级定义为该主体的安全级，从安全的角度来看是合理的，但在实际应用中，上级部门经常要下发若干文件，并指定文件下发到某一级时，要允许系统或代表系统的安全员对该客体的安全级进行降级定义。

又例如，在 BLP 模型中，信息只能由低向高流动，即若信息由客体 o_i 流向客体 o_j 时，必须满足 $f_2(o_i) \leqslant f_2(o_j)$，$f_4(o_i) \subseteq f_4(o_j)$。在实际系统中，客体 o 的范畴集 $f_4(o)$ 通常代表 o 的部门属性，BLP 模型的这一要求限制了信息在部门之间的横向流动，显然是过于安全了。对此，在实际系统的控制中必须有相应的措施加以解决。

BLP 模型的三条安全特性集中体现了其安全策略，说明 BLP 模型所描述的系统既实施自主访问控制，也实施强制访问控制，用户对系统资源的访问必须同时通过这两层控制方可执行。其自主访问控制是通过自主安全性来实现的，强制访问控制是通过简单安全性和 *-性质来实现的。

孤立地看简单安全性，似乎有些不太安全。例如，当主体 s 对客体 o 进行 append 操作时，BLP 模型不要求 o 的安全级支配 s 的安全级，当 s 对 o 进行 write 操作时，根据 BLP 模型对此项操作的解释，此时信息可以在 s 与 o 之间双向流动，但简单安全性仅要求 s 的安全级支配 o 的安全级。如此看来，简单安全性并不限制高安全级的主体 s 将信息传递给低安全级的客体。

　　然而,在简单安全性之后,BLP 模型还用 $*$-性质对用户的操作进行进一步的控制。如图 7-4 所示,当主体 s 向某客体 o 传送信息时,其信息必须来自比 o 安全级低或相等的客体,这可以说是补充了简单安全性的不足。但这只能是基于主体本身不含有信息这样一个观点。事实上,BLP 模型定义主体也可以看作是客体,这意味着主体本身也有可能包含有信息,在应用系统中亦是如此。为了解决这一问题可能带来的不安全性,人们在基于安全级进行强制访问控制时,常常简化为以下两条原则。

　　(1) 不上读:主体只能读取比自身安全级更低或相等的客体。

　　(2) 不下写:主体只能向安全级更高或者相等的客体写入。

　　BLP 模型是以保护信息的机密性为目标的,信息只能由低安全级流向高安全级,但这样就有可能导致低安全级的信息破坏高安全级信息的完整性,也就是说,BLP 模型对信息完整性无法提供保护。

7.3　基于角色的访问控制与 RBAC 模型族

　　随着计算机的广泛应用,特别是计算机应用由军事部门走向商业和民用部门,各行各业应用的多样化和安全需求的多样化,使得仅有自主访问控制和基于安全级的强制访问控制难以适应。在这一背景下,基于角色的访问控制成为安全领域的一个研究热点,并受到安全专家特别是访问控制专家的极大关注。著名访问控制专家 Sandhu 等进一步研究和完善了 NIST 提出的基于角色的访问控制的模型和理论,并于 1996 年完成了 RBAC96 模型族的构造。

　　基于角色的访问控制的核心是引入了角色的概念,它使得操作权限不是直接授予用户而是授予角色,用户通过角色身份获得相应的操作权限。这种访问控制方法特别适合于同一个职务由多个成员担任的应用场合。例如,一个医院必须有多个外科医生、内科医生和儿科医生等才能满足大量患者的看病要求。因此,在医疗系统中可以定义外科医生、内科医生和儿科医生等各种角色,在外科医生中又可细分为普通外科医生、胸外科医生和脑外科医生等,对此,在基于角色的访问控制中,可用子角色的方式来控制其权限。

　　又例如,在一个大型的办公系统中,由于来往的文件数量巨大,可能需要有多个文件收发员负责对外的文件收发工作,需要有多个文秘人员负责文件的处理,如根据文件的来源单位和内容送给相关的部门和领导批阅,需要有多个档案管理人员对处理完的文件进行归档保存,在这种情形下,便可在系统中设置文件收发员、文秘人员和归档人员等各种角色,赋予这些角色中同类成员相同的操作权限。

　　基于角色的授权方法相对于对单个用户授权,大大地简化了授权的机制和管理,当用户的工作职务发生变化时,只要转换他的角色身份,而不需要对其重新授权;当机构设置发生变化时,如某个部门撤销,某些部门合并等也可以不修改应用程序,而只要修改角色与用户、角色与操作权限之间的配置关系即可。

　　下面通过 RBAC96 模型族的描述,可以更为清楚地了解这个访问控制方法的原理。

7.3.1 RBAC96 模型族

RBAC96 模型族由以下四个模型组成,如图 7-6 所示。

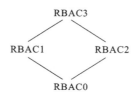

图 7-6 RBAC96 **模型族**

(1) RBAC0 模型:基本模型。描述了具有 RBAC 安全功能的系统的最小需求。

(2) RBAC1 模型:包含 RBAC0 模型,增加了角色层次的概念。

(3) RBAC2 模型:包含 RBAC0 模型,增加了约束的概念。

(4) RBAC3 模型:包含 RBAC1 模型和 RBAC2 模型,具有传递性,自然也包含了 RBAC0 模型。

1. RBAC0 模型

定义 1（RBAC0 模型定义）

① U 表示用户集,R 表示角色集,P 表示权限集,S 表示会话集。

② $PA \subseteq P \times R$,是权限到角色的多对多指派关系。

③ $UA \subseteq U \times R$,是用户到角色的多对多指派关系。

④ user:$S \rightarrow U$,是会话到用户的映射函数,$\text{user}(s_i)$ 表示创建会话 s_i 的用户。

⑤ roles:$S \rightarrow 2^R$,是会话到角色子集的映射函数,$\text{roles}(s_i)$ 表示会话 s_i 对应的角色集合。

$$\text{roles}(s_i) \subseteq \{r \mid (\text{user}(s_i), r) \in UA\}$$

⑥ 会话 s_i 具有的权限集

$$P_{s_i} = \bigcup_{r \in \text{roles}(s_i)} \{p \mid (p, r) \in PA\}$$

任何一个信息系统都会有许多使用该系统的用户,U 表示这些用户的集合。系统实施基于角色的访问控制之前,按照实际应用背景,根据系统中不同的工作岗位设置若干角色,R 表示所有角色的集合。P 表示系统中所有访问权限的集合。直观地讲,会话可解释为系统对用户的一次请求的执行,每个会话由一个用户建立。一个用户可以同时打开多个会话,在不同窗口中运行。

PA 和 UA 在系统初始化时由安全管理员进行配置,PA 的元素在 $P \times R$ 的范围内指定,PA 的元素一经确定,就意味着系统为每一个角色分配了相应的操作权限。UA 的元素在 $U \times R$ 的范围内指定,UA 的元素一经确定,就意味着系统为每一个用户指定了相应的角色身份。

在系统的需求发生变化时,可由安全管理员对 PA 或 UA 的配置进行修改,亦可对 U、R、P 进行修改。

例如,一个医院有许多的医生、护士和药剂师。不妨设 D_1,D_2,$\cdots$,D_m 是医生,N_1,N_2,$\cdots$,N_r 是护士,K_1,K_2,$\cdots$,K_n 是药剂师,医生的职责 $DD=\{$诊断病情,开处方,给出治疗方案,填写医生值班记录$\}$,护士的职责 $DN=\{$换药,打针,填写护士值班记录$\}$,药剂师的职责 $DK=\{$配药,发药$\}$。

任一个 D_i 可以尽医生的职责,执行 DD 中的操作,但不能执行 DN 和 DK 中的操作;同样,对护士 $N_j(j=1,2,\cdots,r)$ 和药剂师 $K_t(t=1,2,\cdots,n)$ 的限制也是类似的。但是,在这里每一个医生的权限是相同的,每一护士的权限是相同的,每一药剂师的权限也是相同的。因此,医生、护士和药剂师便可以看作医疗系统中三种不同的角色,对用户权限的控制通过用户的角色身份进行,并不需要区分该用户是谁。

在系统初始化配置时,安全管理员必须将 DD 中的权限指派给医生这一角色,将 DN 中的权限指派给护士这一角色,将 DK 中的权限指派给药剂师这一角色,以完成系统中的 PA 指派。

另一方面,安全管理员还必须对医院的每一个职员进行角色指派,例如,将张平指派为医生,将王莉指派为护士……以完成系统中的 UA 指派。可以为一个用户指派多个角色,例如,将张平既指派为医生,又指派为护士,那么张平具有两个角色身份,拥有 DD 和 DN 中的所有权限,若张平需要给某患者看病,则系统此时根据需要激活张平的医生角色,使其行使医生的权限,也可同时激活他的医生和护士的角色,使其对患者同时行使医生和护士的权限(例如当护士不在时),甚至也可只激活他的护士角色,使其只能行使护士的权限。

函数 user:$S{\to}U$ 用来描述每一个会话是由哪个用户创建的。用户建立一个会话时,系统会激活他拥有的角色集的一个子集,用 roles(s_i) 表示。会话 s_i 所具有的权限 P_{s_i},便是这个子集 roles(s_i) 中所有角色的权限的并集。

2. RBAC1 模型

RBAC1 模型包含 RBAC0 模型所有元素,并引入了角色层次的概念。角色层次反映在一个机构中的不同的职务(或角色)不仅具有不同的责任和权力,而且这些角色的权力之间还具有包含关系。职务越高的人,其责任和权力越大。在 RBAC1 模型中用偏序来描述角色之间的层次关系。在该偏序关系中,高级别角色继承低级别角色的所有权限。因此,一个用户若是某高级别角色的成员,则隐含了他同时也是低级别角色的成员,反之则不然。

定义 2 (RBAC1 模型定义)

① U、R、P、S、PA、UA 和 user:$S{\to}U$ 的定义与 RBAC0 模型相同。

② $RH{\subseteq}R{\times}R$,是集合 R 上的偏序关系,称为角色层次关系。

③ roles:$S{\to}2^R$,是会话和角色子集的映射函数,但不同于 RBAC0 模型,要求

$$\mathrm{roles}(s_i){\subseteq}\{r'\mid \exists\, r'{\leqslant}r \quad \text{且} \quad (\mathrm{user}(s_i),r){\in}UA\}$$

它表示会话 s_i 对应的角色集可以由建立该会话的用户所属的任何角色或其低级别角色组成。

④ 会话 s_i 所具有的权限

$$P_{s_i}=\bigcup_{r\in \mathrm{roles}(s_i)}\{p\mid \exists\, r'{\leqslant}r \quad \text{且} \quad p\mid(p,r'){\in}PA\}$$

它表示会话 s_i 具有的权限是由 roles(s_i) 中的每一角色,以及被这些角色所覆盖的低级别角色相对应的权限组成的权限集。

下面举一简化了的例子来说明 RBAC0 模型和 RBAC1 模型。

例 7-6 假设某医院有医生 4 人,用 $U=\{$张,王,李,陈$\}$ 表示。角色集 $R=\{$外科医生,内科医生,保健医生$\}$,记作 $R=\{r_1, r_2, r_3\}$,即医院有三种工作职务,代表三个不同的角色。权限集 $P=\{$制定治疗方案,做手术,开外用药,开内服药,开保健药$\}$,记作 $P=\{p_1, p_2, p_3, p_4, p_5\}$,于是

$$P \times R = \{(p_1, r_1), (p_1, r_2), (p_1, r_3), (p_2, r_1), (p_2, r_2), (p_2, r_3), (p_3, r_1),$$
$$(p_3, r_2), (p_3, r_3), (p_4, r_1), (p_4, r_2), (p_4, r_3), (p_5, r_1), (p_5, r_2),$$
$$(p_5, r_3)\}$$

$$U \times R = \{(张, r_1), (张, r_2), (张, r_3), (王, r_1), (王, r_2), (王, r_3), (李, r_1),$$
$$(李, r_2), (李, r_3), (陈, r_1), (陈, r_2), (陈, r_3)\}$$

假设系统做以下配置:

$$PA = \{(p_1, r_1), (p_2, r_1), (p_3, r_1), (p_1, r_2), (p_4, r_2), (p_5, r_3)\}$$
$$UA = \{(张, r_1), (张, r_2), (王, r_1), (李, r_2), (陈, r_3)\}$$

上述配置意味着张和王被指派为外科医生,具有制定治疗方案、做手术和开外用药三种权限。张和李被指派为内科医生,具有制定治疗方案和开内服药两种权限。陈被指派为保健科医生,具有开保健药的权限。但这些权限都必须在相应角色被激活后才能执行。

若张医生建立了一个会话(给一个患者看病)s_i,即 user(s_i) = 张,则 roles(s_i) $\subseteq$ $\{r_1, r_2\}$。

若 roles(s_i) = $\{r_1\}$,即系统只激活他的外科医生这一角色,则这次会话中张医生可具有的权限集 $P_{s_i} = \{p_1, p_2, p_3\}$。

若 roles(s_i) = $\{r_2\}$,即系统只激活他的内科医生这一角色,则这次会话中张医生可具有的权限集 $P_{s_i} = \{p_1, p_4\}$。

若 roles(s_i) = $\{r_1, r_2\}$,即系统同时激活他的外科医生和内科医生的角色,则这次会话中张医生可具有的权限集 $P_{s_i} = \{p_1, p_2, p_3\} \bigcup \{p_1, p_4\} = \{p_1, p_2, p_3, p_4\}$。

以上是 RBAC0 模型的系统控制情形。

如果在一个医院中有这样的一个规定,每一个外科医生和内科医生都必须具有保健医生的知识和技能,或者说都必须具有保健医生的从业资格,那么这就给上述三个角色间规定了一个层次关系,这时必须采用 RBAC1 模型,用 R 上的偏序关系来描述角色间的层次关系。在此例中,

$$R \times R = \{(r_1, r_1), (r_1, r_2), (r_1, r_3), (r_2, r_1), (r_2, r_2), (r_2, r_3), (r_3, r_1), (r_3, r_2), (r_3, r_3)\}$$

图 7-7 RH 的次序图

三个角色间的层次关系可用 R 上的偏序关系 RH 来表示。

$$RH = \{(r_1, r_1), (r_2, r_2), (r_3, r_3), (r_3, r_1), (r_3, r_2)\}$$

其次序图如图 7-7 所示。r_1 覆盖 r_3,r_2 也覆盖 r_3,说明外科医生和内科医生不仅分别具有外科医生和内科医生的权限,也具有保健科医生的权限。

若张医生建立了一个会话(给一个患者看病)s_i,即 user(s_i)＝张,则

$$\text{roles}(s_i) \subseteq \{r_1, r_2\} \bigcup \{r_3\} = \{r_1, r_2, r_3\}$$

例如,若 roles(s_i)＝$\{r_1\}$,则

$$P_{s_i} = \{p_1, p_2, p_3\} \bigcup \{p_5\} = \{p_1, p_2, p_3, p_5\}$$

若 roles(s_i)＝$\{r_2\}$,则

$$P_{s_i} = \{p_1, p_4\} \bigcup \{p_5\} = \{p_1, p_4, p_5\}$$

若 roles(s_i)＝$\{r_1, r_2\}$,则

$$P_{s_i} = \{p_1, p_2, p_3\} \bigcup \{p_1, p_4\} \bigcup \{p_5\} = \{p_1, p_2, p_3, p_4, p_5\}$$

利用 RBAC1 模型的角色层次关系可以在系统中实现多级安全控制的要求。

3. RBAC2 模型

RBAC2 模型除了继承 RBAC0 模型已有的特征外,还引入了一个约束(限制)集。它规定 RBAC0 模型各部件的操作是否可被接受,只有可被接受的操作才被允许。

约束是 RBAC 模型的一个重要功能,甚至可以认为它是 RBAC 模型出现的重要动机。约束是制定高层组织策略的有效机制,它为安全管理员的管理带来便利,特别当RBAC 模型的管理是非中心化时,高级安全管理员可将它作为强制需求强加于其他安全管理员。

约束大多作用在 PA 和 UA 上,也可作用在会话的 user 和 roles 函数上。下面列举一些常见的约束。

(1) 互斥限制:同一个用户最多只能指派到相互排斥的角色集合中的一个角色。

例如,一个用户不能同时具有会计和出纳的角色身份,同样一个用户不能同时具有财务经理和采购经理的身份等。这样的角色称为相互排斥的角色。这一约束有利于支持职责分散原则。

类似地,可以做如下约束,同一个权限也最多只能指派为相互排斥的角色集合中的一个角色。

互斥限制有利于对重要权限的管理和分布上的限制,例如,也许角色 A 和角色 B都可以对某个账户有签名权,但我们要求只能由其中的一个角色拥有这个权限。

(2) 基数限制:一个角色的用户成员数目受限,一个用户隶属的角色数目也受限;一个权限能指派的角色数目受限,一个角色对应的权限数目也受限。

(3) 先决条件限制:一个用户可以被指派到某角色 A,仅当他已是另一角色 B 的成员;一个权限 p 可以指派给某角色,仅当该角色已拥有另一权限 q。

例如,只有那些已是工程中一般角色成员的用户,才能被指派到工程内的测试工程师角色。在许多操作系统中,要求用户先有读文件所在目录的权力,然后才有读该目录中文件的权力。

(4) 运行时的互斥限制:可以允许一个用户同时具有两个互斥的角色的成员资格,但在系统运行时不可同时激活这两个角色。

(5) 会话数量的限制:限制用户同时进行会话的数量;限制一个权限活动的会话数量。

(6) 时间和频度限制:对特定角色权限使用的时间和频度进行限制。

实际上,根据需要还可以定义一些其他的限制。这些限制为了维护系统的安全,通过对系统的配置进行限制来实现对用户行为的约束。因此,它体现了系统的强制访问控制。

角色层次也可以看作是一种约束,这种约束可描述为:指派给低级别角色的权限,也必须指派给所有比它高级别的角色;指派成高级别角色成员的用户,也必须指派成所有比它低级别的角色的成员。

因此,从某种意义上来说,RBAC1 模型是多余的,它可以被包含在 RBAC2 模型中,但角色层次的存在是较常见的,直接支持角色层次比通过限制间接支持效率更高一些。

4. RBAC3 模型

RBAC3 模型将 RBAC1 模型和 RBAC2 模型两者结合,提供了角色层次和约束。

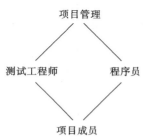

图 7-8 角色层次的例子

约束和层次结构之间存在一些影响。例如,在图 7-8 所示的例子中,假设测试工程师和程序员角色被说明为互斥的,那么,项目管理角色就违反了这个互斥。一般情况下,高级别角色违反这一约束是可以接受的,而在其他情形下就不行。我们认为模型应该考虑这些可能性,而不应该排斥这种或那种可能。

在基数限制中也有类似的问题。例如,假设一个用户只能指派到最多一个角色中,那么,项目管理中的用户指派到他的下级角色就违反了这一约束,这涉及基数限制是只应用于角色的直接成员关系,还是可以扩展到继承的成员关系。

在应用 RBAC2 模型进行系统设计时,可根据系统的实际需求制定所需要的约束条件。

RBAC96 模型可用图 7-9 表示。

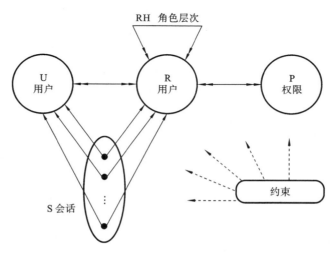

图 7-9 RBAC96 模型

7.3.2 基于角色的授权模型的基本框架

在基于角色的访问控制的系统中,当用户初次进入系统时,系统根据用户的职务(或工作职责)为其指派相应的角色,从而让其取得这些角色的访问权限。但在系统运行的过程中,用户可能需要从一个角色转换成另一个角色,例如,职务升迁、工作调动等;也可能在某些情况下,用户需要将自己的工作委托给另一个用户完成,例如,出差、生病等。系统可用授权机制来满足这类需求。

这里的"授权"是指拥有某角色的用户将该角色的成员资格授权给其他的用户。根据实际需要,授权可以采取各种方式。下面是基于角色的授权的特征。

1. 永久性

永久性是指授权有效期的长短,分为永久性授权与暂时性授权两种类型。

(1) 永久性授权:被授权用户永久地取得了被授予的角色成员资格。

(2) 暂时性授权:被授权用户只在一段时间内得到被授予的角色成员资格,一旦有效期结束,这种授权也就被回收。

2. 同一性

同一性是指授权者授权后,自身是否还保持角色的成员资格,分为同一性授权与非同一性授权。

(1) 同一性授权:授权后,授权用户仍拥有原角色的成员资格。

(2) 非同一性授权:授权后,授权用户丧失了原角色的成员资格,直到授权回收,才重获原角色的所有权限。

3. 全部性

全部性是指是否授出角色的全部权限,分为全部性授权与部分性授权。

(1) 全部性授权:授权用户将角色的所有权限授予被授权用户。在这种情形下,角色的成员用户便分为两类:原始成员和被授权成员。前者是系统安全员最初分配到角色中的成员,后者是由该角色中的成员通过其授权分配到角色中的成员。

(2) 部分性授权:被授权用户只被授予角色的部分权限。

4. 执行性

执行性是指授权由谁执行,分为自主执行与代理执行。

(1) 自主执行:由授权者本人执行。

(2) 代理执行:授权者向第三方(某个代理)提出请求,让其完成自己的授权,但代理者不能给自己授权。

5. 传递性

传递性是指被授权用户能否将角色成员资格转授出去,分为单步授权与多步授权。

(1) 单步授权:被授权者不能将得到的角色再转授给别的用户,这意味着角色中的被授权成员无权将该角色的权限授出去。

(2) 多步授权:角色的成员资格可以像接力棒一样,被传来传去。

6. 多重性

多重性是指授权者在同一时刻可以对多个用户授权。

7. 协议性

协议性是指授权是否要征得被授权者同意,分为确认协议授权与非确认协议授权。

(1)确认协议授权:授权必须有双方都认可的协议,以确保授权方与被授权方都同意此次授权。

(2)非确认协议授权:不需要被授权者的认可,一旦授权者发出授权,被授权者必须接受。

关于授权回收可以有以下几种策略。

(1)基于支撑角色的回收:若某个用户是在角色 A 的背景下,取得了角色 B 的授权,则当角色 A 的授权被回收后,角色 B 的授权也被回收。

(2)基于发起角色的回收:若用户甲对用户乙进行了某角色的授权,当用户甲的角色被回收之后,用户乙也不能拥有该角色。

(3)授权者有关回收:只有授予出权限的用户才能回收他所授予出的权限,角色中的任何其他成员均无权回收。

(4)授权者无关回收:允许授权方角色中的任何原始成员回收该角色中的任一授权,不论这一授权是该角色中的哪一成员授予出去的。

在授权者有关回收方式中,若授权用户不是采用基于发起角色的回收,那么当其自身的角色成员资格被撤销时,该授权由谁来回收呢? 另外,当被授权成员有不端行为时,这种情况可能持续了很长一段时间而没有被发现,又该怎么办? 授权者无关回收能克服上述缺点,但它可能引起角色成员之间的冲突。

以上只是给出了授权与授权回收的一个框架模型,它们还可能有一些其他的特征,这可根据应用系统的实际需求进行设计。

上述授权机制体现了用户的自主性,它与自主访问控制相比,其授权不是基于权限的,而是基于角色的,所以简化了系统对授权的管理,也更适合于实际应用系统的需求。

在大型系统中,角色数量可能达到成百上千个,而用户数量则可能达到成千上万个,对这些角色和用户的管理是一项非常复杂的工作,它不可能由一个系统安全员去完成。下放 RBAC 的管理权,而又不失广义上的集中式控制的 ARBAC97 模型,给出了如何基于大型系统来实现对 RBAC 的管理。

ARBAC97 模型包括以下三个部分。

(1)URA97:用户到角色指派管理。

(2)PRA97:权限到角色指派管理。

(3)RRA97:角色与角色的继承关系管理。

对 ARBAC97 模型的进一步讨论(超出了本书的范围),可参阅参考文献[23]。

7.3.3 RBAC96 模型安全性和实用性分析

由前面的介绍可以看出,RBAC 是中性的策略。它实际上是提供了一种描述安全策略的方法或框架。通过对 RBAC 各个部件的配置,以及不同配件之间如何进行交互,可以在很大的范围内使需要的安全策略得以实现。

例如,通过基于角色的授权方式可以实现自主访问控制,而且比自主访问控制更为灵活和方便。通过角色-用户的配置及角色-权限的配置可以实现系统所需要的各种强制访问控制策略。若采用 RBAC1 模型建立角色层次关系,则可实现多级安全的控制策略。RBAC2 的约束机制为实现强制访问控制提供了更为丰富的手段。在 RBAC 的角色-用户配置中最极端的情形是,一个角色仅具有一个用户,这时便可等同于实现自主访问控制和多级安全控制策略。

为适应系统需求的变化而改变其策略的能力也是 RBAC 的一个重要的优点。当应用系统增加新的应用或新的子系统时,RBAC 可以赋予角色新的访问权限,可以为用户重新分配一个新的角色,同时也可以根据需要回收角色的权限或回收用户的角色身份。

RBAC 支持如下三条安全原则。

1. 最小特权原则

RBAC 可以使分配给角色的权限不超过具有该角色身份的用户完成其工作任务所必需的权限。用户访问某资源时,如果其操作不在用户当前被激活角色的授权范围之内,则访问将被拒绝。

2. 职责分散原则

RBAC 可以对互斥角色的用户进行限制,使得没有一个用户同时是互斥角色中的成员,并通过激活相互制约的角色共同完成一些敏感的任务,以减少完成任务过程中的欺诈。

3. 数据抽象原则

在 RBAC 中不仅可以将访问权限定义为操作系统中(或数据库中)的读或写,也可以在应用层上定义权限,如存款和贷款等抽象权限。其支持数据抽象的程度由实施细节决定。

RBAC 引入了角色的概念,通过角色与用户、角色与权限的配置,为系统实现其安全控制提供了灵活且强有力的保护。这种保护可适用于多种不同的安全需求,而不仅限于多级安全。在计算机应用日益广泛、各种应用的安全需求呈现多样化的形势下,特别是对于金融、商业和大型企业的安全控制,RBAC 提供了一种理想和实用的模式,因此,自 1996 年 RBAC96 模型提出后,受到信息安全特别是访问控制专家的广泛关注和热烈讨论,并进一步探讨将其应用于多域访问控制之中。

习题 7

7.1 在访问矩阵模型中,基于客体的授权表和基于主体的能力表各有什么优缺点?

7.2 授权的集中型管理模式和分散型管理模式各有什么优缺点?

7.3 BLP 模型的三条安全特性,反映了一种什么样的安全策略?

7.4 当用户对资源发出访问请求时,BLP 模型要进行一些什么样的安全检查?

7.5 RBAC96 模型族由哪几个模型组成? 各个模型的主要安全功能和区别是什么?

7.6 RBAC 是怎样实现强制访问控制的?

7.7 相对于 BLP 模型,RBAC 模型实现强制访问控制是否更加灵活? 为什么?

7.8 如何在 RBAC 模型中实现自主访问控制?

7.9 根据实际应用的具体情况,在 RBAC 中基于角色的授权和回收可能需要具有一些什么样的特征?

8

访问控制实例

操作系统、数据库管理系统和应用系统大量采用了访问控制技术来保证系统安全。通过本章，我们可以了解不同访问控制技术的安全保护目标，以及在不同环境中的实现方法。

8.1 操作系统访问控制技术

操作系统是方便计算机用户管理和控制计算机软、硬件资源的系统程序，通常意义上的操作系统，除了具有基本的操作系统功能外，还包括很多工具程序，例如，Windows操作系统为用户提供的桌面管理器、系统管理工具和附件，Linux操作系统为用户提供的 Shell、基本工具集、X Windows 图形界面系统，以及 GNOME、KDE 等桌面管理程序。安全操作系统是指符合安全评估标准、达到一定安全等级的操作系统。任何操作系统都必须具有一定的安全性，但是并非所有的操作系统都可以称为安全操作系统。一般认为，达到 TCSEC 的 B1 级或以上级别要求的操作系统才是安全操作系统。TCSEC 依据的安全策略模型是 BLP 模型，该模型所制定的最重要的安全准则——严禁上读、下写，针对的是信息的保密性要求，其主要的技术手段是访问控制机制。在我国，B1 级或以上级别的操作系统品牌已有 10 余种，这些操作系统绝大多数都对 Linux 内核进行了改造。

操作系统访问控制是操作系统安全的重要部分，其目的是保护计算机软、硬件资源的合法使用，根据安全保护目标的不同，操作系统中可能采用自主访问控制、强制访问控制和基于角色的访问控制等不同的访问控制机制。下面以国产 Linux 操作系统为例，介绍操作系统的访问控制技术。

Linux 操作系统是一种开源的 Unix-like 操作系统，由 Linus Torvalds 在 1991 年首次发布。Linux 内核是该操作系统的核心组件，也是该操作系统的核心部分，它提供了对硬件的底层管理和资源分配。Linux 操作系统以其开放源代码、高度可定制性和稳定性而闻名，并广泛应用于各种计算机设备和嵌入式系统中。

银河麒麟高级服务器操作系统是一款针对企业级关键业务设计的新一代自主服务器操作系统，它满足虚拟化、云计算、大数据、工业互联网时代对主机系统可靠性、安全性、性能、扩展性和实时性的需求。该系统依据 CMMI5 级标准研制，具有内生安全、云原生支持、国产平台深入优化、高性能、易管理等特点。它同源支持飞腾、鲲鹏、龙芯、申威、海光、兆芯等自主平台，可支撑构建大型数据中心服务器高可用集群、负载均衡集群、分布式集群文件系统、虚拟化应用和容器云平台等，此外，该系统可部署在物理服务器、虚拟化环境，以及私有云、公有云和混合云环境中。目前，银河麒麟高级服务器操作系统已广泛应用于政府、国防、金融、教育、财税、公安、审计、交通、医疗、制造等领域。银河麒麟高级服务器操作系统具有以下三个关键特性。

1. 多种硬件平台支持

银河麒麟高级服务器操作系统最新版本支持飞腾、鲲鹏、龙芯、兆芯、海光、Intel/AMD 架构的处理器，并对上百款的读/写、存储、网络设备提供了驱动支持。用户可以在系统性能、可靠性，以及经济预算间自由选择，也可以考虑在已有的设备上实施新的系统方案。

2. 虚拟化技术、云平台支持

银河麒麟高级服务器操作系统内置了全球最领先的开源虚拟化技术——KVM，其图形化的安装与配置工具能够帮助用户方便地搭建虚拟化环境，通过虚拟设备取代物理硬件，在提高现有设备使用效率的同时，也节约了系统成本。银河麒麟高级服务器操作系统适配并支持华为、阿里、腾讯、麒麟、金山、紫光、浪潮、青云、微软等云平台，是一款能提供新业务容器化运行和高性能可伸缩的安全容器应用管理平台。

3. 便捷的应用移植

银河麒麟高级服务器操作系统针对国内外主流的中间件应用给予了充分的支持与优化，包括中创、东方通、普元、金蝶、用友，以及 WebLogic、Tuxedo、WebSphere、Tomcat 等，确保了软、硬件平台与应用系统之间能够高效、可靠地进行数据传递和转换。在此基础上，各式的应用软件、管理工具、系统服务得以跨平台运行，用户可以在商用的付费软件或开源的免费软件中选择性价比更高的解决方案。

银河麒麟高级服务器操作系统在党政、国防等领域经过了多年的大规模使用，有丰富的安全漏洞处理经验，以及强大的开源代码分析和自研能力，无论在内核还是外核方面，都有很强的安全处理能力。

银河麒麟高级服务器操作系统之所以在安全方面能够达到 GB/T 20272 等保四级的标准，并实现"一夫当关，万夫莫开"的效果，主要得益于其内核与应用一体化的安全策略和强制访问机制。以下是银河麒麟高级服务器操作系统（简称"银河麒麟操作系统"）在技术层面确保安全的几个关键措施。

1. 应用执行控制

银河麒麟操作系统通过对系统应用程序进行标记和行为约束，确保执行程序的来源可靠和完整。这一控制措施基于安全标记管理，有效防止了恶意程序的执行和数据泄露。

2. 多级安全控制

为了保障信息安全，银河麒麟操作系统实现了多级安全控制，通过对用户和信息进行密级标识,确保高机密信息不被低机密级别的用户访问,实现了严格的数据隔离和保护。

3. 管理员分权

为了避免超级用户权限被滥用或窃取,银河麒麟操作系统将管理员权限分为系统管理员、安全管理员和审计管理员三类,他们各司其职,相互制约,有效防止了权限滥用的风险。

4. 最小特权机制

银河麒麟操作系统实行最小特权机制,确保用户和进程仅拥有完成其功能所需的最低权限,从而有效防止未授权操作和系统漏洞的利用。

5. 完整性保护

银河麒麟操作系统通过实施强制完整性控制策略和文件系统保护机制,实时保护数据的完整性,防止文件被篡改或删除,同时,它还利用内核模块白名单功能,有效防止未授权的内核模块被加载或卸载。

6. 数据隔离保护

银河麒麟操作系统通过基于容器的数据隔离保护机制,限制了管理员对用户私有数据的访问权限,有效保障用户数据的安全性和隐私性。

7. 增强身份认证

银河麒麟操作系统提供用户 UID 唯一性保护功能,以确保系统遗留用户的文件实现安全隔离;同时,支持密码强度检查方案及多种密码算法,从而提高系统账户的安全性;此外,还采用双因子认证机制,结合强化口令管理与指纹识别技术,进一步增强用户身份认证的安全性。

8. 可信路径

银河麒麟操作系统确保用户和系统间的通信数据不被修改和泄露,通过提供用户与可信计算机之间的安全通信路径,保证用户账户信息的安全性和可信性。

9. 安全审计

银河麒麟操作系统提供全面的安全审计功能,对用户身份验证、自主访问控制、强制访问控制、文件操作和事件类型进行审计记录。它支持审计日志记录、实时报警生成和违规进程终止,并采用异常检测和简单攻击探测等技术,保障审计数据的完整性和可用性,从而有效应对各种安全事件和威胁。

以上这些安全措施和技术机制共同构成了银河麒麟操作系统在安全领域的强大能力,确保了系统的稳定性和用户数据的安全性。

银河麒麟高级服务器操作系统 V10 在安全领域的创新,体现在其内核与应用一体化的安全体系和支持多策略融合的访问控制机制上。为了进一步提高系统的安全性和灵活性,银河麒麟操作系统对现有的 Linux 安全模型(Linux Security Module,LSM)访问控制框架进行了扩展和改造。通过开发并支持多安全机制同时挂载的内核统一访问控制框架,该系统实现了多安全策略并行控制的能力。这一框架允许多种安全策略模块化,并统一在一个平台上进行管理和实施,从而提供了多层次、多维度的强制访问控制策略。不同的安全策略模块可以同时挂载和运行,相互协同工作,确保系统在面对复杂的安全威胁时能够提供全面的保护和响应能力。通过这种创新,银河麒麟操作系统不仅增强了对用户和数据的安全保护,还提升了系统的灵活性和扩展性,适应了多样化的安全需求和应用场景。这种内核与应用一体化的安全体系,使得银河麒麟操作系统成为高级服务器环境中的首选,为企业和机构奠定了可靠的安全基础。图 8-1 展示的是银河麒麟高级服务器操作系统 V10 的多策略融合控制总体流程。

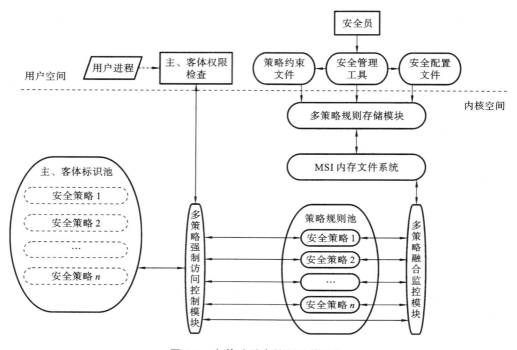

图 8-1　多策略融合控制总体流程

银河麒麟高级服务器操作系统 V10 凭借其内核与应用深度集成的安全体系及前沿创新的访问控制框架,精心编织了一套集多元策略于一体的安全防护网。该系统对 LSM 访问控制框架进行了全面扩展与革新,不仅实现了多安全机制的无缝并行挂载,还通过统一的策略管理平台,精准调控各类安全策略模块,从而显著增强了系统的安全防护壁垒与细粒度控制能力。这种结合了模块化管理和多层次控制的设计理念,使银河麒麟操作系统能够从多维度、多角度保护用户数据和系统安全,为企业级应用提供了可信赖的基础设施。

8.2　数据库访问控制技术

数据库访问控制技术的目标是确保数据的保密性和完整性。保密性通过防止未经授权的直接检索、浏览、推理和泄漏来实现;完整性通过防止未经授权的更新、插入和删除来保障。

数据库访问控制技术包含两个主要组件:身份验证和授权。身份验证是验证访问数据库人员身份的方法。然而,仅凭身份验证不足以全面保护数据,还需要额外的安全层——授权,它决定用户是否有权对数据库中的相应数据进行增、删、改、查操作。没有身份验证和授权的双重保障,数据安全就无从谈起。

若数据库未实施恰当的访问控制,例如,执行了一个包含用户控制主键的 SQL 语句,由于服务器端对客户提出的数据操作请求过分信任,而忽略了对该用户操作权限的判定,导致攻击者通过修改相关参数就可以获取其他账户的增、删、查、改权限。在一个应用中,如果用户能够访问其本身无权访问的功能或者资源,那么就说明该应用存在访问控制缺陷,即存在越权漏洞。在本章中,将以国产 openGauss 数据库为例,详细讲解数据库的访问控制机制。

8.2.1　openGauss 数据库中的身份认证

数据库主要的认证机制是用户名和口令,因为用户名有时能被猜测到,而且在某些情况下是众所周知的,所以对用户进行身份认证非常关键。

openGauss 数据库的主要认证手段有三种:口令认证、基于主机的认证与 SSL 加密认证。

(1)口令认证:主要包括远程连接的加密口令认证和本地连接的非加密口令认证。用户使用账号和口令登录到远程主机。所有传输的数据都会被加密,但是不能保证正在连接的服务器就是需要连接的服务器。可能会有其他服务器冒充真正的服务器,也就是说,可能受到"中间人"方式的攻击。

(2)基于主机的认证:服务器端根据客户端的 IP 地址、用户名及要访问的数据库来查看配置文件,从而判断用户是否通过认证。主机鉴权允许主机鉴权部分或全部系统用户。适用于系统所有用户或者使用 Match 指令的子集。

(3)SSL 加密认证:使用 OpenSSL(开源安全通信库)提供服务器端和客户端安全连接的环境。用户必须为自己创建一对密钥,并把公钥放在需要访问的服务器上。这种级别的认证不仅能加密所有传输的数据,而且能有效防止"中间人"攻击。但需要注意的是,整个登录的过程可能耗时较长。

8.2.2　openGauss 数据库访问控制技术

在数据库发展的初期阶段,访问控制通常可以分为自主访问控制和强制访问控制。在自主访问控制模式下,用户是数据对象的控制者,用户依据自身的意愿决定是否将自己的全部访问权或部分访问权授予其他用户。而在强制访问控制模式下,它针对特定用户进行授权,并禁止用户将权限转授他人。在实际应用中,自主访问控制模式显得过于宽松,而强制访问控制模式又过于严格,且两者在实施过程中都涉及大量工作,不便于管理。因此,基于角色的访问控制机制应运而生,它是一种更加灵活的机制,可以作为自主访问控制、强制访问控制的有效替代,也是一种更为高效的管理方法。

openGauss 继承了业界目前通用的权限管理模型,并实现了基于角色的访问控制机制。在整个机制中,其核心概念是"角色",更深层次的含义是角色组,即角色所拥有的权限是这个角色组中所有成员权限的集合。管理员只需要将所希望的权限分配给角色，用户再从角色继承相应的权限即可，而无需对用户进行单一管理。当管理员需要增加和删减相关的权限时，角色组内的用户成员也会自动继承这些权限变更。

基于角色管理模型，用户能够获得对数据库对象的访问和操作权限，并基于此完成数据管理任务。

然而，这些用户所具备的权限经常发生变化，为了有效防止诸如权限提升后利用权限漏洞进行恶意操作等风险行为，必须对权限进行合理管控，即实施对象权限管理。更重要的是，在对象被访问和操作时，系统需要对当前用户的合法权限进行有效检查，即进行对象权限检查。

1. 角色管理模型

在 openGauss 内核中，角色和用户是基本相同的两个对象，可以通过 CREATE ROLE 和 CREATE USER 命令分别创建角色和用户，两者语法基本相同。下面以 CREATE ROLE 命令的语句为例进行说明，通过"\h CREATE ROLE"可以在系统中查询创建的角色，其语句为：

```
CREATE ROLE role_name [[WITH] option [...]] [ ENCRYPTED |UNENCRYPTED] {PASS-
WORD | IDENTIFIED BY} {'password' | DISABLE};
```

其中，设置子句 option 的选项可以是：

```
{SYSADMIN | NOSYSADMIN}
| {AUDITADMIN | NOAUDITADMIN} | {CREATEDB | NOCREATEDB}
| {USEFT | NOUSEFT} | {CREATEROLE | NOCREATEROLE}
| {INHERIT | NOINHERIT} | {LOGIN | NOLOGIN}
|{REPLICATION|NOREPLICATION}|{INDEPENDENT|NOINDEPENDENT}
| {VCADMIN | NOVCADMIN} | CONNECTION LIMIT}
| VALID BEGIN 'timestamp' |VALID UNTIL 'timestamp'
| RESOURCE POOL 'respool' |USER GROUP 'groupuser'
| PERM SPACE 'spacelimit' |NODE GROUP logic_cluster_name
| IN ROLE role_name [, ...] IN GROUP role_name [, ...]
| ROLE role_name [, ...] ADMIN role_name [, ...]
| USER role_name [, ...] SYSID uid
| DEFAULT TABLESPACE tablespace name | PROFILE DEFAULT
| PROFILE profile_name |PGUSER
```

该命令仅可由具备 CREATE ROLE 权限或者超级管理员权限的用户执行。语法中涉及的关键参数说明如下。

（1）ENCRYPTED｜UNENCRYPTED 用于控制密码是否以密文形态存放在系统中。目前该参数无实际作用，因为密码强制以密文形式存储。

（2）SYSADMIN｜NOSYSADMIN 用于决定一个新创建的角色是否为"系统管理员"，默认为 NOSYSADMIN。

与该参数具有类似概念的还包括 AUDITADMIN ｜ NOAUDITADMIN、CREATEDB

| NOCREATEDB、CREATEROLE | NOCREATEROLE，分别表示新创建的角色是否具有审计管理员权限，是否具有创建数据库权限，以及是否具有创建新角色的权限。

（3）USEFT | NOUSEFT 用于决定一个新角色是否能操作外表，包括新建外表、删除外表、修改外表和读/写外表，默认为 NOUSEFT。

（4）INDEPENDENT | NOINDEPENDENT 用于定义私有、独立的角色。具有 INDEPENDENT 属性的角色，管理员对其进行控制、访问的权限被分离，具体规则如下。

① 未经 INDEPENDENT 角色授权，管理员无权对其表对象进行增加、删除、修改、查询、复制、授权操作。

② 未经 INDEPENDENT 角色授权，管理员无权修改 INDEPENDENT 角色的继承关系。

③ 管理员无权修改 INDEPENDENT 角色的表对象的属主。

④ 管理员无权去除 INDEPENDENT 角色的 INDEPENDENT 属性。

⑤ 管理员无权修改 INDEPENDENT 角色的数据库口令，INDEPENDENT 角色需要管理好自身口令，口令丢失无法重置。

⑥ 管理员属性用户不允许定义修改为 INDEPENDENT 属性。

（5）CONNECTION LIMIT 用于声明该角色可以使用的并发连接数量，默认值为－1，表示没有限制。

（6）PERM SPACE 用于设置用户使用空间的大小。

CREATE USER 语法与 CREATE ROLE 语法基本相同，option 选项范围也相同。事实上，用户和角色在 openGauss 内部是基本相同的两个对象。区别在于，创建角色时默认没有登录权限，而创建用户时包含了登录权限；创建用户时，系统会默认创建一个与之同名的 schema，用于该用户进行对象管理，而创建角色则没有。因此，在权限管理实践中，一般通过角色进行权限管理，通过用户进行数据管理。

管理员通过 GRANT 语法将角色赋给相应的用户，可使该用户拥有角色的权限。而在实际场景中，一个用户可以从属于不同的角色，从而拥有不同角色的权限。同样，角色之间的权限也可以进行相互传递。用户在继承来自不同角色的权限时，应尽量避免权限冲突的场景，如某一用户同时具有角色 A 不能访问表 T 的权限和角色 B 能访问表 T 的权限。

为了更清晰地描述权限管理模型，需要说明的是，openGauss 系统中的权限分为两种类型：系统权限和对象权限。系统权限描述了用户使用数据库的权限（如访问数据库、创建数据库、创建用户等）。对象权限，顾名思义，描述了用户操作数据库对象的权限（如增加、删除、修改、查询表对象及执行函数、使用表空间等）。

通过上述 CREATE ROLE 和 CREATE USER 的语法发现，在创建过程中，通过指定每一个 options 的值就可以设定该角色的属性。而这些属性事实上定义了该角色的系统权限，以及该角色登录认证的方式。这些属性包括是否具备登录权限（LOGN），是否为超级用户（SUPERUSER），是否具备创建数据库的权限（CREATEDB），是否具备创建角色的权限（CREATEROLE），当前角色的初始口令信息（PASSWORD），以及是否可以继承其所属角色的权限的能力（INHERIT）。

角色所有的权限都记录在系统表 pg_authid 里面，通过对应的字段进行描述。如 pg_authid 表中对应的 CREATEROLE 字段用于标记当前角色是否拥有创建角色的权力。

角色的这些系统属性实际上定义了用户使用数据库权限的大小。例如，所有具有 CREATEROLE 权限的角色都可以创建新的角色或用户。

在整个数据库系统的安装、部署过程中会创建一个初始化用户。该初始化用户拥有最高权限，也称为系统的超级用户，这也是 pg_authid 表中唯一一个 SUPERUSER 字段为 True(真)的角色。

超级用户可以按照实际的业务诉求创建普通用户，也可以通过其所创建的管理员创建新的普通用户，再进行权限的管理。超级用户可以随时进行权限的赋予和撤回，也可以直接参与到实际的数据管理业务中。在单用户场景的作业管理模式中，使用超级用户可以使权限和数据管理变得非常高效。

2. 三权分立角色模型

如上所述，openGauss 安装完成后会得到一个具有最高权限的超级用户。数据库超级用户的高权限意味着该用户可以做任何系统管理操作和数据管理操作，甚至可以修改数据库对象及审计日志信息等。对于企业管理来说，拥有超级用户权限的管理员可以在无人知晓的情况下改变数据行为，这带来的后果是不可想象的。

在 openGauss 中，不允许初始化用户进行远程登录，仅可进行本地登录。那么，在组织行为上，可由 IT 部门严格监控拥有该权限的用户在本地的操作行为，这样就可有效避免诸如修改表中数据等"监守自盗"行为的发生。为了实际管理需要，在数据库内部就需要其他的管理员用户来管理整个系统，如果将大部分的系统管理权限都交给某一个用户来执行，实际上也是不合适的，因为这等同于超级用户。

为了很好地解决权限高度集中的问题，在 openGauss 系统中引入三权分立角色模型，如图 8-2 所示。三权分立角色模型最关键的三个角色为安全管理员、系统管理员和审计管理员。其中，安全管理员用于创建数据，管理用户；系统管理员对创建的用户进

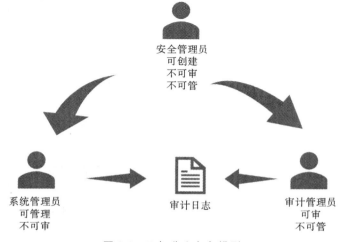

图 8-2 三权分立角色模型

行授权;审计管理员审计安全管理员、系统管理员、普通用户的实际操作行为。

通过三权分立角色模型实现权限的分派,且三个管理员角色独立行使权限,相互制约、制衡,使得整个系统不会因为权限集中而引入安全的风险。事实上,在产品使用过程中,安全是技术本身与组织管理双重保障的结果,在系统实现三权分立角色模型后,需要有三个对应的产品自然人分别拥有对应的账户信息,以达到真正权限分离的目的。

3. 对象访问控制

数据库中每个对象所拥有的权限信息经常发生变化,如授予对象的部分操作权限给其他用户,或者删除用户对某些对象的操作权限。为了保护数据安全,当用户要对某个数据库对象进行操作之前,必须检查用户对数据库对象的操作权限,仅当用户对此对象拥有合法操作的权限时,才允许用户对此对象执行相应操作。访问控制列表(Access Control List,ACL)是 openGauss 进行对象权限管理和权限检查的基础,在数据库内部,每个对象都具有一个对应的 ACL,在该 ACL 数据结构中存储了此对象的所有授权信息。当用户访问对象时,只有它在对象的 ACL 中并且具有所需的权限时才能访问该对象。当用户对数据库对象的访问权限发生变更时,只需要在 ACL 上更新对应的权限即可。

事实上,ACL 是内核中用于存储控制单元访问控制项(Access Control Entry,ACE)的集合,这些存储控制单元记录了授权者(OD)、受权者(OID)以及权限位三部分信息。其中,权限位是一个 32 位整数,每一位整数标记一个具体的权限操作,如 ACL SELECT(第二位信息)标记查询用户是否有对数据库对象的查询权限。每一个 ACE 对应一个 ACLItem 结构,记录了完整的对象访问用户和执行单元信息。在 openGauss 内部,每一个对象都对应一个 ACL,用户可以依据 ACL 信息校验对象上存在的权限信息。依据实际对象(如表、函数、语言)的不同,内核提供了不同的函数以实现对当前对象访问权限的校验:

```
has_table_privilege_ * _* (ARGS)
```

该函数中的"*"分别代表用户信息和数据库对象信息。根据 ARGS(泛指一个可变数量的参数列表)提取的诸如用户信息、表信息、需要校验的权限信息,将 ACL 中记录的权限集与操作所需的权限集进行比对。如果 ACL 记录的权限集大于操作所需的权限集,则 ACL 检查通过,否则失败。

当管理者对数据库对象的权限进行授权/回收时,需要修改 ACL 中对应的权限信息,即在对应的权限标记位添加或删除指定的权限(权限对应的标志位被修改为 0 或者 1),以完成对 ACL 的更新操作。需要注意的是,在实际权限操作中,应尽可能避免循环授权情况的发生。

8.3 应用系统访问控制技术

下面以医院管理信息系统为例,介绍应用系统访问控制技术。

医院管理信息系统是指利用计算机软/硬件技术、网络通信技术等现代化手段,对医院及其所属各部门的人流、物流和财流进行综合管理,对在医疗活动各阶段产生的数据进行采集、存储、处理、提取、传输、汇总和加工,生成各种信息,从而为医院的整体运行提供全面的、自动化的管理及服务的信息系统。

处方管理是医院管理信息系统的重要功能之一,根据我国《医疗机构药事管理暂行规定》和处方管理条例的有关规定,医师和药学人员在药物临床应用中必须遵循安全、有效和经济、方便的原则,对临床使用药品进行权限划分,对医师使用特殊药物进行权限管理,不同级别的医师具有不同的处方权限。例如,常有如下具体规定。

住院医师处方权限为一线用药,通常为非限制使用的抗菌类药物;主治医师处方权限除了一线用药外,还包括二线用药,通常为限制性使用的抗菌类药物;副主任医师、主任医师处方权限为一、二线用药和三线用药(特殊使用抗菌药物)。

上述访问控制需求比较适合使用基于角色的访问控制实现,根据我国医疗单位的实际情况,可将医生按职称划分为实习医师、住院医师、主治医师、副主任医师和主任医师等,并根据药品分级管理办法,为每种角色设置不同的药品处方权限。

为了实现医院管理信息系统中的处方控制,可定义医师表、处方药品表和角色表,分别如表 8-1、表 8-2 和表 8-3 所示(省略部分可根据应用需求添加)。

表 8-1　医师表

序号	字 段 名	类 型	备 注
1	ID	char(6)	医师编号,主关键字
2	Name	varchar(20)	医师姓名
3	RoleID	integer	医师角色编号
…	…	…	…

表 8-2　处方药品表

序号	字 段 名	类 型	备 注
1	ID	char(6)	药品编号,主关键字
2	Name	varchar(255)	药品名称
3	Alias	varchar(100)	别名
4	Type	integer	类别值,用 1、2、3 分别表示一、二、三线药品
5	ProdID	integer	生产商编号
…	…	…	…

表 8-3　角色表

序号	字 段 名	类 型	备 注
1	ID	char(4)	角色编号,主关键字
2	Name	varchar(20)	角色名称
3	Types	integer	可开具处方药类别值之和(掩码),如 3＝1＋2,可开具 1、2 类药品
…	…	…	…

对应的数据库 DDL 语句如下：

```
CREATE TABLE PHYSICIAN
    (ID char(6)PRIMARY KEY,
    Name varchar(20),
    RoleID int,
    …)
CREATE TABLE MEDICINE
    (ID char(6) PRIMARY KEY,
    Name varchar(255),
    Alias varchar(100),
    Type int,
    ProdID int,
    …)
CREATE TABLE ROLE
    (ID char(4) PRIMARY KEY,
    Name varchar(20),
    Types int,
    …)
```

如"注射用阿莫西林钠克拉维酸钾（又名强力阿莫仙）"属于二线用药，"注射用头孢曲松钠配舒巴坦钠（又名新君必治）"属于三线用药，可在处方药品表中通过以下 DML 语句设置：

```
INSERT INTO MEDICINE(ID, Name, Alias, Type)
    VALUES('M00201','注射用阿莫西林钠克拉维酸钾','强力阿莫仙', 2)
INSERT INTO MEDICINE(ID, Name, Alias, Type)
    VALUES('M00202','注射用头孢曲松钠配舒巴坦钠','新君必治', 4)
```

角色"主治医师"可开具一、二线药品处方，角色"副主任医生"可开具一、二、三线药品处方，可在医师表中通过以下 DML 语句设置：

```
INSERT INTO ROLE(ID, Name, Types)
    VALUES('R002','主治医师', 3)
INSERT INTO ROLE(ID, Name, Types)
    VALUES('R003','副主任医师', 7)
```

假设医生张三职称为主治医师，则其记录可通过以下 DML 语句设置：

```
INSERT   INTO PHYSICIAN(ID, Name, RoleID)
    VALUES('P00100', '张三', 'R002')
```

医院管理信息系统中访问控制策略的决策和实施应该通过专门的模块实现，并在技术上保证模块不可被篡改或绕过。决策模块接受主体对客体的请求，根据访问控制策略判断请求是否允许，将判断结果传递给实施模块完成访问的具体控制。可见，决策模块是访问控制系统中的安全核心组件,访问决策模块处理流程如图 8-3 所示。

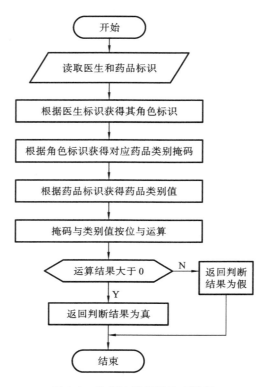

图 8-3　访问决策模块处理流程

　　假设主治医师张三请求开具含一线药品息斯敏的处方。根据以上处理流程,系统首先查询医师表,得知张三的角色为主治医师;然后查询角色表,得知主治医师对应的药品类别掩码为 3;接下来查询处方药品表,可知药品息斯敏的类别为 1,3 和 1 按位与运算的结果为 1>0,说明可以开具此处方。假设张三请求开具含药品新君必治的处方。查询处方药品表可知新君必治的类别为 4,掩码 3 和类别 4 按位与运算的结果为0,说明不可开具此处方。

习题 8

8.1　如果将网络中的所有资源都看作网络管理员所有,那么防火墙实施的访问控制策略属于自主访问控制策略还是强制访问控制策略?

8.2　某人在互联网上申请了个人主页空间,希望只允许好友访问他的个人主页,在访问控制方面应采用何种访问控制策略?

8.3　根据图 8-3 访问决策模块处理流程,分析副主任医师李四能否开具含有强力阿莫仙的处方。

9

多域访问控制技术

近年来,随着 Internet 和一些分布式系统支撑技术的飞速发展和普遍应用,人们开发了越来越多的大规模分布式系统。在国防军事联盟合作、医疗卫生保健系统、电子商务、电子政务和其他领域,已经或正在开发一些这样的系统。在这些系统中,往往存在大量的跨越组织边界的资源共享和信息交换。对比单个组织内的访问控制问题,多域之间授权和权限控制问题的复杂性和严重性大大增强。如何解决这些问题,在很大程度上决定了这些系统最终能否获得成功。

基于角色映射的多域安全互操作技术针对两个不同组织都实施基于角色的访问控制的管理域情况,通过建立外域和本域间的角色映射关系,将本域角色指派给外域角色,实现跨域的安全共享访问。

对于跨域的系统而言,动态结盟环境下基于角色的访问控制技术通过发布角色委托,将角色传递委托给不同信任域内的其他角色,从而实现结盟组织内部之间的资源共享。

安全虚拟组织结盟的访问控制技术从软件体系结构的模式出发,利用现有的中间件技术,设计和实现了一个跨域的安全互操作结盟基础设施。它不仅支持多个组织共享对象,而且能够保持各组织对本地资源的自治权。

在大规模的 Internet 和跨越多域边界的应用中,结合 PKI 的跨域的基于角色的访问控制技术,利用用户角色证书和支持角色层次的证书链,结合 X.509 证书扩展项,实现了基于角色和支持角色层次的授权管理。

9.1 基于角色映射的多域安全互操作

9.1.1 基于角色映射的多域安全互操作应用背景

首先来看如下的应用实例:A 公司和 B 研究所为了某个科研项目建立起合作关系。为了该科研项目的顺利实施,A 公司和 B 研究所之间必须要进行相应的共享协作。A 公司和 B 研究所是不同的单位,其各自拥有由多台主机、路由设备和网络组成的信息管理系统,并且有各自独立的资源保护安全策略和相应的安全管理员。对此,称

A 公司和 B 研究所是两个不同的"安全管理域",下文一般简称为"安全域"或"域"。

假设 A 公司和 B 研究所在各自的域内均采用基于角色的访问控制(RBAC)实施对用户的授权管理,即系统根据不同的职责、功能或岗位设置相应的角色,对每一个角色分配不同的操作权限,用户通过所分配的角色获得相应的权限,实现对信息资源的访问。设 A 公司的用户"张三"具有"部门经理"的角色,且要求能在 B 研究所中查询有关合作项目的进展情况,于是出现了跨越安全域的访问。在此情形下,称 B 研究所的安全域为"本域",而对应的 A 公司的安全域为"外域"。当然"本域"和"外域"是相对的概念,若 B 研究所的用户提出对 A 公司域内资源的访问,则称 B 研究所为"外域",A 公司为"本域"。

当"张三"提出对 B 研究所域内资源的访问时,B 研究所的安全策略不能识别 A 公司域中的用户"张三",访问不能够进行。因此,两个域之间在安全策略上必须达成某种共识,以便在两者之间建立安全性会话。其核心问题就是在本域中,对外域角色做出一个适当的评价。一种最基本的情况是在两个域之间建立一种默认的安全策略,以此提供基本的安全性。例如,可以将外域的角色统一作为本域中最底层的角色来看待,给外域角色提供最基本的访问权限。但是,这样的方式缺乏灵活性。

9.1.2 角色映射技术

角色映射技术是指在两个域之间定义角色映射关系,使外域角色能够转换成本域角色,从而赋予外域角色对本域资源的访问权限。为了说明角色映射的含义,看看下面的一个例子。

用 H_0 表示本域中的角色集合,H_1 表示外域中的角色集合。用 $H_1 H_0$ 表示从 H_1 到 H_0 的角色映射关系。用离散数学术语表达,从 H_1 到 H_0 的角色映射关系是笛卡尔积 $H_1 \times H_0$ 的子集,即表示为 $H_1 H_0 \subseteq H_1 \times H_0$。其中,映射关系 $H_1 H_0$ 中的任意一个序偶 (r_1, r_0) 称为从外域角色 r_1 到本域角色 r_0 的一个角色映射,也称为外域角色 r_1 关联到本域角色 r_0。它的含义就是将本域中的角色 r_0 分配给外域角色 r_1,使得外域中具有角色 r_1 的用户在本域中具有角色 r_0 的权限,从而实现跨域的安全访问。对此,记作 $r_1 \rightarrow r_0$。

如图 9-1 所示,A 公司(简称 A)和 B 研究所(简称 B)分别代表两个域,其中定义了从 A 公司到 B 研究所的角色映射关系:部门经理$_A \rightarrow$研究员$_B$,员工$_A \rightarrow$职员$_B$,项目经理$_A \rightarrow_{NT}$工程师$_B$。

如图 9-1 所示,角色映射关系中定义了两种不同的关联:可传递关联和非传递关联,分别用符号 $\rightarrow$ 和 $\rightarrow_{NT}$ 表示。

所谓可传递关联是指如果外域的角色 x 关联到本域角色 y,则角色 x 及 x 的所有上级角色都可以通过这个关联映射到本域角色 y。如图 9-1 所示,部门经理$_A \rightarrow$研究员$_B$标记为可传递关联,则 A 中部门经理任意的上级角色,比如总经理角色,在 B 中同样能够映射到研究员角色。在 B 中,助理和职员是研究员的下级角色,所以 A 中的总经理和部门经理角色也将同时具有助理和职员角色的权限。

所谓非传递关联是指如果外域的角色 x 关联到本域角色 y,则角色 x 的所有上级

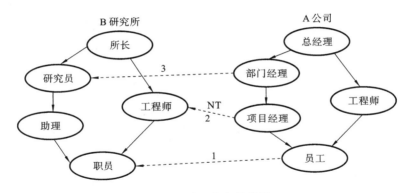

图 9-1　域间角色转换图

角色都不能通过这个关联映射到本域角色 y。如图 9-1 所示,项目经理$_A$→$_{NT}$工程师$_B$标记为非传递关联,在 A 公司中项目经理的所有上级角色,比如总经理角色和部门经理角色,在 B 中都不能通过该关联映射到 B 中工程师角色。在 A 中只有项目经理角色才能获得 B 中工程师角色的权限。当然,职员是工程师的下级角色,所以 A 中项目经理角色也将同时获得职员角色的权限。

要注意的是,不论是可传递关联 r_1→r_0,还是非传递关联 r_1→$_{NT}r_0$,实际上都是为外域角色 r_1 在本域中指定了一个角色子集与之对应,该子集中包含角色 r_0 及 r_0 的所有下级角色。只不过前者可以将该对应关系传递给 r_1 的所有上级角色,而后者则不允许。

定义非传递关联是为了满足以下情形的需求,即如果本域管理员想赋予某一个外域角色特定的权限,并且希望仅该外域角色可以拥有这个权限,他的上级角色不能继承这一权限。这样,本域管理员在没有权力更改外域角色层次关系的情形下,按照自己的需要对外域角色的权限进行了控制。

9.1.3　建立角色映射的安全策略

在两个域之间,通过角色映射技术,使得外域角色关联到本域的某些角色,从而可以实现跨越安全域的访问操作。如何建立外域角色到本域角色的关联,则需要本域管理员制定相应的安全策略。总体上来讲,制定的安全策略可以分成以下三类。

1. 默认策略

这种策略在外域角色和本域角色之间建立最小数目的关联。在这一策略下,所有的外域角色都被映射到同一个本域角色。

如图 9-2 所示,员工$_A$→职员$_B$标记为可传递关联。在 A 角色层次中,员工的所有上级角色,如总经理角色、部门经理角色、项目经理角色和工程师角色都可以通过该关联获得 B 中的职员角色的权限。这体现了一种默认原则。

这种方案最易于建立,但也最不灵活,因为所有外域角色都被当作同一个本域角色看待。然而这种方案也很重要,因为它提供了最基本的互操作性,并且常常和下文的原则一起协同工作。

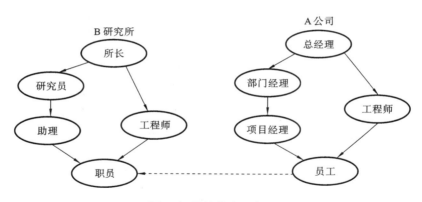

图 9-2   默认策略示意图

2. 明确策略

这种策略是指本域管理员明确地将每一个外域角色直接映射到本域的一个角色。实现该策略的有效途径是,用非传递关联为外域中每一个角色指定本域中的一个角色子集与之对应。用离散数学的术语表达就是定义了一个从外域角色集到本域角色集的幂集的函数,即 $f:H_1 \rightarrow 2^{H_0}$。

如图 9-3 所示,在 A 角色层次中,使用非传递关联为每一个角色明确指定一个角色映射关系。这种方案最灵活,但也最难建立,因为它强制要求管理员为外域中每一个角色都建立一个关联,增加了创建和维护关联的复杂性。

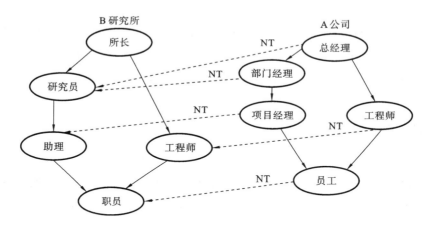

图 9-3   明确策略示意图

3. 部分明确策略

这种策略是指本域管理员为特定的外域角色在本域层次中指定转换角色,外域中的剩余角色可以通过传递关联,建立到本域角色层次的映射关系。如图 9-1 所示,角色关联"员工$_A$→职员$_B$"体现了默认策略,角色关联"项目经理$_A$→$_{NT}$工程师$_B$"体现了明确策略;其他的角色都可以通过关联"员工$_A$→职员$_B$"和"部门经理$_A$→研究员$_B$"建立到本域角色的映射关系。

这种方案体现了角色映射技术真正意义上的灵活性,也有利于管理员进行管理。

总体而言,上述的安全策略是一般性的原则,在具体应用时还需要根据各种特殊情况进行相应的处理。例如,若本域内没有合适的角色指派给外域角色,则本域管理员可以为其增加一个新的角色供其使用;若外域角色无层次关系,则无法使用部分明确策略,只能为每一个需要进行跨域访问的外域角色创建到本域角色的关联;若本域角色无层次关系,则可根据实际需要,为外域角色创建到本域角色的多个关联。

9.1.4　角色映射的维护

在建立关联以后,外域角色集和本域角色集之间就具有了相应的映射关系。但当外域或本域角色层次发生改变时,就可能会影响到已经建立的映射关系。下面从角色的增加和删除两方面对现存关联的影响进行分析。

1.　角色的增加

本域角色的增加不会影响到已经建立起来的外域到本域角色的映射关系。如图9-1所示,假设在 B 的助理角色之下,职员角色之上,增加一个新的资深职员角色,则角色映射关系“部门经理$_A$→研究员$_B$”使得 A 的部门经理角色除可以获得 B 的研究员角色的权限之外,通过 B 的研究员角色还可继承助理角色、资深职员角色和职员角色的权限。这种继承关系在本域角色层次发生变化时自动完成。在外域的角色层次中添加新的角色也不会影响现存的关联关系。在外域中新添加的角色通过可传递关联或默认策略映射到本域角色,或由本域管理员为其增加新的关联。

2.　角色的删除

在本域角色层次中删除一个角色,如果不存在到达该角色的关联,则对现有的关联不会产生影响;如果存在到达该角色的关联,则应该对关联进行维护。首先删除每一个到达该角色的关联,然后添加一系列新的关联,这些关联应当到达被删除角色的所有下一级角色。可传递关联被一系列可传递关联替代,非传递关联被一系列非传递关联替代。

例如,设外域角色层次和本域角色层次原有的关联如图9-4所示。

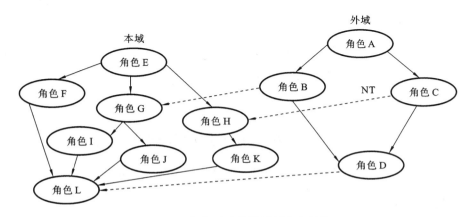

图 9-4　角色删除前的域间角色转换

如果在本域中删除角色 G 和角色 H,则现存的外域角色到达角色 G 和角色 H 的关联都需要改变。改变后的结果如图 9-5 所示。

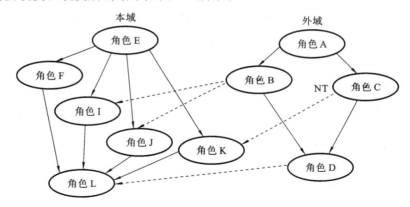

图 9-5 本域角色删除后的域间角色转换

其中,删除外域角色到达角色 G 和角色 H 的关联,然后添加一系列新的关联,并且分别到达角色 G 和角色 H 的下一级角色。这样,原有的可传递关联就被当前的可传递关联替代,原有的非传递关联被当前的非传递关联替代。

对于外域的角色删除也需要区分情况进行不同的处理。若开始于被删除角色的关联是可传递关联,则删除开始于该角色的这个可传递关联,添加一系列新的可传递关联,新的关联开始于被删除角色的上一级角色,并指向被删除角色到达的角色。例如,设外域角色层次和本域角色层次原有的关联如图 9-5 所示,如果在外域中删除角色 B 以后,则现存的外域角色 B 到达本域角色 I 和角色 J 的关联都需要改变。改变后的结果如图 9-6 所示。

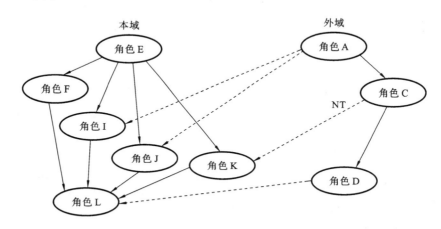

图 9-6 外域角色删除后的域间角色转换

若开始于该角色的关联是非传递关联,则直接删除该关联即可。

9.1.5 角色映射的安全性分析

使用外域到本域的角色映射方法,能够实现外域对本域进行访问的安全目标。然而,角色映射也打破了本域的管理界限,允许外域角色对本域的资源进行访问,从而带来了一定的安全风险。下面对角色映射带来的安全风险进行分析。

1. 多域穿梭问题

当一个用户试图访问另一个域中的资源时,它必须穿过域边界,这就是域穿梭。如果一个主体能够进行多次的域穿梭,将会产生安全隐患,因为它可能带来"渗透"和"隐蔽提升"。

所谓渗透是指一个主体通过借助于另一个域,企图间接地访问其他的域。例如,设现有域 D_2、域 D_1、域 D_0,若 D_2 和 D_1 建立了角色映射,D_1 和 D_0 也建立了角色映射,然而此时并不意味 D_2 和 D_0 也需要建立角色映射。但是,来自 D_2 的用户可以首先进入 D_1,然后通过 D_1 和 D_0 的角色映射关系,渗透进入 D_0。因此,角色映射应该防止渗透。

所谓隐蔽提升是指主体能够通过多次穿越域边界,以比起始角色更高级的角色返回到其起始域。也就是说,一个用户通过多域穿梭隐蔽地提升了其在角色层次中的级别。

为了避免"渗透"和"隐蔽提升",角色映射可限定只对单次的域穿梭有效。每次提出访问请求的主体,必须在其证书中加入起始域和角色名称。在主体进行域穿梭时,系统必须进行严格验证,保证主体最多只能进行一次跨域的角色映射。

2. 关联冲突问题

关联冲突问题是指外域中的一个下级角色关联到本域的角色 x,它的上级角色关联到本域的角色 y,而 x 是比 y 更高级的角色。

如图 9-7 所示,部门经理$_A$→助理$_B$ 标记为可传递关联,如果添加新的关联项目经理$_A$→研究员$_B$,则项目经理$_A$ 将被映射到研究员$_B$,那么这两个关联相互冲突了,因为在 A 中部门经理角色要比项目经理角色级别高,而映射到 B 以后,助理角色要比研究员角色级别低。系统安全策略不允许建立这样的关联。有一种解决冲突的方法,就是给予外域角色在本域角色层次中所允许的最高转换角色,因此,如图 9-8 所示,部门经理角色也将会转换成研究员角色。

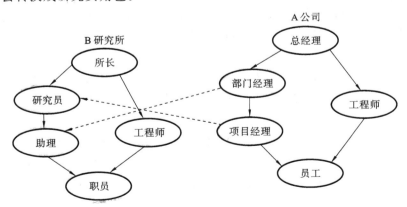

图 9-7 关联冲突示意图

3. 角色层次的安全披露问题

一般情况下,角色都是根据组织内不同的职责、功能或岗位而设置的。因此,系统内角色层次从很大程度上反映了系统整体安全策略,它至少表明了系统设置有哪些角

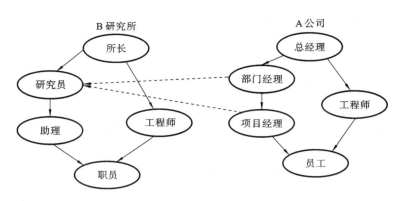

图 9-8　解决冲突关联示意图

色和角色之间的支配关系。如果要在外域和本域间建立关联,则必须将外域中所有的角色层次信息披露给本域的安全管理员,这意味着将角色层次所代表的安全信息暴露给了本域,这是一个值得关注的问题。

域间的角色映射为不同管理域之间的互访、互操作提供了一种安全的实现方法。该方法比较适合于组织机构和业务内容相近、需长期合作且信息共享需求较大的机构,如高等院校与高等院校之间、金融机构与金融机构之间、医院与医院之间等。

9.2　动态结盟环境下基于角色的访问控制

9.2.1　动态结盟环境下的应用背景

若干个组织或机构为了共同的利益或目标,需要相互协作共同完成某项任务或做某方面的工作,在执行这项任务或做这方面的工作期间,需要进行资源共享,为其他方提供相关的服务。这种合作关系多是临时的、动态的,随时可以结盟,也随时可以解除。

对于这种应用场景,采用角色映射的方法就显得过于复杂,且不够灵活。本节介绍的动态结盟环境下基于角色的访问控制(dRBAC)可以较好地解决这一问题。这一方法的基本思想是由被访问方的实体对访问方的实体进行授权,这种授权在两方之间主要是基于角色进行的。每一方的内部,角色与用户之间的指派由各方的资源管理者授予。因此,一项访问被允许之前,往往要经过一系列的授权组成的授权链。

例如,设由 A、B 和 C 三个国家的军队组成一个军事联盟,举行联合军事演习。A国军队的视频设备获得一些视频信息,A 国军队指定 Smith 将军既可以观察视频信息,又可以将这个权力委托给参加军事演习的 B 国和 C 国军队,实现动态结盟环境下的资源共享。因为这些军队通过不安全的网络进行连接,所以对拥有视频信息主机的访问必须经过 A 国的授权。

在共享资源的授权过程中,有时需要体现对值属性的支持,使得授权对象不同,访问级别也不相同。例如,A 国军官收到的视频信息比其他国家的军官可能具有更高的图像分辨率和更短的时间延迟。

针对这些安全需求,动态结盟环境下的基于角色的访问控制通过引入角色委托、第三方委托和值属性等访问控制机制,实现这些安全目标。

9.2.2 dRBAC 基本组件

1. 实体

在基于角色的访问控制中,通常将系统保护的资源定义为客体,而将提出访问请求的用户或用户进程称为主体。在 dRBAC 中,所有的资源和主体都被看作"实体"。它既可以代表个体的集合,也可以是具体的个体。例如,"A 国军队"可以是一个实体,它代表所有军官和士兵所组成的群体;而"Smith 将军"也是一个实体,它代表一个具体的军官;并且"视频设备"也是一个实体,它代表捕获视频信息的主机。

在动态结盟环境下,通过公私钥对来唯一地标识一个实体。根据应用的需求,该公私钥对在全局范围内是唯一的。

2. 角色

dRBAC 的核心组件是角色。系统将受保护资源的访问权限都指派给相应的角色,角色代表了对系统资源的访问权限。从表达形式上看,角色是由左边字符串、"."连接符、右边字符串所组成的一个字符串。其中,左边字符串表示角色所在的实体名字,右边字符串表示角色名字。例如,"Camera. View"表示在视频设备实体(Camera)内定义的一个角色"View",它代表了对视频信息的访问权限。每一个提出视频信息访问请求的用户都必须证明其具有"Camera. View"角色。

实体和角色是一对多的关系,一个实体内部可以定义多个角色,一个角色只能属于某一个实体。例如,角色"Camera. View"只属于"Camera"实体,"Camera"实体就称为角色"Camera. View"的宿主实体。"Camera"实体内还可以定义其他的角色,如"Camera. Init""Camera. Update"等角色。

dRBAC 通过确定用户是否拥有对资源访问所必需的角色,做出访问控制决策。dRBAC 试图回答的关键问题是"用户 P 拥有角色 R 吗"?

3. 委托

角色通过委托(Delegation)授权给实体。从一般意义上而言,委托具有托付别人做某些事情的含义。例如,"Alice 委托给 Bob 一些权力"的含义就是:Alice 以自己的名义授予 Bob 行使某些任务的权限。

在 dRBAC 中,委托的一般形式为:

$$[主体 \rightarrow 客体]发布者$$

其中,主体可以是一个角色或实体,客体是一个角色,发布者是一个实体,"→"读作"拥有角色"。发布者通过创建委托,以自己的名义将客体角色授予主体。

dRBAC 的委托具体可以分为下列三种类型。

1)客体委托

客体委托(Object Delegation)的客体必须是一个角色,而不能是实体。因为一个实体不能将自己的身份委托给别人。主体既可以是一个角色,也可以是一个实体。

如果主体是角色,那么委托的形式为:

$$[A. role_1 \rightarrow B. role_2]B$$

其含义是实体 B 将角色 $B.role_2$ 指派给 $A.role_1$，使得具有角色 $A.role_1$ 的用户获得了角色 $B.role_2$ 的权限。这个委托类似于 9.1.2 节描述的角色映射技术，可以看作 $A.role_1$ 被关联到 $B.role_2$。

因为任何实体都可以分发自己内部定义的角色，因此主体 A 还可以通过将 $A.role_1$ 委托给其他的主体，而将 $B.role_2$ 的角色继续向下传递委托。

如果主体是实体，那么委托的形式为：

$$[A \rightarrow B.role_2]B$$

其含义是实体 B 将角色 $B.role_2$ 指派给主体 A，使得主体 A 具有角色 $B.role_2$ 的权限。此种委托类似于 RBAC 中的用户角色指派，即将角色 $B.role_2$ 指派给主体 A。

在这种情况下，主体 A 不能再进一步将角色 $B.role_2$ 委托给别的主体。

2）分配委托

能够将某个角色授予给相应的主体或角色的能力称为该角色的"分配权"。在分配委托（Assignment Delegation）中，发布者实体将某个角色的分配权指派给某个主体。在客体后面加一个"′"表示主体对客体的分配权。分配委托的形式为：

$$[A \rightarrow B.role_2']B$$

其含义是实体 B 将角色 $B.role_2$ 的分配权指派给主体 A，使得主体 A 可以将角色 $B.role_2$ 指派给别的主体。基于自主访问控制的策略，主体 A 只能拥有自身内角色的分配权，并没有实体 B 内角色的分配权。但是实体 B 可通过发布分配委托，授予主体 A 对角色 $B.role_2$ 的分配权。

可以把主体 A 看作是角色 $B.role_2$ 的管理角色，主体 A 能够将角色 $B.role_2$ 指派给其他的主体或角色。

3）第三方委托

第三方委托（Third-Party Delegation）是在分配委托的基础上进行的，主体通过分配委托获得某客体角色的分配权后，可以将该客体角色委托给别的主体或角色。

下面举例说明以上这些概念。

（1）$[D \rightarrow B.b']B$。

这是一个分配委托，该委托表明了主体 B 将角色 $B.b$ 的分配权指派给 D。主体 D 获得了角色 $B.b$ 的分配权，可以将角色指派给其他的主体或角色。

（2）$[C \rightarrow B.b']D$。

这是一个第三方委托，也是一个分配委托。实体 D 将通过第（1）步获得的角色 $B.b$ 的分配权指派给主体 C，并使主体 C 获得了角色 $B.b$ 的分配权。

（3）$[A \rightarrow B.b]C$。

这也是一个第三方委托，但不是一个分配委托，它是一个客体委托，主体 C 只是将角色 $B.b$ 指派给主体 A，A 并未获得角色 $B.b$ 的分配权。

通常，客体的宿主实体和发布者是同一个实体，这种情况下的委托就称为自我证明委托。任何实体都有权将自己内部定义的角色指派给别的主体，所以自我证明委托都是有效的。这体现了一种自主访问控制的安全策略。上述例子中的委托（1）是一个自我证明委托。

与之相对应的是第三方委托,在第三方委托中,客体的宿主实体和发布者不是同一个实体。第三方委托的发布者主体必须证明自己获得了客体的分配权,如果没有获得客体的分配权,则第三方委托是无效的。上述例子中的委托(2)(3)都是第三方委托。委托(2)的发布者实体是 D,而客体是角色 B.b,因为在委托(1)中,主体 B 将角色 B.b 的分配权指派给 D,所以委托(2)才是有效的。正是因为有了委托(1)的证明,所以委托(2)和(3)才是有效的。否则,委托(2)和(3)是无效的。

上述例子中的委托(1)是一个自我证明委托,将委托(1)(2)(3)组合起来就构成了一个授予实体 A 角色 B.b 有效的委托链,实体 A 具有了角色 B.b 的访问权限。委托链都必须是由自我证明委托所发起的,否则是无效的。

通过这种方式,每个实体就变成自己的认证中心(CA)。自我证明委托就避免了对外部第三方的依赖,直接由发布委托的主体对委托链进行自我证明。

4. 具体实例分析

为了说明 dRBAC 基础组件在实际系统中的应用,下面分析 9.2.1 节描述的应用实例。

例 9-1　A、B 和 C 三个国家的军队正在举行联合军事演习。A 国军队的视频设备获得一些视频信息,A 国军队指定 Smith 将军既可以观察视频信息,又可以将这个权力委托给参加军事演习的 B 国和 C 国军队;Alice、Joe 分别是 A 国和 B 国的士兵,Bob 和 Carle 分别是 B 国和 C 国的将军。

下面对该实例中所体现的实体、角色、委托和最终的访问控制结果进行相关分析。

1) 实例中包含的实体

在该实例中体现出的实体包括 A 国军队、B 国军队、C 国军队、视频设备、Smith 将军、Bob 将军、Carle 将军、Alice 士兵、Joe 士兵,这些实体分别简写为 A、B、C、Camera、Smith、Bob、Carle、Alice、Joe。

2) 实例中包含的角色

在该实例中体现出的角色包括 A 国将军、B 国将军、C 国将军、A 国士兵、B 国士兵和视频设备的查看角色,这些角色分别简写为 A. General、B. General、C. General、A. Soldier、B. Soldier、Camera. View。视频信息的访问权限被指派给 Camera. View 角色,只有具有该角色的用户才能够查看视频信息。

3) 实例中包含的委托

在该实例中发布的委托信息如下。

(1) 实体 Camera 将角色 Camera. View 分配权授予角色 A. General:

$$[A. General \rightarrow Camera. View'] \, Camera \tag{9-1}$$

这是一个分配委托,也是一个自我证明委托。

(2) 实体 A 将角色 A. General 指派给 Smith,使 Smith 获得角色 Camera. View 的分配权:

$$[Smith \rightarrow A. General] \, A \tag{9-2}$$

这是一个客体委托,也是一个自我证明委托。

(3) 实体 Smith 发布第三方委托,将角色 Camera. View 指派给实体 Alice、角色

B. General、角色 C. General：

$$[Alice \rightarrow Camera.View] \ Smith \qquad (9-3)$$

$$[B. General \rightarrow Camera.View] \ Smith \qquad (9-4)$$

$$[C. General \rightarrow Camera.View] \ Smith \qquad (9-5)$$

以上均为第三方委托，也是客体委托。

（4）实体 B 将角色 B. General 和 B. Soldier 分别指派给实体 Bob 和 Joe：

$$[Bob \rightarrow B. General] \ B \qquad (9-6)$$

$$[Joe \rightarrow B. Soldier] \ B \qquad (9-7)$$

以上均为客体委托，也是自我证明委托。

（5）实体 C 将角色 C. General 指派给实体 Carle：

$$[Carle \rightarrow C. General] \ C \qquad (9-8)$$

这是一个客体委托，也是一个自我证明委托。

4）实例中最终的访问控制结果

根据上述的实体、角色和发布的委托，该实例最终的访问控制结果体现为"哪些用户拥有角色 Camera. View"？

通过（9-1）（9-2）（9-3）的委托链可以看出 Alice 拥有该角色。

通过（9-1）（9-2）（9-4）（9-6）的委托链可以看出 Bob 拥有该角色。

通过（9-1）（9-2）（9-5）（9-8）的委托链可以看出 Carle 拥有该角色。

所有的这些委托链都是以委托（9-1）这个自我证明的委托发起的，所以是有效的。

通过（9-7）的委托可以看出 Joe 不具有该角色。

下面再来分析另外一个应用实例。

例 9-2　AirNet 公司和 BigISP 公司是市场合作伙伴，BigISP 的员工可以使用 AirNet 的服务。Sheila 是 AirNet 的市场部管理人员，负责管理 BigISP 的员工访问该业务。Maria 是 BigISP 的员工，需要用她的员工身份访问 AirNet 公司提供的服务。

下面对该实例中所体现的实体、角色、委托和最终的访问控制结果进行相关分析。

1）实例中包含的实体

在该实例中体现出的实体包括 AirNet 公司、BigISP 公司、管理人员 Sheila、BigISP 公司员工 Maria，这些实体分别简写为 AirNet、BigISP、Sheila、Maria。

2）实例中包含的角色

在该实例中体现出的角色包括 AirNet 公司市场部管理员、BigISP 公司的员工和 AirNet 公司的服务等，这些角色分别简写为 AirNet. Mktg、BigISP. Member、AirNet. Access。AirNet 公司服务的访问权限被指派给 AirNet. Access 角色，只有具有该角色的用户才能访问 AirNet 公司的服务。

3）实例中包含的委托

在该实例中发布的委托信息如下。

（1）实体 AirNet 将角色 AirNet. Access 的分配权指派给角色 AirNet. Mktg：

$$[AirNet. Mktg \rightarrow AirNet. Access'] \ AirNet \qquad (9-9)$$

这是一个分配委托，也是一个自我证明委托。

（2）实体 AirNet 将角色 AirNet. Mktg 指派给实体 Sheila，使 Sheila 获得角色 Air-Net. Access 的分配权：

$$[Sheila \rightarrow AirNet. Mktg] AirNet \tag{9-10}$$

这是一个客体委托，也是一个自我证明委托。

（3）实体 Sheila 发布第三方委托，将角色 AirNet. Access 指派给角色 BigISP. Member，使 BigISP 的员工可以访问 AirNet 公司的服务：

$$[BigISP. Member \rightarrow AirNet. Access] Sheila \tag{9-11}$$

这是一个第三方委托，也是客体委托。

（4）实体 BigISP 将角色 BigISP. Member 指派给实体 Maria：

$$[Maria \rightarrow BigISP. Member] BigISP \tag{9-12}$$

这是一个客体委托，也是一个自我证明委托。

4）实例中最终的访问控制结果

根据上述的实体、角色和发布的委托，该实例最终的访问控制结果体现为"哪些用户拥有角色 AirNet. Access"？

通过（9-9）（9-10）（9-11）（9-12）的委托链可以看出，Maria 拥有角色 AirNet. Access，从而可以获得 AirNet 公司的服务。该委托链是以委托（9-9）这个自我证明委托发起的，所以是有效的。

9. 2. 3　基本组件的扩展

dRBAC 采用实体、角色和委托等安全机制，能够实现动态结盟环境下的共享访问。通常，被系统保护的资源允许在不同级别上访问，系统也需要根据授权对象的不同而调整相应的访问级别。例如，A 国军官收到的视频信息比其他国家的军官具有更高的图像分辨率和更短的时间延迟。下面介绍的值属性将能够实现这样的安全目标。

1. 值属性

值属性在实体内定义是能被设置成数值以便调整资源访问级别的数值参数。值属性本身不是一个访问权限，它必须和具体角色结合，才能调节该角色访问资源的安全级别，实现对受保护资源的细粒度的访问控制。dRBAC 使用值属性来增强表达访问控制安全策略的能力。

例如，对于 A 国获取的视频信息，A 国的 Smith 将军应该尽可能地实时收到数据。可是，出于军事秘密的考虑，可能需要延迟 5 小时才能授权 A 国信任的新闻报道员（A. Reporter）访问视频信息。为了表达这样的安全策略，可以发布下列带值属性的委托：

$$[A. General \rightarrow Camera. View\ with\ Camera. Delay=0] Camera$$

$$[A. Reporter \rightarrow Camera. View\ with\ Camera. Delay=5] Camera$$

与基本 dRBAC 的客体委托语法相比，扩展的客体委托的语法通过"with Camera. Delay=0"来达到设置值属性的效果。

上文是单个值属性的例子，Camera 视频资源可能具有多个独立的值属性，如下：

（1）Camera. Delay：表示视频信息延迟多长时间允许访问；

（2）Camera. Rez：表示视频的图像分辨率，分辨率的变化范围从 0 到 1，其中，0 表示分辨率最低，1 表示分辨率最高。

为了能独立调整这些参数，dRBAC 可在客体委托时指定多个值属性。例如：

[A. General→Camera. View with Camera. Delay=0 and Camera. Rez =1] Camera

[A. Reporter→Camera. View with Camera. Delay=5 and Camera. Rez =0.5] Camera

2. 值属性的分配委托

如同 dRBAC 中角色分配委托一样，可以将值属性的分配权指派给其他主体，使其他主体具有调节值属性的权限。下面是一个具体的例子。

$$[B→Camera. Rez * =']\ Camera$$

$$[B. b→Camera. View]\ Camera$$

$$[B. a→B. b\ with\ Camera. Rez * = 0.5]\ B$$

通过上述的委托，Camera 授予实体 B 对值属性 Camera. Rez 的分配权，并且将角色 Camera. View 指派给角色 B. b。当实体 B 将角色 B. b 指派给角色 B. a 时，可以将 Camera. Rez 设置为原有基本值的 0.5 倍。

3. 值属性叠加问题

在基本 dRBAC 中，角色会通过委托链的形式在各个实体之间进行传递。那么，值属性也会在委托链中具有叠加问题。

例如，对于 A 国获取的视频信息，需要延迟 5 个小时才能授权给 A 国信任的新闻报道员（A. Reporter）访问视频信息。一个外国新闻部的报道员（Abroad. Reporter）可能在更长的延迟时间后接收同样的视频信息：

$$[A. General→Camera. View with Camera. Delay=0]\ Camera$$

$$[A. Reporter→Camera. View with Camera. Delay=5]\ Camera$$

$$[A→Camera. Delay += ']\ Camera$$

$$[Abroad. Reporter→A. Reporter with Camera. Delay+=24]A$$

通过上述的委托，Abroad. Reporter 最终收到的信息会比原始视频信息延迟 29 小时。

值得注意的是，每一个实体都必须在被授权的范围内发布委托，实体不可能授权比其拥有的访问级别更高的权限给别的主体。在 dRBAC 中，通过设置适当的操作符和指定特定值来实现值属性的相关操作。在上述的委托中，Camera 实体将值属性 Camera. Delay 的分配权指派给实体 A，并且定义 Camera. Delay 值只能进行累加"＋="的操作，说明实体 A 在进一步授权给别的实体时，只能使其他实体收到视频信息的延迟时间更长。

4. 具体实例分析

为了说明值属性在实际系统中的应用，下面对例 9-1 和例 9-2 中的应用需求进行扩展，并进行相关分析。

例 9-3　在例 9-1 应用背景需求的基础上，添加访问级别的安全需求，要求 A 国军官收到的视频信息比其他国家的军官具有更高的图像分辨率和更短的延迟时间。

该实例中所涉及的实体、角色都和例9-1中的完全相同,下文在例9-1的基础上,添加了有关值属性和操作符、值属性的委托,并对最终的访问控制结果进行相关分析。

1）实例中定义值属性和操作符

根据应用需求,首先定义值属性,如下。

（1）Camera. Delay:表示视频信息延迟多长时间允许访问,初始值定义为0。

（2）Camera. Rez:表示视频的图像分辨率,分辨率的变化范围从0到1,其中,0表示分辨率最低,1表示分辨率最高,初始值为1。

然后定义操作符和参数数值,如下。

（1）＋:表示对值属性加一个非负值,值越高就表明延迟时间越长,基值是0。

（2）＊:表示对值属性乘以一个0到1之间的正值。值越大就表明图像分辨率越高,最大值不大于1,表明图像分辨率不可能比发布者主体自己所拥有的分辨率更高。

2）实例中对有关值属性的委托

在例9-1所发布委托的基础上,添加委托中对值属性的支持如下。

（1）在例9-1中,(9-1)委托的含义是实体Camera将角色Camera. View分配权授予给角色A. General。在本例中,实体Camera还需要将调整值属性的分配权也指派给角色A. General,所以将(9-1)委托修改为如下三条委托:

$$[A. General \rightarrow Camera. View'] \ Camera \tag{9-13}$$

$$[A. General \rightarrow Camera. Delay \ +='] \ Camera \tag{9-14}$$

$$[A. General \rightarrow Camera. Rez \ *='] \ Camera \tag{9-15}$$

（2）在例9-1中,(9-3)(9-4)(9-5)委托的含义是实体Smith发布第三方委托,将角色Camera. View指派给实体Alice、角色B. General、角色C. General。在本例中,主体Smith发布委托时,根据授权对象不同,需要对值属性进行相应的调整,所以将委托(9-3)(9-4)(9-5)分别修改为(9-16)(9-17)(9-18):

$$[Alice \rightarrow Camera. View \ with \ Camera. Delay \ += 0 \ and \ Camera. Rez \ *= 1] \ Smith$$
$$\tag{9-16}$$

$$[B. General \rightarrow Camera. View \ with \ Camera. Delay \ += 1 \ and \ Camera. Rez \ *= 0.5] \ Smith$$
$$\tag{9-17}$$

$$[C. General \rightarrow Camera. View \ with \ Camera. Delay \ += 1 \ and \ Camera. Rez \ *= 0.5] \ Smith$$
$$\tag{9-18}$$

例9-1中其他的委托不需要修改。

3）实例中最终的访问控制结果

根据上述的实体、角色和发布的委托及值属性设置,可以看出Alice、Bob和Carle具有对视频信息的访问权限。

但是,根据委托（9-16）（9-17）（9-18）中值属性的设置,可以看出Alice具有最短的延迟时间,延迟时间为0;具有最高的图像分辨率,图像分辨率值为1。Bob和Carle的延迟时间为1;图像分辨率为0.5。

下面对例9-2中的应用进行相关扩展。

例 9-4 AirNet 公司和 BigISP 公司是市场合作伙伴，BigISP 的员工可以以一种受限制的方式使用 AirNet 的服务。例如，更小的带宽，更少的存储空间，更少的每月在线时间。Sheila 是 AirNet 的市场部管理人员，负责管理这个业务。Maria 是 BigISP 的员工，需要用她的员工身份访问 AirNet 公司提供的服务。提出的问题是：如何控制访问的级别或者服务的质量？

该实例中所涉及的实体、角色都和例 9-2 中完全相同，下文在例 9-2 的基础上，添加了有关值属性和操作符、值属性的委托，并对最终的访问控制结果进行相关分析。

1）实例中定义值属性和操作符

根据应用需求，首先定义值属性，如下。

（1）AirNet. Bandwidth：表示用户可以使用的带宽，初始值为 100 KB/s。

（2）AirNet. Storage：表示用户可以使用的存储空间，初始值为 50 MB。

（3）AirNet. Monthlyhrs：表示用户每月可以使用的在线时间，初始值为 60 小时。

然后定义操作符和参数数值，如下。

（1）$-=$：对值属性减少一个非负值，值越低就表明服务级别越低。

（2）$<=$：收集证明链中所有值的最小值，初始值为 100 KB/s。

2）实例中对有关值属性的委托

在例 9-2 所发布委托的基础上，添加委托中对值属性的支持如下。

（1）在例 9-2 中，(9-9) 委托的含义是实体 AirNet 将角色 AirNet. Access 的分配权指派给角色 AirNet. Mktg。在此例中，实体 AirNet 还需要将调整值属性的分配权也指派给角色 AirNet. Mktg，所以将 (9-9) 委托修改为如下四条委托：

$$[\text{AirNet. Mktg} \rightarrow \text{AirNet. Access}'] \text{ AirNet} \tag{9-19}$$

$$[\text{AirNet. Mktg} \rightarrow \text{AirNet. Bandwidth} <='] \text{ AirNet} \tag{9-20}$$

$$[\text{AirNet. Mktg} \rightarrow \text{AirNet. Storage} -='] \text{ AirNet} \tag{9-21}$$

$$[\text{AirNet. Mktg} \rightarrow \text{AirNet. Monthlyhrs} -='] \text{ AirNet} \tag{9-22}$$

（2）在例 9-2 中，(9-11) 委托的含义是实体 Sheila 发布第三方委托，将角色 AirNet. Access 指派给角色 BigISP. Member，使 BigISP 的员工可以访问 AirNet 公司的服务。在此例中，实体 Sheila 在发布委托时，将对值属性进行相应的调整，所以将委托 (9-11) 修改如下：

$$[\text{BigISP. Member} \rightarrow \text{AirNet. Access with AirNet. Bandwidth} <= 100$$
$$\text{and AirNet. Storage} -= 20 \quad \text{and AirNet. Monthlyhrs} -= 10]\text{Sheila}$$

$$\tag{9-23}$$

例 9-2 中其他的委托不需要修改。

3）实例中最终的访问控制结果

根据上述实体、角色和发布的委托及值属性设置，可以看出 Maria 利用其成员身份获得 AirNet 公司服务的访问。

但是，根据 (9-23) 委托中值属性的设置，可以看出 Maria 获得的网络带宽最大只有 100 KB/s；获得的存储容量是 30 MB；每月在线时间是 50 小时。

通过值属性的设置，使得 BigISP 中角色在共享 AirNet 服务时，对其提供更加细致的控制粒度。

dRBAC 通过发布角色委托,并且由多个角色委托构成委托链来实现角色在各个实体之间的传递,它提供了一个非常复杂的结构。如何在动态结盟环境下部署和实施该 dRBAC 是一个艰巨的任务。具体实施 dRBAC 的相关机制和方法超出了本书的范围,读者可以参考相关文献。

9.2.4　dRBAC 安全性分析

针对跨域的动态结盟环境,dRBAC 提供了一个灵活的、基于角色委托的访问控制机制。dRBAC 定义了实体和实体内的角色,并且通过角色委托来进行权限的传递,从而实施跨域的安全共享访问。并且,在访问过程中,dRBAC 还通过值属性结合角色来调整系统资源所提供的访问级别。

1. dRBAC 的优势

1）dRBAC 采用公私钥对代表一个实体

根据公钥密码学的原理,一个公私钥对代表一个唯一的实体,这也是进行数据加密和数字签名的前提条件。所以,每一个实体通过公私钥对都获得了全局唯一的标识符。而且,每一个实体都可以自主地签发证书,将角色委托给其他实体,并不需要第三方的 CA,这也使得系统管理更为简便。

2）dRBAC 通过委托链使角色在不同的实体之间传递

dRBAC 通过发布角色委托进行权限的传递。例如,"Alice 委托给 Bob 某个角色",它的含义就是 Alice 以自己的名义授予 Bob 行使某些角色的权限。Bob 可以继续将角色委托给 Charlie,此时角色就传递给了 Charlie。dRBAC 通过委托和传递,构建了更加具体的跨域访问机制。

对于 9.1 节的角色映射技术而言,dRBAC 只是将实体的角色委托给另外一个实体的某个角色,并不需要了解另外这个实体的角色层次是如何设置的,从而避免了角色层次的披露问题。

2. dRBAC 存在的问题

从安全的角度来看,dRBAC 也存在一些值得探讨的问题。

1）dRBAC 缺乏对强制安全访问控制策略的支持

dRBAC 主要依赖于自主安全访问控制,缺乏对强制安全访问控制策略的支持。

在 dRBAC 中,每一个实体都可以发布自我证明委托,将角色自主地委托给其他主体,而对于接收委托的主体缺乏必要的条件约束,完全依赖于发布主体对接收主体的"信任"。然而,在现实生活中,信任也必然会包含一定的安全风险。在安全保护级别要求很高的情形下,如何在 dRBAC 主体发布委托的过程中,实施强制安全访问控制策略是一个值得研究的问题。

2）dRBAC 缺乏对委托链的传递控制

dRBAC 在发布角色委托的过程中,缺乏对委托链的深度控制和广度控制。例如,主体 A 将角色授予到主体 B 内某个角色以后,主体 B 就有权继续向下进行角色的委托。例如,主体 B 可能对主体 C、主体 D,乃至主体 N 等发布委托;而且主体 B 将角色委托给主体 C 以后,主体 C 还可以进一步向下传递委托角色,这样角色的委托就有可能失去了控制。如何对角色委托的过程实施深度和广度控制也是值得研究的问题。

9.3 安全虚拟组织结盟的访问控制

9.3.1 安全虚拟组织结盟的应用背景

在社会生产和生活中,为了共同完成某项任务,通常需要建立多组织的合作关系。例如,A 公司与 B 公司为了同一个商业目标,需要建立项目研究小组,进行有效的合作。A 与 B 都具有各自独立的网络设施和信息管理系统,它们之间为了共同目标需要对相关的资源信息进行共享,而各个组织又要保持对本地资源的自治权,并且这种共享关系多是临时的、动态的,每个组织可以根据自己的需要随时加入和退出该结盟关系。

该应用背景与 9.2 节的应用背景非常类似,若采用角色映射的方法就显得过于复杂,且不够灵活。9.2 节介绍的 dRBAC 采用以角色委托为中心的授权链技术来解决该应用背景下访问控制问题。但 dRBAC 概念比较抽象,实施过程也比较复杂,在分布式环境下如何发现和验证授权证书链是一个比较困难的问题。

本节介绍的安全虚拟组织(Secure Virtual Enclaves,SVE)结盟访问控制技术基于中间件技术,在不改变底层的操作系统、开放的网络协议标准和信息管理系统的基础上,设计和开发一套使用分布式应用技术的软件体系结构,支持结盟节点之间跨域的共享访问。

SVE 技术提供了一套软件基础设施,它支持多个组织共享对象,同时又保持各组织对本地资源自治。这种基础设施对应用是透明的,无需改变每一个结盟节点现有的应用系统。下文将加入 SVE 结盟环境的每一个组织简称为"虚拟节点"或"节点"。

9.3.2 SVE 体系结构和基本组件

SVE 结盟基础设施主要由虚拟节点管理、安全策略管理、安全策略交换控制器和访问监控器等组件组成。其中,虚拟节点管理组件负责创建虚拟节点、批准其他节点加入和进行控制信息交换;安全策略管理组件负责创建节点内实施访问控制的安全策略;安全策略交换控制器组件负责在节点之间发布和交换安全策略;访问监控器组件负责共享资源的安全策略具体执行和实施。

SVE 结盟基础设施的体系结构和各个组件之间的关系如图 9-9 所示。

1. 安全策略管理

针对节点中的共享资源,系统需要制定相应的安全保护策略。管理员使用安全策略管理组件,创建和维护本地的安全策略。下面针对某个节点分析其安全策略的表示方法。

在节点内,采用域和类型实施(Domain and Type Enforcement,DTE)语言描述系统的安全策略。在该描述语言中,主体被分配了相应的角色,称为主体角色;客体被分

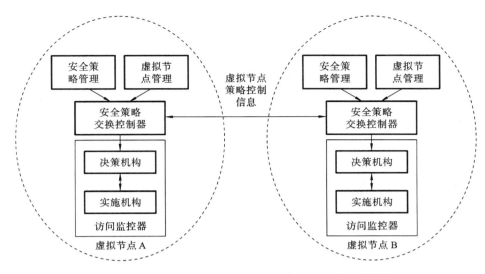

图 9-9 SVE 结盟基础设施的体系结构和各个组件之间的关系

为不同的安全类别,称为客体类别;系统针对主体角色和客体类别设置授权规则和访问约束条件,授予主体角色对客体类别相应的访问权限。总体而言,系统安全策略可以划分为四种不同类型,分别描述如下。

(1) 主体角色:为主体指定不同的角色。

(2) 客体类别:将共享的信息资源划分为不同的安全类别。

(3) 授权规则:针对不同的主体角色,对客体类别授予相应的访问权限。

(4) 访问约束:对授权规则的补充,针对不同的客体类别设定细粒度的访问限制条件。

下面分析一个具体实例,来说明这些规则的含义。

例 9-5 在节点 B 中,分别定义四种不同类型的访问规则。

规则 1 主体角色

```
Alice@eweb.com = engineer_d
Bob @eweb.com = accountant_d
```

规则 2 客体类别

```
specifications_t = https://eweb.com/specs/* ;
source_code_t = https://eweb.com/source/* ;
financials_t = https://eweb.com/finan/* ;
```

规则 3 授权规则

```
engineer_d = specifications_t, source_code_t
```

规则 4 访问约束

```
accountant_d = financials_t+ TimeInterval! 900! 1600! M! F
```

从该实例可以看出:

规则 1 描述了主体的角色信息，主体 Alice@eweb.com 指派为工程师（engineer_d）角色，主体 Bob@eweb.com 指定为会计师（accountant_d）角色；

规则 2 中定义了需要保护的客体资源的安全类别，分别是文档资料（specifications_t）类、源代码（source_code_t）类和财务信息（financials_t）类；

规则 3 和规则 4 均为授权规则，规则 3 为工程师角色授权，使得工程师角色可以访问文档资料类和源代码类的客体；规则 4 为会计师角色授权，使得会计师角色可以访问财务信息类的客体；在规则 4 中"TimeInterval！900！1600！M！F"为访问约束条件，其含义是会计师角色必须在从周一到周五的上午 9：00 至下午 4：00 的时间范围内，才能执行对财务信息类客体的访问。

2. 安全策略交换控制器

安全策略交换控制器就是在各个节点之间的发布、交换和共享相关安全策略的组件。

从前文的描述可知，在某个节点中，完整的安全策略包括主体角色、客体类别、授权规则和访问约束等四个部分。节点之间要实现跨域的安全访问操作，必须在它们之间共享某些安全策略。针对哪些策略需要共享和如何共享的问题，下面通过一个应用实例进行具体分析。

假如节点 A 中的某个主体 Sub$_A$ 对节点 B 中某个客体提出访问请求，则节点 B 至少需要获得下列的信息，才能决定是否允许其访问。首先，节点 B 必须能够识别节点 A 中 Sub$_A$ 的主体角色，然后，将 A 中的主体角色与节点 B 的授权规则关联起来，获得 A 中的主体角色在节点 B 的访问权限和访问约束。

因此，节点 A 在加入 SVE 时，需要把 A 中所有的主体角色信息都发给 B。在 B 中，这些 A 中的主体角色信息被用来识别 A 中的主体，所以在 B 中把这些信息称之为"主体识别规则"。在节点 B 中，具有包括主体角色、客体类别、授权规则和访问约束等在内的本地安全策略信息。针对节点 A 中的主体对 B 中客体类别的访问，节点 B 需要对 A 中的主体角色进行另外的授权，添加 A 中的主体角色对本节点中客体类别实施访问的授权规则和访问约束。

从上述的安全策略共享过程可知，安全策略交换控制器主要完成下列流程。

（1）负责和其他节点的安全策略交换控制器组件进行安全通信，将"主体识别规则"的信息在 SVE 的各个节点之间共享。例如，节点 A 的主体角色信息要发布给 B，同时 B 的主体角色信息也要发布给 A。

（2）在本节点内部，负责对外节点的主体角色进行另外的授权，根据节点之间共享协议的约定，添加外节点对本地客体类别的授权规则，授予外节点的主体角色对本地客体类别的访问权限。

（3）在本节点内部，负责将外节点的"主体识别规则"信息和外节点对本地客体的授权规则，以及本地的安全策略进行汇总，然后统一交给本地的访问监控器，作为访问监控器实施访问控制决策过程的判定依据。

由上述的流程可知，A 中的主体角色在 B 内能够访问的客体类别和约束条件，均由节点 B 进行设定，从而体现了节点 B 对本地资源的自治权。

3. 访问监控器

访问监控器组件负责对主体提出的访问请求实施检查,依据安全策略作出访问控制决策,最终决定允许或中止主体的访问请求。

访问监控器从安全策略交换控制器组件接收外节点的"主体识别规则"信息和外节点对本地客体的授权规则,以及本节点的安全策略,然后保存到本节点的数据库服务器中,作为访问控制决策的依据。

访问监控器内部分为访问控制实施机构和决策机构两部分。访问控制实施机构主要负责捕获针对系统受保护对象的访问控制请求,从访问请求中分析提出访问的主体信息、客体信息、访问权限和具体的系统参数,并把这些参数交给访问控制决策结构组件。决策机构做出是否允许访问的判断,并将判断结果返回给实施机构,实施机构根据判断结果允许或中止访问请求。

决策机构接收到实施机构发送的主体信息、客体信息、访问权限和具体系统参数以后,实施访问控制的决策过程。主要包括下列的步骤。

(1)区分该主体属于外节点还是属于本节点,从而根据"主体识别规则"或本节点的主体角色信息来获得主体的角色。

(2)根据主体角色信息在授权规则中获取有关该主体角色的授权信息和约束条件。

(3)根据客体信息,在客体类别规则中获取客体所在的客体类别信息。

(4)检查主体的角色所对应的授权规则中是否包含客体所在的客体类别信息;如果主体角色对客体类别信息具有访问请求所涉及的访问权限,则进行下一步判定,否则返回拒绝访问的信息。

(5)执行授权规则检查以后,还要检查具体的系统参数是否满足访问约束的限制,若满足约束条件,则返回允许访问的信息,否则返回拒绝访问的信息。

决策机构将判定结果返回给实施机构,由实施机构根据判定结果进行相应的处理,允许或禁止该访问请求。

4. 虚拟节点管理

虚拟节点管理组件主要具有节点一级的管理功能,如创建新的节点、加入 SVE、退出 SVE 和撤销 SVE 等。

SVE 结盟环境启动的一般流程如下。

(1)由某一个节点的管理员开始使用虚拟节点管理组件,命名和创建一个 SVE 结盟环境。这时,创建者成为该结盟环境的唯一成员。该节点创建内部的安全策略,对本地的访问主体进行授权。

(2)其他的节点初始化虚拟节点管理组件,开始申请加入该结盟环境,在申请被接纳以后,该申请节点和原有的节点建立结盟关系,完成节点之间控制信息的交换,各个节点内部完成与外节点的"主体识别规则"交换和对外节点主体授权的处理。

(3)节点内主体可以使用 SVE 结盟环境,提出对外节点资源对象的访问请求,外节点的访问监控器根据相应的安全策略完成权限检查,允许或中止节点之间的安全访问操作。

（4）在完成安全访问操作以后，节点可以选择退出 SVE 结盟环境。最后剩余的一个节点，负责撤销整个 SVE 结盟环境。

这些创建、加入和退出，以及撤销整个 SVE 结盟环境的功能都由虚拟节点管理组件负责实施。

9.3.3　应用实例分析

为了说明整个 SVE 结盟环境的运作流程，下面通过一个应用实例进行具体分析。

例 9-6　现有节点 A 和节点 B，节点 A 中主体 Carle@eit.com 提出对节点 B 内资源的访问。其中节点 B 中的本地安全策略如例 9-5 所示。节点 A 中主体 Carle@eit.com 的角色信息定义如下：

```
Carle@eit.com= programmer_d
```

即为主体 Carle@eit.com 指定程序员（programmer_d）的角色。

下面分析节点 A 和节点 B 建立 SVE 结盟环境实现安全共享访问的整个过程。

（1）由节点 B 的管理员使用虚拟节点管理组件，创建 SVE 结盟环境。管理员使用安全策略管理组件，完成本节点内的安全策略创建和管理。

（2）节点 A 初始化虚拟节点管理组件，加入节点 B 建立的 SVE 结盟环境，节点 A 把主体 Carle@eit.com 的主体角色信息传递给节点 B，节点 B 接收 A 的"主体识别规则"，并且为其进行另外的授权。在 B 中添加规则如下：

规则 1　（A 的主体识别规则）

```
Carle@eit.com = programmer_d
```

规则 2　（A 的主体角色对 B 的客体类别的授权规则）

```
programmer_d = specifications_t
```

即 A 中的主体 Carle@eit.com 具有 A 的程序员角色，而且在节点 B 中，授予 A 中的程序员角色对文档类信息的访问权限。

（3）节点 A 中主体 Carle@eit.com 提出对 B 中文档类资源 https://eweb.com/specs/index.html 的访问。节点 B 中的访问监控器截获该次访问请求，然后检查 A 的主体角色和 A 的主体角色在节点 B 中的授权规则，根据检查结果决定允许主体进行访问。

（4）如果节点 A 中主体 Carle@eit.com 提出对 B 中源代码类资源 https://eweb.com/source/index.html 的访问。节点 B 中的访问监控器截获该次访问请求，然后检查 A 的主体角色和 A 的主体角色在节点 B 中的授权规则，会拒绝该主体的访问。

（5）访问结束后，节点 A 退出该 SVE 结盟环境，最后节点 B 撤销该 SVE 结盟环境。整个过程结束。

需要注意的是，因为本例中只是描述 A 中主体访问 B 中资源的情形，所以在步骤（2）中，B 中主体角色在节点 A 中的主体识别规则和节点 A 对 B 中主体角色的授权规则都被省略。

9.3.4　SVE 的安全性分析

SVE 结盟基础设施基于分布式应用的中间件技术,设计和实现了一个跨域的安全互操作体系框架,能够对共享的安全对象实施安全策略的保护,并且支持节点对本地安全对象的自治管理。从安全的角度来分析,SVE 结盟基础设施也存在一些问题。

首先,每一个加入虚拟组织结盟环境的节点,都必须将本地制定的主体角色规则在整个 SVE 范围内发布,如同 9.1 节的角色映射技术一样,存在外域角色层次的信息披露问题。

其次,在一个节点内部,外节点的主体识别规则发布到本节点以后,本节点没有将外节点的主体角色映射到本地主体角色,而是另外授予外节点的主体角色对本地客体类别的访问权限。这与 9.1 节的角色映射技术是有区别的。角色映射技术通过建立外域角色到本地角色的关联,将外域角色当成了本地角色来对待,不需要为外域角色重新授权。

参与 SVE 结盟环境的节点在两两节点之间都必须进行互相授权,不能提供授权的传递性。这与 9.2 节的 dRBAC 技术是不同的。dRBAC 技术能够提供基于角色委托的授权链,可以在实体之间进行权限的传递。例如,实体 A 可以将角色 $A.role_1$ 委托给实体 B 的角色 $B.role_2$,而实体 B 可以将角色 $B.role_2$ 进一步委托给实体 C 的角色 $C.role_3$,此时实体 C 的角色 $C.role_3$ 可以通过角色 $B.role_2$ 传递,获得角色 $A.role_1$ 具有的权限,而这种权限的传递功能是 SVE 结盟环境所不具备的。

因此,对比 dRBAC 技术而言,SVE 技术缺乏必要的灵活性,必须在两两节点之间互相授权。因此,SVE 技术适合于少量节点之间建立较为简单的动态结盟环境。例如,几个相关企业或几个相关部门为了同一个目标,建立临时动态的结盟合作关系。

9.4　结合 PKI 的跨域的基于角色的访问控制

9.4.1　结合 PKI 的跨域的基于角色的访问控制应用背景

在目前大规模的 Internet 应用环境下,基于 Web 的浏览方式为用户获取网络上各种信息提供了便利。如果服务器提供的是敏感或重要信息,那么系统就需要针对这些信息提供访问保护。这样的 Web 服务有很多,如大学图书馆提供的电子资源服务,通常都包含有最新的期刊、学术会议和学位论文等在线检索和下载服务。这些信息资源都具有十分重要的学术科研价值,必须是经过系统授权的用户才能进行访问。

设 A 和 B 两所大学根据联合办学协议,互为对方的学生开放各自图书馆提供的在线服务。因为学生毕业和新生入学等情况,用户经常发生变化。因此,B 的服务器在面向 A 大学的学生提供服务时,应基于"A 大学的学生"这个角色授权,而无需针对 A 大学的每一个学生进行授权。反之,A 的服务器也是如此。

当 A 大学的学生访问 B 的服务器时,发出访问请求的用户需要证明自己确实来自 A 大学这个组织,而且具有"A 大学的学生"这个角色,才能够获得在线服务。

针对大规模的分布式系统环境下如何识别用户身份的问题,现阶段主要采用 PKI 的技术。在每一个组织内部建立 PKI 机制,为每一个用户发布 X.509 证书来证实身份。不同的组织之间借助交叉认证技术相互识别和信任。

在服务器方验证用户的身份以后,必须解决的问题就是如何验证用户所具备的相关角色。针对该问题,下面介绍结合 PKI 的跨域的基于角色的访问控制技术,从服务器端的访问控制表的设置、用户角色的表示、角色层次证书链的设计、服务器端角色验证等方面提出的具体解决方案。

9.4.2 访问控制表和用户证书

对于整个系统而言,把提供在线服务的 B 大学称为服务器域,提出访问请求的用户所在的 A 大学称为客户域。针对服务器域和客户域,系统需要进行不同的访问控制设置。

1. 服务器访问控制列表设计

服务器提供的资源信息需要受到安全策略的保护,系统必须针对角色进行相应的授权设置。服务器采用访问控制表(ACL)的形式将权限和角色联系起来。ACL 就是将系统保护的资源或服务的访问权限授予给相应的角色。因此,ACL 目录表中的每一项可以被看作一个(角色,访问权限)序偶。下面具体分析一个 ACL 目录表的实例。

例 9-7 在 B 大学的图书馆在线服务器中,针对某项期刊查询和下载服务,可以设置如表 9-1 所示的 ACL 列表。

表 9-1 服务器 ACL 列表设置

角　色	权　限
A 大学的学生	在线查询
B 大学的学生	在线查询、下载

从表 9-1 可以看出,对于该项期刊查询和下载服务,系统针对不同的角色,授予不同的访问权限。来自 A 大学的学生可以在线查询,但是没有下载的权限;来自 B 大学的学生不仅可以在线查询,而且可以对期刊进行下载操作。

2. 客户域中用户角色证书设计

从服务器 ACL 列表可以看出,服务器域和客户域达成一致协议,通过定义角色实现共享访问。例如,在例 9-7 中,A 大学和 B 服务器域以"A 大学的学生"这个角色达成一致,针对该角色进行相应的授权。

服务器域相信客户域为每一个提出访问请求的用户分配相应的角色。客户域必须给服务器域提供如下证据:通过明确的指派,表明用户是客户域的一个成员;在客户域中,用户拥有相应的角色。

使用用户角色证书表明用户是某个客户域的成员,证书中不仅包含该用户的公钥信息,而且为用户指派一个非常明确、具体的角色,其中公钥信息主要为了验证用户的身份。因为在用户角色证书设计时,主要强调其角色信息,所以省略了其公钥信息。

用户角色证书的一般形式如下:

$$[\text{user} \rightarrow \text{role}]A$$

该用户角色证书表明:在客户域 A 内,用户 user 具有角色 role。

3. 客户域中角色层次证书设计

如果在客户域内角色集是具有层次关系的,就必须保证用户的角色能够完整体现它在角色层次中的位置。

在一个角色层次中,如果角色 r' 是角色 r 的子角色,记作 $r \geqslant r'$,那么角色 r' 具有的所有权限均被角色 r 继承。

使用角色层次证书揭示角色之间的直接继承关系。其形式如下:

$$[\text{role}_1 \rightarrow \text{role}_2]A$$

该角色层次证书表明:在客户域 A 内,角色 role_1 是 role_2 的直接上级角色,角色 role_1 能够继承 role_2 具有的任何权限。

一般情况下,用户将从他具有的最有特权的角色开始,通过角色层次继承关系,获取其具有的所有权限。我们使用形如 $r \geqslant r_1, r_1 \geqslant r_2, \cdots, r_n \geqslant r'$ 角色层次证书链,建立 $r \geqslant r'$ 的继承关系。这些证书被客户传给服务器,服务器首先证实这个链中的所有证书都是有效的,然后再确认这是一个用户与其相应角色关联的链。

4. 用户角色证书和角色层次证书格式

在客户域内具体实现用户角色证书和角色层次证书的格式如图 9-10 所示,其中省略了与用户、角色、角色层次关系不是很紧密的公钥证书的项目。

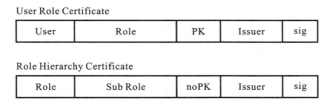

User Role Certificate

User	Role	PK	Issuer	sig

Role Hierarchy Certificate

Role	Sub Role	noPK	Issuer	sig

图 9-10 用户角色证书和角色层次证书的格式

具体实现的证书格式与 X.509 公钥证书和 PMI 属性证书是一致的,用户角色证书的"角色"项和用户层次证书的"子角色"项可以被定义为 X.509 标准证书的扩展项。

9.4.3 客户域内证书的撤销

当客户域内的角色层次发生变化时,系统必须对相应的用户角色证书和角色层次证书进行撤销,撤销行为当然会影响服务器端 ACL 列表中的相关设置。用户角色和角色层次关系均可以被撤销。

如果一个角色 r 被删除,那么所有与角色 r 直接关联的用户角色证书和角色层次证书也必须同时被撤销,然后发布新的角色层次证书进行相应的补充。例如,现有 $r_1 \geqslant r_2 \geqslant r_3$,若 r_2 被删除,那么 r_1 到 r_2 和 r_2 到 r_3 的角色层次证书都必须被撤销;然后,由新的 r_1 到 r_3 的角色层次证书来替代;客户域管理员会告诉每一个受影响的服务器域管理员;ACL 列表中有关 r_2 角色的相关设置也需要被删除,这是角色 r_2 被撤销的直接后果。

是否可以这样假设:如果证书被撤销,而且客户域是可信的,那么为什么不能简单地认为是客户拒绝提交任何撤销证书? 如果是这样的话,服务器就不必每次都检查客户证书的有效性,从而提高实现访问控制的效率。这里的安全威胁是:如果一个攻击者或怀有恶意的用户,在他的证书被撤销以后,还可能复制、存储、重新使用被撤销证书,直至证书的有效期限到期。

9.4.4   应用实例分析

为了说明客户域中用户使用用户角色证书和角色层次证书,访问服务器域中服务的整个流程,下面来分析一个实例。

例 9-8   假设在服务器域 B 大学图书馆在线服务器中,针对期刊查询和下载服务,设置的 ACL 列表如表 9-1 所示。在客户域 A 大学内的角色层次中,具有教授、教师、助理、博士生、硕士生和学生等角色,它们之间的继承关系如图 9-11 所示。设用户张三具有博士生角色,从角色层次中可以看出,他可以通过角色层次继承关系得到硕士生角色和学生角色的权限。

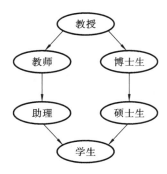

图 9-11   客户域 A 内的
继承关系图

若用户张三提出对服务器端的访问,则它必须提供如下的用户角色证书和角色证书链:

$$[张三 \rightarrow 博士生]_A, [博士生 \rightarrow 硕士生]_A, [硕士生 \rightarrow 学生]_A$$

在服务器端,服务器必须验证每一个证书的有效性,而且从角色层次证书链中证明在客户域 A 内博士生角色通过硕士生而继承学生角色的权限。通过上述验证以后,服务器允许张三以学生角色的权限进行访问。

如果 A 内部角色层次发生了变化,如删除了角色硕士生,则 A 会撤销[博士生→硕士生]A,[硕士生 → 学生]A 的证书,并且发布新的证书[博士生→学生]A 来替代原来的角色继承关系。

若怀有恶意的用户继续提供原有的用户角色证书和角色证书链,请求对服务器端的访问:

$$[张三 \rightarrow 博士生]_A, [博士生 \rightarrow 硕士生]_A, [硕士生 \rightarrow 学生]_A$$

服务器通过验证角色层次证书链,就会发现证书[博士生→ 硕士生]A 已经被撤销,则拒绝用户的访问请求。

9.4.5   跨域的基于角色的访问控制技术安全性分析

针对在跨域的大规模应用中如何实现基于角色的访问控制的问题,通过设计用户角色证书和支持角色层次证书链,结合服务器的 ACL 列表设置方案,实现了跨域的基于角色的访问控制,同时支持角色层次的授权,并讨论了相应的证书撤销机制。

从安全的角度分析,本文的方案与 9.3 节所介绍的 SVE 技术类似,服务器需要针对客户域内的角色进行单独授权。与 SVE 技术不同的是,客户域无需把每一个用户的主体识别规则都发送给服务器域,因为客户域的用户成员众多,而且经常发生变化,服务器域不用保存客户域的主体识别规则,只需要验证提出访问请求的用户是否具有相应的角色即可。从这个方面来看,结合 PKI 的跨域的基于角色的访问控制技术比 SVE 技术更加灵活和简单。

与 9.1 节所介绍的角色映射技术相比,结合 PKI 的跨域的基于角色的访问控制技术在服务器域需要为客户域的角色单独授权,但没有把客户域角色当成本地的角色来对待。当客户域角色层次发生变化时,只需要撤销客户域角色在本地 ACL 列表设置即可,不会影响到本地的角色层次关系和授权设置。

总体而言,结合 PKI 的跨域的基于角色的访问控制技术的主要特点是结合 PKI 技术,采用用户角色证书和角色层次证书实现跨域的基于角色的访问控制,其安全性主要与 PKI 技术相关。它主要适合于大规模的 Internet 应用环境,在客户域和服务器域的用户众多,而且经常发生变化的应用情形下,可实施跨域的基于角色的访问控制。例如,在大学与大学之间、大企业与大企业之间建立协作共享关系等。

习题 9

9.1 试设计一个算法,检测建立一个从外域角色到本域角色映射是否会发生角色冲突,若发生了冲突,则给出该映射与哪些映射是冲突的。

9.2 试列举一个 dRBAC 的应用实例,分析其实体、角色和角色委托关系,要求至少使用一次第三方委托;并思考如何使用一系列自我证明的委托来替代该第三方委托。

9.3 列举一个使用 dRBAC 模型中应用值属性的应用实例,并能够使用值属性进行传递委托,使得不同实体可获得不同的访问服务。

9.4 从角色映射、角色授权、角色信息披露等方面对比 9.1 节、9.3 节和 9.4 节中所介绍的跨域的访问控制技术,说明各自的优点和缺点。

10

基于信任管理的
访问控制技术

随着计算机网络的普及和无线通信技术的发展,移动计算、普适计算、网格计算等已成为新兴的计算模式,各种新的基于 Internet 的应用、分布式系统也随之出现。在现今这种规模庞大的、动态的、开放式的信息系统中,传统的安全机制明显不再适用。在一个大规模的、异构的分布式系统中,系统的授权者无法直接知道用户,因此,必须使用由熟知用户的第三方所提供的信息;通常授权者只在某种程度上相信第三方提供的某类信息。这种信任关系使得分布式授权不同于传统的访问控制。第 9 章介绍的多域安全互操作访问控制技术,主要采用角色映射技术或直接给外域角色授权来解决跨域的安全访问问题,对实体之间信任关系的处理还存在不足。基于信任管理的访问控制技术正是基于实体对第三方实体的信任关系,来解决大规模的、异构的分布式系统之间授权访问问题而出现的一种分布式访问控制。

本章将介绍几个基于信任管理的模型,并对各个模型的作用、特点进行大致的描述和比较。PoliceMake 模型是由 M. Blaze 等提出的第一代信息管理模型,其主要组件包括安全策略、信任证和一致性证明引擎。安全策略描述了对资源的授权保护策略,信任证表达了实体之间的信任管理,一致性证明引擎以访问请求和信任证为输入,结合本地的安全策略,根据一致性证明算法做出访问控制决策。

KeyNote 模型是第二代信任管理系统,它沿用了 PolieMake 模型的大部分思想和原则,并且从策略描述语言和一致性证明算法上对 PoliceMake 模型进行了改进。

RT 模型是基于角色的信任管理系统,它结合了基于角色的访问控制和信任管理系统的优点,体现了基于属性的访问控制策略,对安全策略的表达能力更强,并且语义也直观、易懂。

自动信任协商通过信任证、访问控制策略的交互披露,使资源的请求方和提供方能够最终建立信任关系,协商过程一般强调自动化,不需要或者只需要少量的人工参与。

10.1　信任管理的概念

10.1.1　基于信任管理系统的应用背景

首先来看一个例子：为了方便客户操作以及实施财务管理，保险公司将各种保险项目的收费业务与银行储蓄业务绑定在一起。这样，客户办理保险只需在银行做相关的资金转账，银行负责收费，保险公司负责买保人的资格审查和策略制订。银行职员和保险公司的职员分别来自不同的公司，通常需要访问对方公司的资源，例如，银行需要熟知保险公司保险业务规章制度和保险收费规则等，而银行内有关保险公司业务收费的数据库也提供给保险公司来共享访问。

在上面的例子中，保险公司和银行的职员分别隶属于不同的管理域，他们不仅需要访问本地的资源，也需要访问对方公司的部分资源。伴随着这种广泛的资源共享，给他们各自拥有的资源也带来更多的安全风险。

一些研究表明，对信息资源的非授权访问，构成了多域组织中主要的安全问题。所有的分布式系统都需要解决访问控制这个共同的问题，即资源访问的权限管理问题，也就是根据一定的安全策略允许或拒绝请求者对资源的访问请求。在单域环境下，一般采用集中式的传统访问控制技术，实施的步骤分两步进行：认证和访问控制。认证回答"是谁提出请求"，访问控制回答"请求者是否有权执行请求的行为"。将传统的安全机制直接应用于新的多域环境中，存在以下的问题。

1.　传统访问控制不能给陌生用户授权

在传统的访问控制中，用户往往是被系统所熟知的，系统根据用户的身份设置访问权限。但是，在大规模、动态开放式的多域环境下，系统可能存在着大量的用户，并且系统的用户集变化频繁。在访问控制发生之前，系统无法事先认知所有请求系统服务的用户，并对其分配相应的权限。例如，在前面的例子中，银行的管理者无法事先了解保险公司所有职员的信息。

2.　传统访问控制不能适应多域环境下可伸缩性和动态性的特点

在多域环境中，往往存在着大量的分布式管理域，多域之间需要资源共享，为其他方提供相关的服务，而且这种合作共享关系多是临时的、动态的，随时可以结盟，也随时可以解除。正是由于多域环境可伸缩性和动态性的特点，所以解决多域环境下的授权管理问题需要安全、灵活的委托机制。委托机制就是指将资源的访问权限以实体之间的信任为基础，进行授权传递。例如，A 管理域的系统管理员可以将权限委托给 B 域的系统管理员，由其授权给相应的用户，从而使得 B 域的用户获得 A 域的访问权限。委托机制可以提高系统的灵活性，支持陌生用户的授权访问。传统的安全机制没有委托机制，不能表达多域安全访问的需求，表达能力、可处理性和扩展性较差。

3.　传统访问控制不能适应多域环境下异构的特点

传统的安全机制只能管理单个管理域，在单域环境下实施集中统一的系统安全策略。而在多域环境下,不同管理域可能需要采用不同的策略,不能强制实施统一的策略和信任关系。例如,在前面的例子中,银行和保险公司的组织结构以及访问控制策略可能是不同的,管理者对需要受保护的资源设置不同的安全策略,从而设置在这些资源之上的安全机制也会不同。因此,多域环境下的访问控制机制必然面临多个管理域内安全策略的异构问题。

4. 传统访问控制不能适应多域环境下分散式管理的特点

传统的安全机制采用集中式的管理模式,访问控制服务器是整个系统的安全控制核心,由其负责对用户的授权和权限验证,用户和权限等相关信息由服务器集中管理和存储。这种方法,不能直接应用于多域环境中。多域环境下,授权相关数据往往分散式地存储于系统之中,而不是存储在集中的访问控制服务器中。多域环境下实施访问控制,具有很强的复杂性。访问控制决策的信息分散在整个系统中,可能与要保护的资源不处于同一地理位置,需要访问控制服务器自行在分布式环境中查找相关信息。为了保证访问判定的效率,安全机制面临着相关信息分布和查找问题。

综上所述,传统的安全机制难以适用于大规模的、开放式的分布式环境,特别是强调资源共享、相互协作的多域环境。在多域环境中,权限管理者无法直接熟知访问请求者,访问控制决策依赖于相关第三方所提供的信息。通常将权限管理者与第三方之间在某种程度上的依赖关系称为信任关系(Trust Relationship)。这种信任关系使得分布式授权不同于传统的访问控制。信任管理(Trust Management)正是为了解决上述问题而提出的一种分布式访问控制机制。

10.1.2 信任管理的基本概念

信任管理的基本思想是基于开放系统中安全信息的不完整性,系统的安全决策需要依靠可信的第三方提供附加的安全信息。信任管理的意义在于提供了一个适合Web应用系统开放、分布和动态特性的安全决策框架。在信任管理系统中,需要理解下列基本概念。

1. 信任

在不同的语义环境和上下文中,"信任"本身所表达的含义也不尽相同,不同研究者对信任的定义和理解存在着差别。在信任管理系统中,"信任"是一个实体对其他实体特定行为的可能性预测,并且认为信任在一定条件限制下是可以传递的。例如,在前面提到的例子中,银行信任某保险公司,而该保险公司信任其内部职员,那么,银行也信任来自该保险公司的职员,这就形成了一个可传递的信任链(Trust Chain)。但在现实生活中,不是所有的信任关系都具备可传递性,如 Alice 信任 Bob,Bob 信任 Charlie,但Alice 不一定信任 Charlie。在信任管理系统中,为了支持陌生实体对资源的授权访问,一般认为信任关系是可传递的。

2. 信任证(Credential)

信任证表示发布者相信该证书的拥有者具备某些能力、属性或者性质。本章后面的部分皆称信任证。信任证的主要结构如下:

```
(issuer, subject, message, signatureissuer)
```

其中,各字段含义如下。

（1）issuer：信任证的发布者。

（2）subject：信任证的拥有者。

（3）message：关于 subject 的能力、属性或者性质的描述。

（4）signatureissuer：发布者对信任证前面部分的签名。

例如,形如（工商银行，张三，职员，工商银行专用章）的信任证表达的含义就是"工商银行声明张三是工商银行的职员"。

形如（A，B，A. role，SignByA）的信任证表达的含义就是"实体 A 声明实体 B 具有角色 A. role"，即实体 A 将角色 A. role 所具有的权限授予给了实体 B。

从上述信任证的结构可以看出,发布者通过颁发信任证将各种权限属性授予信任证的拥有者。信任证提供了一种以密钥为中心的授权管理机制。信任证具有可存储性和可验证性。信任证中包括证书持有方的属性信息,其优势在于能够为陌生方授权。

3. 委托(Delegation)

委托是分布式授权的核心技术,它主要的任务是,基于信任关系将权限 p 的授予权 p^D 指派给其他实体,其他实体将权限 p 或者授予权 p^D 进一步指派给另外的实体。例如,Alice 是资源所有者,她将资源访问权限的授予权直接委托给 Bob,Bob 进一步将资源访问权授予 Charlie；由此,即使 Alice 与 Charlie 互不熟知,Charlie 最终也获得了资源的访问权。信任管理系统采用委托的技术,在陌生实体之间形成基于信任关系的委托链,从而支持多域环境下异构、动态和可伸缩性的授权访问。

4. 一致性证明(Proof of Compliance,PoC)问题

在基于信任的访问控制系统中,每个实体拥有相应的信任证和基于委托机制形成的信任证集,服务提供方基于服务请求方提交的服务请求、信任证集以及本地安全策略,判定是否允许该请求。授权可以转化为回答一个一致性证明问题："信任证集合 C 是否证明了请求 r 符合本地安全策略 P"。

例如,在一个电子银行系统中,100 万元或以上的贷款至少需经过 k 个部门经理的同意（安全策略）,这 k 个部门经理中的每一个都必须能够证明其本人是部门经理（提供信任证或信任证集）,这样的信任证必须由合法的信任权威颁发（信任关系）。当有用户提出贷款请求时,必须同时提供 k 个部门经理的信任证集,系统需要验证贷款请求、信任证集是否符合系统的安全策略（一致性证明）。

10. 1. 3 信任管理的组件和框架

信任管理采用对等的授权模式,每个实体可以是授权者、第三方信任证发布者或访问请求者。信任管理系统的基本组件包括信任证系统、本地策略库、一致性验证器和应用系统等,各个组件之间的关系如图 10-1 所示。

在图 10-1 中,本地策略库保存对本地资源保护的授权规则,这些规则是系统做出访问控制决策的最终依据。服务方既可使用安全策略对特定的服务请求进行直接授

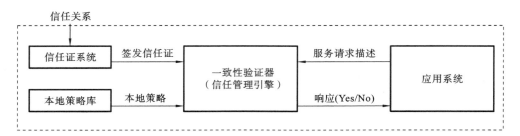

图 10-1 信任管理系统的基本框架

权,也可将这种授权委托给可信任的第三方。

信任证系统主要实现信任证的发布功能。服务方基于与第三方之间的信任关系发布信任证,授予第三方相应的权限。可信任的第三方可以继续向下发布信任证,形成以信任证链为基础的权限委托关系。

应用系统提出对资源的访问请求,并需要获得资源保护方的响应信息。资源保护方通过信任管理引擎(Trust Management Engine,TME)组件做出访问控制决策,决定是否允许该访问请求。因此,信任管理引擎可以看作是整个信任管理模型的核心,它根据输入的三元组(服务请求,信任证集,本地策略),采用与应用独立的一致性证明验证算法,输出访问控制决策的判断结果。

从前面的分析和图 10-1 可以看出,信任管理引擎是信任管理系统的核心。策略和信任证使用通用的、标准的语言进行编写,避免了采用的描述语言和一致性证明算法与特定应用的相关性,能以灵活、通用、可靠的方式解决开放分布式系统的授权问题,从而解决了多域环境下访问控制机制的异构问题。在信任管理引擎的设计目标中,通过信任管理引擎要求所做出的授权决策应只依赖于引擎外部的输入参数(服务请求,信任证集,本地策略),而不是引擎的设计或实现中隐含的策略决策,这样能确保授权决策的可靠性。

10.1.4 信任管理技术的优点

与传统的访问控制技术相比,信任管理系统更能适应多域环境下动态开放式和可伸缩性以及异构性的安全访问需求,具有以下显著优点。

(1)支持不被系统所熟知的服务请求者访问系统。基于信任证集(证书链)和本地安全策略判定服务请求者是否有权在系统中执行某项操作,服务请求者不需要在系统中事先注册便可访问系统。

(2)支持委托的机制,实现分散式授权的模式,权限的控制者能够以受控的方式将权限委托给其他域中另外的用户,从而支持多域间的跨域授权。

(3)策略和信任证使用通用的、标准的语言进行编写,避免了采用的描述语言和一致性证明算法与特定应用相关,能以灵活、通用、可靠的方式解决开放分布式系统的授权问题,从而解决了多域环境下访问控制机制的异构问题。

当前典型的信任管理系统有 PolicyMaker、KeyNote、REFEREE、SPKI/SDSI、DL以及 RT 模型等,它们在设计和实现信任管理系统时采用了不同的方法来实现信任管理的目标。本章将以 PolicyMaker、KeyNote、RT 模型和自动信任协商模型为例对其进行介绍。

10.2 PoliceMake 模型

10.2.1 PoliceMake 模型简介

PolicyMaker 模型是 M. Blaze 等根据他们所提出的信任管理思想所设计的信任管理模型。之后,他们又根据该模型的原理和方法实现了第一代的信任管理系统,因此,通常把 PolicyMaker 模型当作第一代信任管理系统的代表。

PolicyMaker 模型为 Web 服务的授权访问提供了一个完整而直接的解决方法,取代了传统的认证和访问控制相结合的做法,并且提出了一个独立于特定应用的一致性证明验证算法,用于验证服务请求、信任证和安全策略是否匹配。PoliceMake 模型的组件主要包括:安全策略、信任证和一致性证明。安全策略描述了对资源的授权保护策略,信任证可以表达实体之间的信任管理,一致性证明以访问请求和信任证为输入,结合本地的安全策略,根据一致性证明算法做出访问控制决策。

1. 安全策略和信任证

PolicyMaker 模式采用一种可编程的机制来描述安全策略和信任证,所有的安全策略和信任证均可归结为断言(Assertion)。简单地讲,断言可由二元组 (f, s) 表达,s 表示授权者,f 是一个由可编程语言编写的代码,描述所授权限的性质和对象。在信用证中,s 为证书发行者,信用证必须由发行者签名,在信用证使用之前要验证签名。

1)安全策略断言

安全策略是描述对受保护的本地资源的授权访问规则,即描述哪些主体能够实施对本地资源的访问。

在安全策略断言中,s 为关键词 POLICY,当应用程序调用信任管理引擎时,要输入一个或多个策略断言,这些规则是系统作出访问控制决策的最终依据。策略断言是本地存储的,因此无需进行签名保护。

例如,策略断言"允许来自 Bob Labs 的成员对本地资源进行访问",采用二元组格式表示的该策略断言如下:

$$(f_0, \text{POLICY});$$
$$f_0: \text{"}x \text{ is member of Bob Labs"}$$

其中,f_0 是由可编程语言描述的安全策略。

2)信任证断言

信任证表示发布者相信该证书的拥有者具备某些能力、属性或者性质。信任证的具体内容和主要结构参见 10.1.2 节中的描述。

在信任证断言中,s 为证书的发布者,通常采用一个公钥代表该发布者主体。信任证必须由发布者签名,在系统采用该信任证之前必须使用发布者的公钥验证签名。

例如,信任证断言"Bob 声明实体 Alice 是来自于 Bob Labs 的成员",采用二元组格式表示的该断言如下：

$$(f_1, \text{Bob});$$
$$f_1: \text{"Alice is member of Bob Labs"}$$

其中，f_1 是由可编程语言描述的安全策略。

PolicyMaker 模型没有对书写断言内容 f 的程序语言作特别的要求，其原则是，只要能被本地应用环境解释的编程语言均可用于书写断言。具体的可编程表示和编程方法可参考相关的文献。

2. 信任证的收集和验证

PoliceMake 模型规定应用程序应该负责信任证的收集和验证。此外，应用程序负责将信任证转换为 PolicyMaker 模型断言，以便为下一步介绍的一致性证明所用。

3. 一致性证明

由于 PolicyMaker 模型没有指明特定的断言描述语言，因此其一致性证明验证算法必须独立于特定的断言描述语言。根据 PolicyMaker 模型的一致性证据观点，其通用形式如下。

输入：请求 R，证书集合 $\{(f_0, \text{POLICY}), (f_1, s_1), \cdots, (f_{n-1}, s_{n-1}), (f_n, s_n)\}$

其中，(f_i, s_i) 是 PolicyMaker 模型的断言。

若 s_i 是 POLICY，则表示该断言是安全策略断言；

若 s_i 不是 POLICY，则表示该断言是信任证断言。

s_i 代表发证者，f_i 是由可编程语言描述的证书拥有者具有的能力和对资源的访问权限。

问题：是否存在证书的有限序列 $i_1, i_2, \cdots, i_t$

其中，$i_j \in \{0, 1, \cdots, n-1\}$ 且 i_j 可以相同并不需要去穷举 $\{0, 1, \cdots, n-1\}$，最终证明或拒绝了 R。

PolicyMaker 模型进行一致性证明验证的一般步骤描述如下。

（1）创建一个黑板，最初仅包含请求字符串 R，通常为了形式化描述的方便，最初的接受记录集表示为 (Λ, Λ, R)。

（2）选择并调用断言。从证书集合中选择一个断言，运行该断言。当断言 (f, s) 运行时，先读取黑板中的内容，当作断言 f 的输入，并根据 f 内部的可编程处理过程，得到相应的输出，输出的结果即是向黑板中添加 0 到多条接受记录 (i, s_i, R_{ij})，但不能删除其他断言已写入黑板的接受记录。R_{ij} 是发布者 s_i 根据黑板已有的接受记录所确定的特定应用动作，可以是一个输入请求 R，也可以是一些用于断言间交互的操作，这反映了断言间交互过程。

（3）在（2）运行的过程中，同一断言可以根据需要被调用多次。经过有限次的调用断言后，可能得到下列三种结果。

① 若黑板中存在一条能证明请求 R 的接受记录，则一致性证明验证成功结束，返回的结果是允许该请求。

② 若黑板中存在一条能拒绝请求 R 的接受记录，则一致性证明验证成功结束，返回的结果是拒绝该请求。

③ 若所有的断言经过多次重复循环调用后,仍旧不能得到"证明"或"拒绝"请求的结果,说明该一致性证明是不可判定的。

显而易见,该问题的通用形式有可能是不可判定的。

10.2.2　PoliceMake 模型实例分析

例 10-1　在某企业中,所有超过 500 美元的支票都需要管理者 A 和 B 同时批准才能签发,而且管理者 A 需要在 B 已批准的前提下,才能批准超过 500 美元的支票。

采用 PolicyMaker 模型实施该访问控制决策的过程如下。

1.　安全策略断言的描述

定义断言:(f_0, POLICY)

它表示安全策略"所有超过 500 美元的支票需要 A 和 B 同时批准"。

2.　信任证断言

(1) (f_1, A):运行此断言将产生一个接受记录,$(1, A, R_B)$ 表示如果 B 批准了,那么 A 将批准。

(2) (f_2, B):运行此断言将产生一个接受记录,$(1, B, R)$ 表示 B 批准。

3.　一致性证明的运行序列

$$(f_1, A), (f_2, B), (f_1, A), (f_0, \text{POLICY})$$

黑板的接受记录如下。

(1) $\{(\Lambda, \Lambda, R)\}$

(2) $\{(\Lambda, \Lambda, R), (1, A, R_B)\}$

(3) $\{(\Lambda, \Lambda, R), (1, A, R_B), (2, B, R)\}$

(4) $\{(\Lambda, \Lambda, R), (1, A, R_B), (2, B, R), (1, A, R)\}$

(5) $\{(\Lambda, \Lambda, R), (1, A, R_B), (2, B, R), (1, A, R), (0, \text{POLICY}, R)\}$

黑板的接受记录反映了信任证的执行过程,其中:

(1) 表示黑板的初始化状态;

(2) 表示信任管理引擎调用信任证 (f_1, A) 以后得到的结果,$(1, A, R_B)$ 表示如果 B 批准了该支票,那么 A 也将批准该支票;

(3) 表示信任管理引擎调用 (f_2, B) 以后得到的结果,$(2, B, R)$ 表示 B 批准该支票;

(4) 表示信任管理引擎再次调用 (f_1, A) 以后得到的结果,$(1, A, R)$ 表示在 B 已经批准了该支票的情况下,A 也批准该支票;

(5) 表示信任管理引擎再次调用 (f_0, POLICY) 以后得到的结果,即在 B 和 A 都批准该支票的情况下,此支票最终被授权批准。

在实际的一致性证明算法过程中,依据什么样的策略来选择某个断言进行调用,是需要研究的问题。很显然,断言调用的顺序不同,得到的证明过程就不同。因此,在一致性证明的算法中,PolicyMaker 模型的主要任务如下。

(1) 运行服务请求者提交的所有断言,决定如下。

① 所有的断言以什么序列运行。

② 每个断言运行多少次。

③ 丢弃所有与一致性验证不相关的断言。

（2）维护整个一致性验证过程，保证前面所有断言运行输出的黑板接受记录的结果不被其他断言破坏。

（3）确保所有的断言被运行，并且没有其他的断言可以再运行，保证没有不相关的断言在无休止地运行，终止验证，并输出验证结果。

为此，M. Blaze 等用数学的方法精确地描述了一致性验证问题，并证明一般意义下的 PoC 问题是不可判定的，但一些限定的 PoC 问题存在多项式时间算法。具体的证明过程和算法描述参见相关的参考文献。

10.2.3　PoliceMake 模型安全性分析

PolicyMaker 模型是一个实验性质的信任管理系统，其功能相对简单，不提供安全凭证的收集和验证的功能，在功能和安全性方面主要具有下列特点。

（1）由于 PolicyMaker 模型的设计目标是最小化的，因此由应用系统负责安全信任证的收集和可靠性验证，使其在选择签名算法时具有一定的灵活性。但这加重了应用系统的负担，而且可能会因为信任证收集不充分而导致一致性证明失败。

（2）每个实体基于对第三方的信任关系而决定是否接受其他实体提交的信任证，并且对信任证的验证功能交给应用系统完成，因此不需要建立中心权威机构（CA）。

（3）一致性证明算法是经过严谨的逻辑证明的，具有形式化、可分析和证明的特点。但是 PoC 问题证明的过程中，只能处理满足单调性的策略断言，限制了一些策略的使用。

（4）PolicyMaker 模型不坚持特定的编程语言，由应用系统自由选择任意可编程的语言实现断言，具有一定的灵活性。但采用任意的可编程的系统语言，使得信任管理系统的标准化成为难题。

10.2.4　KeyNote 模型简介

KeyNote 模型是 M. Blaze 等实现的第二代信任管理系统，它沿用了 PolicyMaker 模型的大部分思想和原则（即用信任证直接授权代替认证和访问控制），是 PolicyMaker 模型的改进和升级版。在设计时希望能将它作为信任管理系统的标准，以便推广使用，因此其设计完成后就提交给 IETF 并成为 RFC 文档。

KeyNote 模型在设计之初就增加了两个设计目标：标准化和更容易集成到应用程序中。KeyNote 模型在系统的设计和实现上与 PolicyMaker 模型存在着很大的差别。

1. 行为属性

应用系统提交给信任管理系统评估的请求表示为一组属性名-属性值对（类似于 shell 变量），被称为行为属性。属性名是行为属性的名，属性值是任意的字符串，其语义由应用系统负责解释，但需要在应用系统与使用它的信任证之间达成共识。_MIN_TRUST、_MAX_TRUST、_VALUES、_ACTION_AUTHORIZERS、_APP_DOMAIN 是系统的保留字，规定了信任评估返回值的取值范围。

（1）_MIN_TRUST 用于表示服务请求与安全策略背离时的返回值。

（2）_MAX_TRUST 用于表示服务请求与安全策略一致时的返回值。

（3）_VALUES 是按照服务请求与安全策略的一致程度从高到低的返回值的序列。

（4）_ACTION_AUTHORIZERS 表示提交服务请求（直接支持请求）的主体的名字。

（5）_APP_DOMAIN 规定了应用域的名称。

2. 安全策略和信任证

KeyNote 模型要求安全策略和信任证由特定的 Assertion 语言编写。通过指定特定的 Assertion 语言，KeyNote 模型提高了互操作性和处理的效率，并且可以使语义良好的安全策略和信任证得到广泛使用。

KeyNote 模型沿用了 PolicyMaker 模型的信任证直接授权的思想和原则，安全策略和信任证也统称为断言。断言由若干域组成，如下。

（1）Authorizer 域表示授权者即断言的签发者。

（2）Licensees 域表示权限接受者，权限接受者可以是一个或多个主体，例如，电子书店对某大学的所有学生买书打折；Licensees 域的多个主体可以通过"&&"、"||"运算符连接，从而支持分散式的权限管理。

（3）Conditions 域表示授权条件，通常是指上下文环境，例如，系统时间等。Conditions 是定义在行为属性集上的谓词，它利用"->"连接授权限制条件和返回值，授权限制条件是标准的正规表达式并可以嵌套，返回值默认为_MAX_TRUST。

（4）Signature 域表示数字签名。

3. 信任证的收集和验证

KeyNote 模型系统中，信任证依旧由应用系统收集。与 PolicyMaker 模型不同的是，数字签名的验证由 KeyNote 中信任管理引擎负责。

4. 一致性证明

KeyNote 模型坚持单调的证据观点。单调性要求证书只能累加而不能去除证据，即没有撤销授权的观点。在此限制下，安全策略和信任关系可以表示成一个有向图 (W, V, f)。W 是有向图节点的集合，每个节点代表一个或多个主体；V 是边的集合，代表主体间的信任关系；权 f 给出信任条件。

在一致性证明之初，应用程序输入给 KeyNote 模型的参数如下。

（1）信任证列表：包括所有的信任证。

（2）安全策略：定义了资源的保护策略。

（3）服务请求者的公钥：用以验证信任证签名的有效性。

（4）行为上下文：属性名/属性值的对应列表，包含与服务请求的行为和必要的信任判定有关的信息。行为上下文中的属性名和属性值的指定必须反映应用系统的安全需求。因此选择哪些属性包含在动作环境中是集成 KeyNote 模型到应用程序的最关键的工作。

KeyNote 模型的一致性证明验证算法是一种深度优先算法。其主要思想是,采用递归的方式试图查找到至少一条能够满足请求的策略断言。所谓满足一条断言,即该断言的 Condition 字段和 Licensees 字段能同时得到满足。KeyNote 模型中的断言程序运行时,也能根据断言的满足情况生成类似于 PolicyMaker 模型的接受记录,但该记录仅被 KeyNote 模型的验证模块内部使用,对其他断言程序不可见。最终,当由请求、断言和断言间的证明关系所形成的图被构造出来时,该请求被证明。对比于 PolicyMaker 模型,KeyNote 模型一致性证明验证算法对输入的断言要求更严格,因此,实际上 KeyNote 模型一致性证明验证算法解决的 PoC 问题仅是 PolicyMaker 模型的一个子集。

具体的证明过程和算法参见相关的文献。

10.2.5　KeyNote 模型安全性分析

KeyNote 模型作为 PolicyMaker 模型的升级和改进版本,在标准化和与应用程序集成方面都有了较大改进,在功能和安全性方面主要具有下列特点。

（1）KeyNote 模型提供一种专门的语言以描述安全策略和信任证,KeyNote 模型语言简练且功能强大,同时和一致性检查算法紧密结合在一起,并且负责信任证的可靠性验证。这减轻了应用系统的负担,使 KeyNote 模型更容易与应用系统集成。

（2）有利于安全策略和信任证描述格式的标准化,使应用系统能够更有效地传播、获取及使用安全策略和信任证。

10.3　RT 模型

10.3.1　基于属性的信任管理应用背景

首先来看一个应用实例。假设 Alice 是 A 公司的管理员,Bob 是 B 公司的管理员,因为 A 公司和 B 公司有业务上的来往,A 公司的管理员 Alice 希望可以授权给 B 公司的工程师对其某些资源进行访问,Alice 对 B 公司的组织结构和人员情况并不了解,Charlie 称他是 B 公司工程师,在这种情况下 Alice 如何才能决定是否允许 Charlie 访问本地资源?

如果采用 10.2 介绍的 PolicyMaker 模型和 KeyNote 模型技术,则需要由 Alice 发布信任证,将访问 A 公司资源的权限授权给 Bob,Bob 再发布新的信任证进一步将权限授权给 Charlie,最终 Charlie 可获得对 A 公司资源的访问权限。在这样实现跨域访问的过程中,委托权限的介质就是信任证。信任证直接包含对权限的描述,每一个信任证将一些权限从发布者委托给主体。请求者访问资源时,资源所有者根据请求者具有的相关信任证集,判定请求者是否有权访问资源。因此,PolicyMaker 模型和 KeyNote 模型技术可称为基于能力的信任管理系统。此类技术的一个缺点是,不能在完全陌生的实体之间建立信任关系,必须通过信任证进行授权传递。

本节介绍的基于属性的信任管理系统,能够根据主体所具有的安全属性进行访问判定,可以解决完全陌生实体之间的授权访问需求。下面介绍采用基于属性的信任管理系统,如何解决上文应用实例中的跨域访问控制问题。

若采用基于属性的访问控制技术,A 公司将修改安全策略,把资源的访问权限与实体的属性相关联。例如,定义安全策略为"具有 B 公司的工程师属性的主体具有本地资源的访问权限"。在 B 公司中,Bob 可以颁发信任证给 Charlie,证明他是 B 公司的工程师。在这里,"B 公司的工程师"可以看作是 Charlie 所具有的安全属性。在 Charlie 试图访问 A 公司的资源时,可以提交信任证给 A 公司,A 公司验证信任证的有效性,并检查信任证中是否授予 Charlie 具有 B 公司的工程师属性。若具有该属性,则允许其访问请求,反之则拒绝该访问请求。

在这种安全机制下,不需要 B 公司的管理员 Bob 参与到每一项具体的授权过程,其他公司对 Charlie 的授权也不需要 Bob 的直接参与,Bob 只需要声明哪些员工是 B 公司的工程师即可,具体的授权策略由拥有相关资源的主体制定。因此,大大减轻了安全管理员的管理负担。

10.3.2　基于属性的信任管理系统的基本概念

上面这种基于主体被认证的属性进行访问判定的系统,是基于属性的访问控制(Attribute-Based Access Control,ABAC)的系统,它简化了多域环境下的授权管理,并且支持分散和可伸缩性的属性授权。

与基于能力的信息管理系统相比,这种系统在信任证中表达的是,发布者声明主体具有什么属性,信任证所委托的权限是通过属性间接表达的,并不特定于某个应用。当完全陌生的请求者访问资源时,可以验证主体拥有的相关信任证,检查请求者是否具有相应的属性,从而进行访问判定。一般而言,基于属性的信任管理系统需要具有下列表达安全策略的能力。

(1)分散式的属性:一个实体可以声明另一个实体具有相应的属性。例如,工商管理部门宣称某公司是合法的商业实体。

(2)基于属性的委托:一个实体可以将对某属性的声明权委托给另一个实体,即一个实体信任另一个实体对此属性的判断。例如,国家级的工商管理部门将宣称某公司是合法商业实体的权限委托给省级的工商管理部门。

(3)属性的推导:基于一个实体具有的某个属性,可以推理出其具有的其他属性。例如,企业声誉评定联盟宣称某公司是行为良好的公司,前提是该公司是合法公司。注意,这与(2)的不同在于,这里有两个属性"合法公司"和"行为良好公司",从"行为良好公司"这一属性推理出"合法公司"属性。而在(2)中,只有"合法公司"这一个属性。

(4)值属性:对属性通常需要设置一些参数,这些参数就是值属性。例如,营业执照中可以对经营内容、级别和营业时间等属性进行定量声明。

10.3.3　RT 模型简介

RT 是基于角色的信任管理语言,RT 的设计目的是建立一个表达力强且逻辑清晰的系统,且具有直观的、正式定义的、易处理的语义。它结合了基于角色的访问控制和信任管理系统两者的优点,更具表达力且简洁、直观。

基于属性的访问控制是一种有效的跨域授权方式。RT 使用角色的概念表示属性。RT 中的角色定义了一个实体集合,其中的实体是这个角色的成员。角色可以看作一种属性,实体是一个角色的成员,当且仅当该实体有角色所标识的属性。这些概念简化了结盟环境下的授权管理,可以表达其他信任管理系统不能表达的策略。例如,在 10.3.1 节介绍的应用实例中。假设在 B 公司中除了 Charlie 是工程师外,Dark、Engager 也都是工程师,此时,"B 公司的工程师"的角色就代表了"Charlie、Dark、Engager"这些实体的集合,该集合中的每一个实体都具有"B 公司的工程师"这个安全属性。

RT 最基本的模型是 RT_0,其他模型还包括 RT_1,RT_2,RT^T,RT^D。下文首先对 RT_0 进行概要的介绍。

10.3.4 RT_0 模型基本组件

RT_0 模型是 RT 模型的基础,它主要用来定义实体、角色名字和角色。一个实体对应一个用户,一般使用公钥来唯一标识一个主体。实体可以发送信任证和提出访问请求。RT_0 模型要求每个实体可以单独被验证,且可以判断哪个实体发布了一个特殊的信任证或者访问请求。

通常采用大写字母 A、B 或 C 来表示实体。角色名字是一个标识符,通常使用小写字母加下标表示,如 r_1、r_2 等。角色通过实体名加角色名字来表示,实体名字和角色名字之间用逗号隔开。例如,在实体 A 和 B 中分别定义角色 r_1 和 r_2,可以表示为 $A.r_1$ 和 $B.r_2$。

1. RT_0 模型中的信任证

在 RT_0 模型中有四种信任证类型,每一类信任证的具体定义和类型如下。

(1) $A.r \leftarrow B$。

A 和 B 是实体,r 是角色名。该信任证表示实体 A 定义 B 成为 A 的 r 角色。按照基于角色的访问控制的观点来看,实体 B 被指派为 $A.r$ 角色,从而具有该角色具备的所有权限。按基于属性的访问控制的观点来看,这个信任证可以看作实体 B 具有角色属性 $A.r$。

例如,HuBei. university←Hust,该信任证表达的含义就是华中科技大学"Hust"实体具有湖北的大学"HuBei. university"角色的属性。

(2) $A.r \leftarrow B.r_1$。

A 和 B 是实体,r 和 r_1 是角色名。该信任证表示实体 A 定义 $A.r$ 角色包含所有 $B.r_1$ 角色的成员。换言之,A 定义角色 $B.r_1$ 比角色 $A.r$ 更有权限,即 $B.r_1$ 的成员可以做 $A.r$ 授权的任何事。按照基于角色的访问控制的观点来看,角色 $B.r_1$ 支配角色 $A.r$。从基于属性的访问控制的观点来看,如果 B 声明实体 X 具有属性 $B.r_1$,那么 A 声明 X 具有属性 $A.r$。

若 r 和 r_1 是相同的角色名,则该信任证表示从实体 A 到实体 B 的有关角色 r 的委托。

例如,HuBei. student ← Hust. student,该信任证表达的含义就是如果一个实体 X

具有"Hust. student"的属性,那么,X 也将具有"HuBei. student"的属性。

若 A 和 B 是相同的实体,则该信任证表示在实体 A 中,能够从属性 $A. r_1$ 推出属性 $A. r$。

例如,HuBei. student←HuBei. stuID,该信任证表达的含义就是如果一个实体 X 具有"HuBei. stuID"的属性,那么,X 也将具有"HuBei. student"的属性。

(3) $A. r←A. r_1. r_2$。

A 是实体,r、r_1、r_2 是角色名,称 $A. r_1. r_2$ 是链接角色。该信任证表示:如果 A 声明实体 B 有属性 r_1,且 B 声明实体 D 有属性 r_2,那么,A 声明 D 有属性 r。按照基于角色的访问控制的观点来看,若实体 B 具有 $A. r_1$ 角色,那么,角色 $B. r_2$ 支配角色 $A. r$。从基于属性的访问控制的观点来看,这是基于属性的委托,A 声明实体 B 具有 $B. r_2$ 的权限不是通过 B 的标志符,而是通过另一个属性 $A. r_1$。

例如,HuBei. student←HuBei. university. stuID,这个信任证表达的含义就是如果一个实体 Hust 具有"HuBei. university"的属性,那么具有角色"Hust. stuID"属性的实体也同时具有"HuBei. student"的属性。

如果 r 和 r_2 是相同的,则该信任证表示实体 A,把 $A. r$ 角色的分配权授予具有 $A. r_1$ 角色的实体。

例如,工商管理总局. 合法公司←工商管理总局. 省级分支. 合法公司。该信任证表达的含义就是,如果实体"湖北省工商管理局"具有"工商管理总局. 省级分支"的属性,那么,具有"湖北省工商管理局. 合法公司"角色属性的实体也同时具有"工商管理总局. 合法公司"的属性。该信任证表示基于属性的授权委托,即"工商管理总局"将声明某个公司是"工商管理总局. 合法公司"的权限授予"湖北省工商管理局"。若湖北省工商管理局指派 X 公司是"湖北省工商管理局"的"合法公司",则该公司也相应成为"工商管理总局"的"合法公司"。

(4) $A. r←f_1 \bigcap f_2 \bigcap \cdots \bigcap f_k$。

A 是实体,k 是一个大于 1 的整型数,每个 f_j,$1 \leqslant j \leqslant k$,是实体、角色或者是起始于 A 的链接角色。$f_1 \bigcap f_2 \bigcap \cdots \bigcap f_k$ 是个交集。该信任证表示任何拥有所有属性 f_1,f_2,$\cdots$,f_k 的成员也同时拥有属性 $A. r$。

例如,Hust. csstudent ← Hust. stuID$\bigcap$CS. student,这个信任证表达的含义就是,如果一个实体具有"Hust. stuID"和"CS. student"的属性,那么,该实体也将具有角色"Hust. csstudent"的属性。

2. RT_0 模型中的角色操作函数

RT_0 模型提供了丰富的角色操作函数,如下。

(1) 成员函数 members(role expression):确定角色表达式所包含的成员集。

(2) 实体函数 base(role expression):确定角色表达式所对应的实体集,如 base($A. r_1. r_2$)=A,base($B_1. r_1 \bigcap \cdots \bigcap B_k. r_k$)={$B_1$,$\cdots$,$B_k$}。

(3) 实体函数 Entities(C):确定信任证集 C 中的实体集,Entities(C)与 base(role expression)的区别在于针对的对象不同。

(4) 角色函数 Roles(C):确定信任证集 C 中的角色集。

(5) 角色名称函数 Names(C)：确定信任证集 C 中角色名称集。

10.3.5 RT_0 模型实例分析

例 10-2 eBookMarket 是一个电子书店，可向某大学(College)的学生提供购书优惠服务。College 将发放学生证的权限委托给学位办公室(CredOffice)，CredOffice 为学生 Alice 发放了学生证。当 Alice 向 eBookMarket 提出打折请求时，eBookMarket 需要进行控制决策，根据 Alice 提供的信任证集确定是否为其打折。

1. 实例中包含的实体

在该实例中体现出的实体包括 eBookMarket、College、CredOffice、Alice，这些实体分别简写为 B、C、CO、A。

2. 实例中包含的角色

在该实例中体现出的角色有 eBookMarket 的折扣角色、College 的学生角色、CredOffice 的学生角色，这些角色分别简写为 B.discount、C.student、CO.student。eBookMarket 将打折的访问权限指派给角色 B.discount，具有该角色属性的用户就可以享受打折的优惠。

3. 实例中的信任证

在该实例中，用 RT_0 语言描述的信任证如下。

(1) B.discount←C.student。

该信任证表达了 eBookMarket 将赋予 College 的所有学生购书打折优惠的权力。

(2) C.student←CO.student。

该信任证表达了 College 将发放学生证的权限委托给 CredOffice。

(3) CO.student←Alice。

该信任证表达了 CredOffice 为 Alice 发放了学生证。

4. 一致性证明

根据上述的实体、角色和 RT_0 语言描述的相关信任证集，针对该实例的一致性证明必须回答这样的问题"实体 Alice 是否拥有 B.discount 的属性"。

从逻辑上看，信任证(1)(2)(3)通过不断地委托授权构成了一个信任证链，能够证明实体 Alice 拥有 B.discount 的属性，从而可以享受 eBookMarket 打折的优惠。一致性证明通过查找实体 A 具有的所有角色集合 R，判断角色属性 B.discount 是否属于该集合 R，可以得到正确的决策结果。

但是，在分布式环境下，如何进行信任证链的查找过程，是实施 RT_0 模型一致性证明的关键性技术。

10.3.6 信任证的分布式存储和查找

在上述的实例中，从逻辑上看，信任证(1)由 eBookMarket 保存，信任证(3)由 Alice 保存，而信任证(2)由任意用户保存。Alice 需要购买书籍，为了享受优惠，她提交了信任证(3)给 eBookMarket。eBookMarket 查看信任证，发现 Alice 的信任证是由 Cred-

Office 发布的,于是发送查询请求到 CredOffice 以核实(3)的有效性;CredOffice 又将该请求转发到 College 等。于是,信任证通过不断委托授权便构成了一个信任证链。

多域环境下信任证的存储方式决定了信任证链查找的算法应当如何设计。一个合理的信任证存储方案,不仅要满足存储信任证的基本要求,而且要保证对信任证的高效访问。

在一致性证明过程中,需要查询到信任证链中的所有信任证,对信任证的有效性进行核实,以保证一致性证明的正确性和完备性。所谓正确性是指一致性证明能够正确执行,不会出现过程错误而导致证明失败;所谓完备性是指不应该存在由于信任证收集不完整而导致证明失败的情况。查找信任证时,须清楚信任证的存储位置,这样才能做到有的放矢,提高协商效率。具体的存储和查询算法可以参考相关的文献。

10.3.7　RT_0 模型的扩展

RT_1 模型相对于 RT_0 模型增加了参数化角色,为了约束信任证中参数的取值范围,通常定义为不同的数值集。参数的数据类型包括整型、闭枚举型、开枚举型、浮点型、日期和时间型。此外,RT_1 模型还定义如何将信任证转化为逻辑规则,使系统具有较强的处理能力。

RT_2 模型相对于 RT_1 模型增加了 o-sets 的概念,即逻辑客体。逻辑客体能够将逻辑相关的客体组合在一起,使得关于它们的允许可以一起委派。RT_2 模型中的信任证可以是一个角色定义信任证,也可以是一个 o-set 定义信任证。与 RT_1 模型相比,RT_2 模型中的信任证在下面两个方面更具一般性。

(1) 一个类型变量能被基类型的动态数值集约束,如角色或 o-sets。

(2) 变量的安全需求被放宽。一个变量是否是安全的,要看其是否满足以下三个条件。

① 变量出现在信任证中的一个角色名或 o-set 中。

② 变量被一个角色或 o-set 约束。

③ 变量出现在一个约束另一个变量的角色或 o-set 中。

这极大地增强了 RT_2 的表达能力。

RT^T 模型提供了多重角色和角色乘积操作符,通过使用角色交集,能够表达门限机制和职责分散。RT^D 模型提供角色激活的委托,可以表达权力(Capacity)的选择使用和这些权力的委托。

这些模型的详细内容可以参考相关的文献。

10.3.8　RT 模型的安全性分析

针对跨越安全域进行访问的安全问题,RT 模型提供了一种基于角色的信任管理框架,能够在陌生主体之间,通过主体拥有的安全属性而建立信任关系。它使用角色的概念来表示实体的安全属性,利用基于角色的委托来表达实体之间的授权传递关系,综合了基于角色的访问控制和信任管理系统的优点,更具表达力,且简洁、直观,代表了信任管理的最新研究水平。

与其他基于信任管理的访问控制技术相比,RT 模型具有以下优势。

(1) 基于角色的访问控制系统通过角色与用户、角色与权限的配置,为系统实现其安全控制提供了灵活且强有力的保护。这种保护可适用于多种不同的安全需求,获得广泛的应用。

(2) RT 模型采用 RBAC 技术,将角色看作实体的安全属性,实现对跨域陌生实体的基于属性的授权。鉴于 RBAC 技术的优点,RT 模型的语义简洁、直观、易于处理,而且表达安全策略的能力强。

对于 10.2 节介绍的 Policy 模型和 KeyNote 模型等基于能力的信任管理系统而言,RT 模型采用基于属性的权限委托,实体具备的属性并不局限于某个应用。当完全陌生的请求者访问资源时,通过验证主体拥有的相关信任证,检查请求者是否具有相应的属性,从而进行访问判定。

10.4 自动信任协商

10.4.1 自动信任协商应用背景

在基于服务为中心的网格计算(Grid Computing)环境、应急处理、供应链管理和在线服务等具有多个安全管理自治域的应用中,为了实现多个虚拟组织间的资源共享和协作计算,需要通过一种快速、有效的机制为数目庞大、动态分散的个体和组织建立信任关系,而服务间的信任关系常常是动态地建立、调整的,需要依靠自动协商方式达成协作或资源访问的目标,并维护服务的自治性、隐私性等安全需要。

10.3 节所介绍的 RT 模型是基于第三方的主体发布的安全属性,实现了为陌生实体授权的安全目标。它提供了一种基于角色的信任管理框架,能够在陌生主体之间,通过主体拥有的安全属性建立信任关系。由于信息安全的隐患源于多个方面,在对陌生方建立信任所依赖的属性信任证和访问控制策略中,都可能泄露交互主体的敏感信息,特别是陌生方之间很难对彼此信任的第三方达成共识,来协助它们建立信任关系。

自动信任协商(Automated Trust Negotiation,ATN)就是为解决陌生实体之间自动建立信任关系的问题而产生的新的访问控制技术。通过信任证、访问控制策略的交互披露,资源的请求方和提供方能够自动地建立信任关系。它与传统访问控制的主要区别在于,协商双方是否事先知道对方身份、拥有的权限和访问控制策略。在自动信任协商里,通过在请求方和服务方之间逐步披露属性证书,最终建立信任关系,协商过程一般强调自动化,不需要或者只需要少量的人工参与。

10.4.2 自动信任协商主要研究内容

1. 自动信任协商的安全需求

在不同安全域的陌生实体之间建立动态的信任关系通常面临着以下的安全需求。

(1) 当隶属两个独立安全域的陌生主体进行资源访问时,如何提供一种有效的机制以动态地建立两者的信任关系。

（2）当开放网络中的协商主体在维护其自治性和隐私性时，需要设置何种访问控制策略。

（3）对资源的访问控制结论不再单纯是 Yes 或 No，需要根据各自的协商策略给出相应提议，来实现进一步的协商，既要实施各自的信息保护，又要建立协作的信任关系，如何建立协商策略机制以兼顾二者的要求。

（4）信任建立将依赖于一套完整的信任协商协议，该协议具体体现为实体之间交互披露消息的过程。

2. 自动信任协商的主要组件

针对上述的安全需求，ATN 的主要组件包括：信任协商模型与典型框架、访问控制策略和信任证描述、信任协商策略。

1）ATN 模型与框架

信任协商模型是信任双方在建立信任关系中所采取的披露信任证书和访问控制策略的方式。ATN 的抽象模型体现为一条信任证披露序列（Credential Disclosure Sequence）。设请求方信任证书集为 ClientCreds，提供方信任证书集为 ServerCreds，协商的信任证披露序列定义为

$$\{C_i\}_{i\in[0,2n+1]}=C_0,C_1,\cdots,C_{2n+1}$$

其中，$n\in N$，$C_{2i}\subseteq \text{ClientCreds}$，$C_{2i+1}\subseteq \text{ServerCreds}$。

该模型较为简洁，其主要意义在于对双方信任建立的过程进行了详细的描述，体现了服务请求方和提供方进行信息交互的过程。

根据 ATN 的抽象模型，实现信任协商的典型框架，如图 10-2 所示。

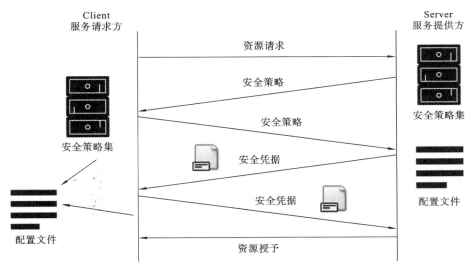

图 10-2　实现信任协商的典型框架

在图 10-2 中，首先，服务请求方（Client）主动发出访问请求，服务提供方（Server）根据本地的安全策略做出相应的回应，要求 Client 提供相关的信任证；然后，Client 根据安全策略做出回应；随之，Client 和 Server 逐步向对方披露信任证；最后，达成互信，自动建立信任关系。

2）访问控制策略与信任证描述

访问控制策略是 ATN 的关键组成部分,它规定了访问保护资源所需提供的信任证书集。根据描述的复杂程度,访问控制策略可分为简单策略(元策略)与复合策略,简单策略是组成复合策略的基本元素。访问控制策略的一个关键特征是强调单调性(Monotonicity),因为在分布式广域协作环境中,很难判断某实体不具有某种信任证,所以单调性就只能强调实体具有哪些信任证。

信任证是一种由发布者实体签名的数字凭证,它表示发布者相信该证书的拥有者具有某些能力、属性或者性质。具体含义参见 10.1.2 节。

3）信任协商策略

信任协商策略的意义在于,控制信任关系的合理建立,并提出建立信任关系必须满足的三项约束条件,即可完成性、可结束性和高效性。根据该约束条件,ATN 信任的建立过程主要采用下列两种信任协商策略。

(1)积极(Eager)策略:要求协商方在接收到对方披露的信息后,披露所有可满足访问控制策略保护的信任证书。

(2)谨慎(Parsimonious)策略:协商双方在披露足够的访问控制策略后才会披露所需的信任证书。

积极策略往往会披露过多与建立信任无关的信任证书,而在谨慎策略中,协商者从安全策略出发,按照严格受控的方式,通过交换指定的访问控制策略,尽可能地减少无关信任证书的披露。这两种信任协商策略控制的协商交互次数与两方持有的信任证书数量呈线性关系。

10.4.3　自动信任协商实例分析

例 10-3　在线电子书城系统中,电子书店(eBookMarket)只对注册了的用户提供浏览书目以及订购书籍服务。用户 Alice 试图访问 eBookMarket,整个信任协商过程如图10-3 所示。

(1)Alice 向 eBookMarket 发送访问请求。

(2)eBookMarket 制定了策略"只对注册了的用户提供服务",所以 eBookMarket 向 Alice 发送披露包含了注册信息的证书(C_1：register)的请求。

(3)同时,Alice 制定策略"访问注册证书 C_1 的主体必须首先披露营业执照",所以 Alice 向 eBookMarket 发送披露营业执照(C_2：businesslicense)的请求。

(4)eBookMarket 认为营业执照 C_1 是可以被任意用户查询验证的,所以 eBook-Market 披露营业执照 C_2。

(5)Alice 收到 eBookMarket 向 Alice 披露的营业执照 C_2 后,C_1 的保护策略被满足,Alice 向 eBookMarket 披露 C_1。

(6)Alice 的访问被批准。整个信任协商过程经历的时间长度为 t。

在上述实例中,信任证的披露序列为 $\{C_2, C_1\}$。其中,C_2 属于服务方证书集;C_1 属于请求方证书集。服务方的安全策略体现为"只对注册了的用户提供服务",即要求请求方提供注册信息的证书(C_1：register);请求方的安全策略体现为"访问注册证书 C_1

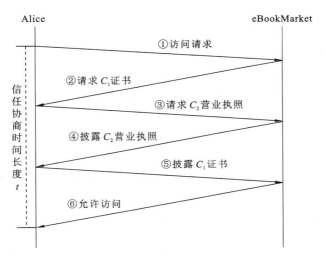

图 10-3   注册用户与电子书店的协商过程

的主体必须首先披露营业执照",即要求服务方提供营业执照(C_2：businesslicense)。交互双方采用的协商策略为谨慎策略,即协商双方在披露足够的访问控制策略后才会披露所需的信任证书。

10.4.4   自动信任协商敏感信息保护

在 ATN 中,信任证和访问控制策略是特殊的资源,可能包含敏感信息。为了避免敏感信息泄露,防止推理攻击,需要受到相应的保护。

1. 敏感信息分类

根据敏感信息内容的不同,可以将信任证和访问控制策略涉及的敏感信息分为两大类。

(1)资源的内容敏感信息:属于显式敏感信息,包括访问控制策略本体和信任证中的某些属性值,例如,具体的年龄不能随意泄露。

(2)资源的拥有敏感信息:属于隐式敏感信息,协商方的响应和信息流动会隐式地暴露其保密信息,例如,某个实体是否是 FBI 的成员属于敏感信息,如果某恶意者称其拥有某资源,并设定资源的访问控制策略为:访问此资源需要 FBI 成员资格,即便实体不会直接提交 FBI 证书给此恶意者,他也能根据访问请求推断出实体可能是 FBI 的成员。

2. 针对敏感信息的推理攻击

针对上述敏感信息,存在着推理攻击。所谓推理攻击,即当访问者拥有满足访问控制策略的证书时,其行为和表现与没有证书有很大的差别,协商的另一方可以根据在协商过程中的反应推测出该用户是否具有某些信息,以及哪些信息是敏感的。例如,某用户在公司的具体职位,可以通过他的薪金水平推测出来,如果该用户认定职位是隐私信息的话,那么,就存在着隐私信息的泄露。推理攻击主要有下列四种类型。

(1)向前肯定推测:假设攻击者 O 知道在协商者 M 与 P 之间存在 $A.t \leftarrow B.r$。O

通过向 M 询问是否满足 $B.r$,若 M 具有属性 $B.r$,则 O 可推测 M 满足 $A.t$ 的需求。

（2）向前否定推测:假设攻击者 O 知道在协商者 M 与 P 之间存在 $A.t \leftarrow B.r$。O 通过向 M 询问是否满足 $B.r$,若 M 不具有属性 $B.r$,则 O 可推测 M 可能亦不满足 $A.t$ 的需求。

（3）向后肯定推测:假设攻击者 O 知道在协商者 M 与 P 之间存在 $A.t \leftarrow B.r$。O 通过向 M 询问是否满足 $A.t$ 的需求,若 M 满足 $A.t$,则 O 可推测 M 可能具有 $B.r$ 的需求。

（4）向后否定推测:假设攻击者 O 知道在协商者 M 与 P 之间存在 $A.t \leftarrow B.r$。O 通过向 M 询问是否满足 $A.t$ 的需求,若 M 不满足 $A.t$,则 O 可推测 M 可能亦不具有 $B.r$ 的需求。

3. 敏感信息的保护策略

为了解决推理攻击,达到保护信任证中敏感属性的目标,有关文献提出了 ACK 策略。ACK 策略的目标在于,协商者在没满足 ACK 策略前,并不清楚对方是否具有某些属性。ACK 策略的原理在于,对于需要保护的证书,使用 ACK 函数进行标记,在协商者没有满足本地安全策略以前,不暴露标记的证书或证书中的信息,达到保护敏感信息的目标。

4. ACK 策略的实例分析

下面通过例 10-4 来说明 ACK 策略的工作原理。

例 10-4 安全医疗中心(SMC)是一个医疗供应机构,可提供医疗打折服务。享受折扣的机构必须是由福利公司(ReliefNet)所承认的单位或个人。Alice 是一家慈善机构(MedixFund)的员工,该机构属于 ReliefNet 所管辖。

为了表示 Alice 能够享受药品的打折优惠,使用 RT 模型中的信任证来描述 Alice 授权的过程。

（1）MedixFund. Clerk←Alice。

该信任证表示 Alice 是 MedixFund 的员工。

（2）ReliefNet. coamember←MedixFund。

该信任证表示 ReliefNet 相信 MedixFund 是所承认的单位。

（3）SMC. partner←ReliefNet. coamember。

该信任证表示 SMC 相信 ReliefNet 福利公司。

（4）SMC. diSCount←SMC. partner. clerk。

该信任证表示 SMC 将享受打折权限委托给 ReliefNet. coamember。

经过上述的授权过程,现在可以确定 Alice 能够享受到 SMC 的打折优惠。现在信任证（1）由 Alice 自己保管;信任证（2）（3）（4）由 SMC 保管。Alice 和 SMC 协商的过程如图 10-4 所示。

在图 10-4 中,Alice 和 SMC 的信任协商是这样的。

① 表示 Alice 向 eBookMarket 发送访问请求。

② 表示 SMC 要 Alice 出示相应的信任证,证实 Alice 是"由福利公司(ReliefNet)所承认的单位或个人"。

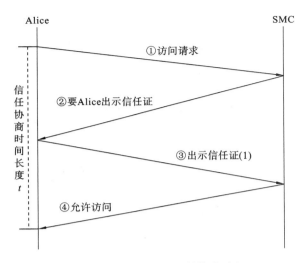

图 10-4　Alice 与 SMC 的协商过程

③ 表示 Alice 向 SMC 提交信任证(1)。

④ 表示 SMC 在验证 Alice 的信任证满足本地的安全策略后,允许 Alice 享受打折请求。

现设 Alice 认为其员工身份包含敏感信息,只能披露给政府授权的且名声较好的机构,不是对任意的机构都能够披露的,即证书(1)的披露必须建立在一定的信任关系上。在使用 ACK 策略后,证书(1)的访问控制策略描述可描述为

(5) ACK:Alice[(1)]=Gov. goodIndeed。

该 ACK 策略表示 Alice 提交的信任证(1)只能披露给政府授权的且名声较好的机构。

为了确保协商的顺利进行,SMC 将提供证书。

(6) Gov. goodIndeed←SMC。

该信任证表示 Gov 声明 SMC 是政府授权的且名声较好的机构。

加入 ACK 策略后,Alice 和 SMC 的信任协商过程将发生改变,如图 10-5 所示。

在图 10-5 中,加入 ACK 策略以后,Alice 和 SMC 的信任协商过程发生了相应的改变。

① 表示 Alice 向 eBookMarket 发送访问请求。

② 表示 SMC 要 Alice 出示相应的信任证,证实 Alice 是"由福利公司(ReliefNet)所承认的单位或个人"。

③ 表示 Alice 根据本地 ACK 策略,要求 SMC 提供信任证,证实 SMC 是"政府授权的且名声较好的机构"。

④ 表示 SMC 披露信任证(6)给 Alice。

⑤ 表示 Alice 在验证信任证(6),满足本地 ACK 安全策略后,提供信任证(1)给 SMC。

⑥ 表示 SMC 在验证 Alice 的信任证满足本地的安全策略后,允许 Alice 享受打折请求。

从上面的例子可以看出,ACK 策略是通过增加访问控制策略,以达到建立更高级

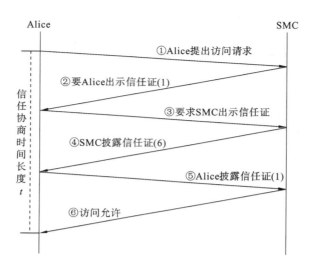

图 10-5　加入 ACK 策略后 Alice 与 SMC 的协商过程

别的信任关系后,再释放一些重要的信息,从而避免攻击方的非授权推测。

此外,针对信任证中敏感信息保护问题,还有学者提出了隐藏证书和零知识证明协议等概念,隐藏证书基于椭圆曲线加密的原理,对证书中敏感信息进行机密性和完整性保护,可以防止敏感信息的泄露。具体内容可参考相关的文献。

10.4.5　自动信任协商安全性分析

自动信任协商通过使用访问控制策略提供了一种方法来规范敏感证书和敏感策略的交换,从而保护了用户的敏感证书信息、敏感访问控制策略和个人隐私。当访问者与资源/服务提供方不在同一个安全域时,自动信任协商可为合法用户访问资源提供安全保障,防止非法用户的非授权访问。但现有的 ATN 模型存在一些不足。

1. 缺乏对相关概念统一的安全定义

自动信任协商中没有对信任证、访问控制策略、协商者等给出安全定义,即没有回答"什么样的证书才算是安全的""什么样的访问控制策略才可提供安全保障"等问题。为了提高证书的安全级别,学者们增加了签名算法的研究力度。为了保证访问控制策略的安全,规范访问控制策略的披露过程,对敏感信息的释放进行严格限制等,高安全级别的证书增加了加密/解密的开销,访问控制的谨慎披露策略,降低了协商效率。

2. 访问控制策略语言研究需要加强

访问控制策略是 ATN 中的一个重要研究内容,时至今日,有关策略语言的研究仍属于一个热点。ATN 的广泛应用需要表达力强、计算效率高,而且易于理解和处理的策略语言来支持,策略语言不仅局限于对信任证属性的约束,而且要能够表达跨安全域间复杂的信任关系。同时,在访问控制策略动态变化情况下,需要研究其对协商策略的影响,即二者间互相影响的联动关系。

3. 信任决策模型需要综合考虑各种因素

现在的 ATN 的信任决策模型仍凸显单薄。在现实社会中,陌生方之间信任的确立往往需要凭借主观和非主观信任相结合的方式。主观信任模型的研究主要侧重于从主观性入手研究信任的数学模型,解决信任的表述、度量、推导和综合运算等问题。因此,研究一种结合主观信任和客观安全策略相结合的信任决策模型将为跨域协作提供更有力的理论基础。

习题 10

10.1 试列举一个信任管理系统的应用实例,并且对照信任管理系统的基本组件,说明信任管理系统的运行框架和大致流程。

10.2 试列举一个 Policy 模型的应用实例,列出其安全策略、信任证断言和一个具体的访问请求,使其一致性证明算法是不可判定的。

10.3 对比 dRBAC 模型与 RT_0 模型,说明它们之间有何相同点,有何不同点。

10.4 列举一个 ATN 的应用实例,并给出 Client 与 Service 建立信息关系的过程,要求协商双方至少都要定义一条 ACK 策略。

11

使用控制模型

传统的访问控制分为三类：自主访问控制（Discretionary Access Control，DAC）、强制访问控制（Mandatory Access Control，MAC）和基于角色的访问控制（Role-Based Access Control，RBAC）。自主访问控制模型最早可以追溯到 20 世纪 70 年代，是最早出现的访问控制模型之一，出于对安全性和用户灵活性之间的权衡，它定义了一套规则，允许系统中的主体自主分配拥有的客体访问权限给其他主体，这种规则使用户能够方便、灵活地管理数据访问，但是 DAC 模型在授权安全性方面较为薄弱，系统效率也相对较低，难以满足大型网络系统的需求。强制访问控制模型起源于军事和国家安全领域，它的提出可以追溯到 20 世纪 80 年代，美国国防部制定了《可信计算机系统评估准则》（TCSEC），描述了强制访问控制模型通过约束主体和客体之间的信息流实现数据访问控制，尽管这种强制访问控制方式非常有效，但其灵活性不足，无法很好地在数据完整性要求较高的商业应用中适配。20 世纪 90 年代，Ferraiolo 等人提出基于角色的访问控制模型，该模型在用户和权限之间引入了角色的概念，角色解耦了用户和权限之间的关系，简化了权限的管理，使访问控制变得更加灵活。

随着信息技术的不断进步，访问控制面临许多新的挑战，传统的访问控制模型难以满足这些新的需求，为更好地应对当前的访问控制问题，使用控制（Usage Control，UCON）模型应运而生。UCON 模型不仅能够在安全性和灵活性之间实现传统访问控制模型的平衡，还在多个方面对传统模型进行了拓展，以满足日益增长的安全需求。UCON 模型结合了自主访问控制、强制访问控制、基于角色的访问控制、数字版权管理和信任管理等机制，系统地提供了一个统一标准框架，为保护数字资源设立了新规范。UCON 模型的出现为下一代访问控制机制开辟了新的路径。

11.1　UCON 模型的产生背景

UCON 模型，又称 ABC 模型，由 Savi Sandhu 等人于 2002 年首次提出，它结合了传统访问控制、数字版权管理、信任管理等机制，并扩展了它们的定义与范围，能够对已传播出去的数字资源形成很好的控制，并且可以用来处理各类隐私问题。

UCON 模型能够提供更具细粒度的数字资源控制，在资源分发后仍然可以持续管理其权限。除了对传统的敏感信息进行保护外,UCON 还强调对知识产权和隐私的保护。在数字版权管理(Digital Rights Management,DRM)上下文中,知识产权保护意味着服务提供商可以对用户的使用权限保留一定控制权;而在隐私保护方面恰恰相反,用户希望能够控制服务提供商对其个人信息的使用权限。

传统访问控制模型的局限性,以及访问控制的发展,促进了 UCON 模型的诞生。在经典的访问控制中,通常是在授予访问权限之前进行强制访问,然后在没有任何进一步检查的情况下持续一段时间,而 UCON 模型能够动态和持续地提供访问控制,为访问控制目标和对象提供更加精准的访问控制。

11.1.1　传统访问控制模型的局限性

传统访问控制模型作为信息安全领域的基础架构,主要包括自主访问控制(DAC)模型、强制访问控制(MAC)模型和基于角色的访问控制(RBAC)模型。在过去的几十年里,这些模型在保护系统和数据免受未授权访问方面发挥了不可或缺的作用。随着数字化环境的迅猛发展和安全需求的日益多样化,传统访问控制模型在应对现代复杂场景时逐渐显露出局限性,主要体现在以下几个方面。

1. 灵活性不足

DAC 模型依赖于资源所有者对访问权限的控制,用户需要自行设置可以访问资源的访问对象。DAC 的这种机制受限于用户的安全意识和操作准确性,一旦资源所有者错误地分配权限,就会导致未授权访问的发生。

MAC 模型严格基于系统管理员设定的安全策略,用户无法自行修改权限。这种刚性策略虽然增强了系统的安全性,但在实际应用中缺乏灵活性。特别是在一个需要频繁调整权限的动态环境中,MAC 模型的静态策略往往无法及时响应动态变化,从而导致业务流程的延迟和不便。

RBAC 模型通过角色管理用户权限,用户的权限由其所属的角色决定。虽然 RBAC 模型在减少管理复杂性方面展现出明显优势,但其灵活性仍然难以完全满足当前复杂多变的需求。角色的定义和管理需要精细的规划和持续的维护,一旦角色发生变化,权限往往无法自动更新,难以适应快速变化的组织结构和临时的任务需求。

2. 细粒度控制不足

DAC 模型中,权限通常基于资源所有者的判断,这意味着权限管理是按资源整体分配的,而不是按操作分配的。资源所有者可以允许用户访问某个文件,但无法进一步细化到仅允许该用户读取而不允许其写入该文件,无法精确到用户的每一个操作权限。

MAC 模型通过预定义的安全标签和规则控制访问权限,尽管这种方法在安全性上有优势,但对权限的控制通常是相对粗粒度的。例如,在一个高安全性环境中,所有具有"机密"标签的文件可能仅对具有相应权限的用户开放,但无法进一步细化到具体的操作级别。

RBAC 模型基于用户角色分配权限,这些角色通常定义了一组权限集,这种方式虽然简化了权限管理,但同样存在细粒度不足的问题。一个角色可能包含多个权限,而某些用户在特定情况下可能只需要其中的一部分权限,在这种情况下,RBAC 模型缺乏灵活性,难以精确满足个别用户或特定任务的权限需求。

3. 动态响应能力不足

DAC 模型中,资源的权限完全由资源所有者控制,这种静态权限配置在设定后很少会根据动态需求修改,无法应对快速变化的环境。MAC 模型严格依赖于系统管理员定义的安全策略和标签,权限管理集中化,这种方式虽然增强了安全性,但静态配置难以实时响应变化需求。RBAC 模型中,用户权限基于所属角色确定,这种方式虽然简化了权限管理的复杂性,但角色定义和调整依然需要手动完成,导致在组织结构或用户职责频繁变化时难以灵活适应。

11.1.2　动态和持续访问控制的必要性

随着信息技术的飞速发展,以静态和预定义策略为主的传统访问控制模型难以满足现代信息环境中灵活多变的安全需求。动态和持续访问控制的提出,不仅是技术发展的趋势,更是应对当前复杂安全威胁的迫切需求。其必要性体现在以下几个方面。

1. 应对复杂和动态的安全威胁

传统模型主要依赖于一次性认证和固定策略,无法对访问过程中的风险进行实时监控和响应。在现代环境中,用户行为可能因时间、地点、任务等因素而发生显著变化,攻击者也可能利用合法凭证进行恶意操作,诸如内部威胁、账户劫持等问题愈发突出。动态授权和持续监控机制可以在访问过程中实时评估风险,根据用户行为的异常情况采取必要的限制措施,防止潜在威胁的扩散。

2. 满足细粒度权限管理的需求

在许多复杂的业务场景中,不同用户对同一资源的访问需求可能存在显著差异,例如,仅允许读取数据而禁止修改,或者根据用户的角色和任务临时调整权限。然而,传统的粗粒度模型无法灵活地对权限进行精细化管理。通过动态调整权限和实时授权评估,系统能够精确定义每个用户的操作范围,既保证了资源的安全性,又提高了访问管理的效率。

3. 提升资源利用率与访问灵活性

传统静态模型往往为了追求安全性而采用保守的权限配置,导致资源使用效率低下。例如,在跨地域或远程办公场景下,用户可能因为固定的权限策略而无法及时获取必要的资源,影响工作效率。动态权限配置机制允许系统根据用户的实际需求调整访问权限,可以针对特定任务临时开放必要的权限或针对某些风险因素实时限制权限,从而实现安全与效率的平衡。

11.2　UCON 模型介绍

UCON 模型是信息安全领域的一种新型访问控制模型,它在传统访问控制模型的基础上进行了扩展和改进。UCON 模型结合了属性(Attributes)、决策(Decisions)和持续性(Continuity)三大关键因素,不仅可以控制对资源的初始访问,还可以在访问过程中动态调整权限。如图 11-1 所示，UCON 模型包含主体、主体属性、客体、客体属性、权限、授权、义务、条件八个组件。下面详细介绍 UCON 模型的核心要素、决策因素、属性可变性和决策持续性。

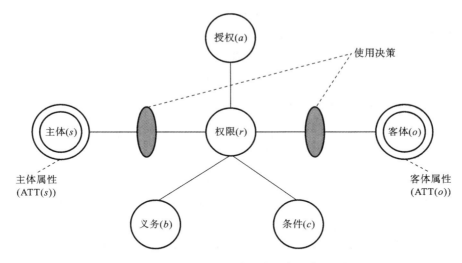

图 11-1　UCON 模型的八个组件

11.2.1　UCON 模型的核心要素

UCON 模型包含三个核心要素：主体、客体和权限。

1. 主体

主体是指对客体拥有某些使用权限的主动的实体，可以是用户、进程或设备等。在 UCON 模型中，主体具有多个属性，这些属性用于评估其是否有权访问特定的客体。例如，用户的角色、身份、所属部门等都是主体的属性。

（1）角色（Role）：角色是主体在系统中的身份，如管理员、普通用户、访客等，不同角色具有不同的访问权限。

（2）身份（Identity）：身份是主体的唯一标识，可以是用户名、用户 ID 等，用于唯一标识一个主体。

（3）所属部门（Department）：所属部门可以反映主体的组织架构位置，如营销部门、财务部门等，这些信息可以影响访问权限的授予。

2. 客体

客体是指接受主体访问的被动的实体，可以是文件、数据库记录、设备等。客体也具有多个属性，这些属性用于决定主体是否可以访问该客体。例如，文件的敏感级别、所有者、创建时间等都是客体的属性。

（1）敏感级别（Sensitivity Level）：指客体的敏感程度，如公开、机密、绝密等，不同敏感级别的资源访问控制策略不同。

（2）所有者（Owner）：表示客体的拥有者，通常拥有者具有对资源的完全访问权限。

（3）创建时间（Creation Time）：指客体的创建时间，有助于在时间敏感的访问控制策略中使用。

3. 权限

权限是指主体拥有的对客体的访问模式,如读、写、执行等。权限的授予和撤销依赖于主体和客体的属性,以及 UCON 模型中的决策机制。

(1) 读(Read):允许主体查看客体的内容。

(2) 写(Write):允许主体修改客体的内容。

(3) 执行(Execute):允许主体执行客体(如果客体是可执行文件)。

11.2.2 UCON 模型的决策因素

UCON 模型的决策过程主要依赖于三个因素:授权、义务和条件。

1. 授权

授权是指在主体请求访问客体时,系统根据预定义的策略和属性来决定是否允许该访问请求。授权过程可以在访问请求发起时进行(静态授权),也可以在访问过程中动态调整(动态授权)。

(1) 静态授权(Static Authorization):仅在访问请求发起时进行评估,例如,根据用户的角色决定是否允许访问。

(2) 动态授权(Dynamic Authorization):在访问过程中持续评估,例如,在用户行为发生变化时重新评估其访问权限。

2. 义务

义务是指一个主体在获取或使用对客体的权力之后必须执行的强制性要求,是主体在访问之前或访问过程中必须执行的动作。义务可以是某些预定义的任务,如签署协议、完成某些操作等,只有在义务完成后,访问请求才会被允许。

(1) 访问前义务(Pre-Authorization Obligations):在访问请求被授予之前必须完成的任务,例如,用户必须先完成身份验证。

(2) 访问中义务(Ongoing Obligations):在访问过程中需要持续满足的条件,例如,用户必须保持安全会话。

3. 条件

条件是指系统在允许对数字对象使用权限之前,对授权程序进行核查,评估当前的硬件环境或与系统相关的限制,以决定是否满足用户请求,这些条件是面向环境或面向系统的决策因素。例如,访问请求只能在特定的时间段内被允许,或只能从特定的 IP 地址发起。条件可以是静态的,也可以是动态的,它能够实时影响访问控制的决策。

(1) 静态条件(Static Conditions):指固定的环境条件,例如,在工作时间内允许被访问。

(2) 动态条件(Dynamic Conditions):指可变的环境条件,例如,根据实时网络状况调整访问权限。

11.2.3 UCON 模型的属性可变性

属性可变性是 UCON 模型的一个重要特性。在传统的访问控制模型中,主体和客体的属性通常是静态的,在访问决策过程中不会改变。而在 UCON 模型中,属性可以在访问过程中动态变化,主体属性和客体属性作为访问执行的结果而发生改变。例如,用户的信用评分可以随着其行为而实时更新,这些变化会影响随后的访问决策。这种属性可变性使 UCON 模型能够更加灵活地适应复杂的访问控制需求,从而提供更精细和动态的安全管理。

(1) 动态属性更新(Dynamic Attribute Updates):属性在访问过程中根据主体或客体的行为实时更新,例如,用户的行为评分。

(2) 实时决策调整(Real-Time Decision Adjustments):根据属性变化实时调整访问权限,例如,用户的访问权限在检测到异常行为时被撤销。

11.2.4 UCON 模型的决策持续性

决策持续性是 UCON 模型的另一重要特性。在传统的访问控制模型中,一旦访问权限被授予,主体就可以持续访问客体,除非显式撤销这些权限。UCON 模型允许在访问过程中动态评估和调整权限,这意味着即使访问已经开始,系统仍然可以根据新的属性变化或环境条件重新评估是否允许继续访问。例如,当用户正在访问某个敏感文件时,如果其角色发生变化或检测到异常行为,系统可以立即中断访问。这种决策持续性确保了对资源的保护更加实时和有效,能够及时响应安全威胁和策略变更。

(1) 动态访问控制(Dynamic Access Control):在访问过程中持续评估和调整访问权限,例如,根据用户行为动态调整权限。

(2) 实时安全响应(Real-Time Security Responses):及时响应和处理访问过程中的安全威胁,例如,在检测到异常行为时立即中断访问。

11.3 UCON 模型的细化

$UCON_{ABC}$ 模型包含获得属性的基本行为和使用控制行为,其中,使用控制行为包括更新属性值的操作、改变访问过程状态的操作。一个更新操作通过调整属性值使系统状态从当前状态转变为新状态。$UCON_{ABC}$ 模型包含以下几个定义。

定义 1 $UCON_{ABC}$ 模型的组件。

s:访问行为的主体(Subject),o:访问行为的客体(Object),r:主体对客体的权限(Rights),$ATT(s)$:主体属性(Attributes of Subject),$ATT(o)$:客体属性(Attributes of Object)。

定义 2 谓词 allowed(s,o,r)。

谓词 allowed(s,o,r) 表示允许主体 s 以权限 r 访问客体 o,其中:

$$s \in S$$
$$o \in O$$
$$r \in R$$

定义 3 谓词 stopped(s,o,r)。

谓词 stopped(s,o,r) 表示停止主体 s 对客体 o 的访问权限 r,其中:

$$s \in S$$
$$o \in O$$
$$r \in R$$

定义 4 授权谓词集 XY。

授权谓词集 XY 定义了不同阶段的授权逻辑,其中:

$$x \in \{\text{pre}, \text{on}\}$$
$$y \in \{A, B, C\}$$

$\text{pre}A$:决策过程发生在授权之前,即先授权再访问。

$\text{pre}B$:在访问授权之前必须完成义务所规定的动作。

$\text{pre}C$:在访问授权之前先进行环境条件判定。

$\text{on}A$:授权相关判定在访问过程中进行。

$\text{on}B$:在访问过程中需要持续完成义务所规定的动作。

$\text{on}C$:在访问过程中持续进行环境条件判定。

定义 5 属性更新函数集 PQ。

属性更新函数集 PQ 定义了属性更新的时机,其中:

$$p \in \{\text{pre}, \text{on}, \text{post}\}$$
$$q \in \{\text{Update}\}$$

preUpdate:更新属性发生在使用前。

onUpdate:更新属性发生在使用中。

postUpdate:更新属性发生在使用后。

根据授权谓词集 XY 可以将 UCON_{ABC} 模型细化为 $\text{UCONpre}A$ 模型、$\text{UCONpre}B$ 模型、$\text{UCONpre}C$ 模型、$\text{UCONon}A$ 模型、$\text{UCONon}B$ 模型、$\text{UCONon}C$ 模型六种。下面将详细介绍 $\text{UCONpre}A$ 模型和 $\text{UCONon}A$ 模型。

11. 3. 1 UCONpre$A$ 模型

$\text{UCONpre}A$ 模型在使用决策判断过程中使用了预先授权。这一做法在传统的访问控制领域中得到了广泛的应用和极高的重视,但由于 UCON 模型引入了新的"可变"属性,使预先授权规则针对这一属性的修改情况被扩展为三个具体的模型:$\text{UCONpre}A_0$、$\text{UCONpre}A_1$、$\text{UCONpre}A_2$。

1. UCONpreA_0 模型

$\text{UCONpre}A_0$ 模型是一个属性不变的预授权模型,类似于传统的访问控制模型,不涉及属性更新操作。其核心逻辑描述如下。

$\text{UCONpre}A_0$ 模型的主要组成部分包括主体 s、客体 o、权限 r、主体属性 $\text{ATT}(s)$、客体属性 $\text{ATT}(o)$ 及用于授权判断的预先授权函数 $\text{pre}A$。具体而言,权限判定逻辑表示为:若满足 $\text{allowed}(s,o,r) \Rightarrow \text{pre}A(\text{ATT}(s), \text{ATT}(o), r)$,则主体 s 对客体 o 具有权限 r。其中,函数 $\text{allowed}(s,o,r)$ 表示允许主体 s 以权限 r 访问客体 o,而预先授权函数 $\text{pre}A(\text{ATT}(s), \text{ATT}(o), r)$ 依据主体属性 $\text{ATT}(s)$、客体属性 $\text{ATT}(o)$ 及权限 r 判断请求是否符合授权规则。

2. UCONpreA$_1$ 模型

UCONpreA$_1$ 模型是一个带有预更新机制的预授权模型。该模型授权判定成功后,在访问操作实际执行前会通过预更新函数对主体或客体的"可变"属性进行调整。UCONpreA$_1$ 的逻辑结构与 UCONpreA$_0$ 基本一致,区别在于增加了以下属性更新的谓词函数,以便在访问之前修改相关属性。

(1) preUpdate(ATT(s)):在访问操作执行前更新主体 s 的相关属性。

(2) preUpdate(ATT(o)):在访问操作执行前更新客体 o 的相关属性。

通过预更新操作,模型能够调整多数属性,以此影响后续的访问决策,使访问控制具备动态适应的能力。

3. UCONpreA$_2$ 模型

UCONpreA$_2$ 模型是一种带有事后更新机制的预授权模型。该模型在主体访问并使用客体资源后,根据主体属性和请求的操作,通过事后更新函数对"可变"属性进行修改。UCONpreA$_2$ 模型的逻辑结构与 UCONpreA$_0$ 相似,但增加了以下事后更新的谓词函数,用于在操作完成后调整主体和客体的相关属性。

(1) postUpdate(ATT(s)):在访问操作执行后更新主体 s 的相关属性。

(2) postUpdate(ATT(o)):在访问操作执行后更新客体 o 的相关属性。

其中 postUpdate 与 preUpdate 函数在功能上基本相似,都将对后续的访问决策产生影响。两者的主要区别在于执行时机不同,preUpdate 在访问操作前执行,而 postUpdate 在访问操作后执行。

11.3.2　UCONonA 模型

因为 UCON 模型引入了"连续"属性,因此它不仅可以像传统访问控制模型那样在访问操作之前进行权限判断,还能够在访问过程中实时进行权限判断。这为长期持续的访问操作提供了一种更合适、更细致的权限判断解决方案,即 UCONonA 模型。在 UCONonA 模型中,请求操作可以默认执行,无需事先进行权限判断。但在进行访问操作时,必须持续进行权限判断。如果某些请求不再符合访问规则,那么当前已执行的访问操作会被终止;否则,访问操作将继续进行。由于引入了"连续"属性,UCONonA 模型进一步扩展为四个具体的子模型:UCONonA$_0$、UCONonA$_1$、UCONonA$_2$ 和 UCONonA$_3$。

1. UCONonA$_0$ 模型

UCONonA$_0$ 模型专注于在不变属性的使用中授权,且在该模型中不涉及任何更新操作(即系统内不存在"可变属性",所有属性的更新必须通过管理行为执行),其逻辑结构如下。

主体 s、客体 o、权限 r、主体属性 ATT(s)、客体属性 ATT(o)是 UCONonA$_0$ 模型的主要组成部分,其含义与 UCONpreA$_0$ 模型中的定义完全一致。

onA(ATT(s),ATT(o),r)是访问过程中的权限判断谓词函数,用于根据主体属性 ATT(s)、客体属性 ATT(o)和权限 r 来评估正在进行的访问操作是否符合权限规则。

当 allowed(s,o,r)为 True 时,表示在执行访问操作之前无需进行任何权限判断,该操作可以默认执行。

stopped(s,o,r) 表示在访问过程中基于时间或事件执行 $onA(ATT(s),ATT(o),$ $r)$ 函数。一旦主、客体属性不再满足操作权限 r 的要求,将立即调用 stopped(s,o,r),以停止主体 s 对客体 o 的访问权限 r。

2. UCONonA$_1$ 模型

UCONonA$_1$ 模型引入了预更新谓词的使用中授权机制。首先执行更新函数,根据主体、客体属性和请求操作修改相关的"可变"属性。接着进行访问操作,同时在访问过程中执行 onA 函数,判断是否继续进行该操作。UCONonA$_1$ 模型的逻辑结构与 UCONonA$_0$ 模型大体相同,但增加了以下更新主体、客体属性的谓词函数。

(1) preUpdate$(ATT(s))$:在访问操作执行前更新主体 s 的相关属性。

(2) preUpdate$(ATT(o))$:在访问操作执行前更新客体 o 的相关属性。

preUpdate 函数的执行将影响本次或后续的授权判断。

3. UCONonA$_2$ 模型

在 UCONpreA 模型中,UCONpreA$_1$ 子模型与 UCONpreA$_2$ 子模型的功能完全相同,属性的变化只会影响下一次访问操作的权限判断,当前的操作不会受到任何影响。在 UCONonA 模型中情况则截然不同,UCONonA$_2$ 模型不仅能够影响下次的权限判断,还有可能对当前的访问操作产生影响,因此其存在是有必要的。UCONonA$_2$ 模型的逻辑结构与 UCONonA$_0$ 模型基本一致,唯一的区别在于新增了以下用于更新主、客体属性操作的谓词函数。

(1) onUpdate$(ATT(s))$:在访问操作执行过程中更新主体 s 的相关属性。

(2) onUpdate$(ATT(o))$:在访问操作执行过程中更新客体 o 的相关属性。

onUpdate 函数的执行将影响本次或后续的授权判断。

4. UCONonA$_3$ 模型

UCONonA$_3$ 是一个后更新谓词的使用中授权模型,即在主体访问客体资源后,根据主体属性及请求的操作执行事后更新函数,以修改"可变"属性。UCONonA$_3$ 模型的逻辑结构与 UCONonA$_0$ 模型基本一致,但增加了以下更新谓词函数。

(1) postUpdate$(ATT(s))$:在访问操作执行后更新主体 s 的相关属性。

(2) postUpdate$(ATT(o))$:在访问操作执行后更新客体 o 的相关属性。

与前两种模型不同,postUpdate 操作仅会影响后续的权限判断,而对当前操作没有任何影响。

11.3.3 UCON$_{ABC}$ 多种模型的组合使用

UCONpreA、UCONonA 等模型除了可以单独使用以外,还可以组合使用,展现更为强大的访问控制功能,以满足用户的需求。

1. UCONpreA$_0$preC$_0$ 模型(不变属性预先授权和预先条件模型)

UCONpreA$_0$preC$_0$ 模型结合了不变属性预先授权(preA$_0$)和不变属性预先条件(preC$_0$)的特性。在此模型中,访问操作的授权必须同时满足授权谓词(preA)和条件谓词(preC),才能被允许执行。

详细描述如下。

s、o、r、ATT(s)和 ATT(o)分别代表主体、客体、权限、主体属性和客体属性,与 UCON 模型基本一致。

$preA_0$:授权谓词集合,定义了主体在访问客体之前必须满足的授权条件。

$preC_0$:条件谓词集合,定义了主体在访问客体之前必须满足的其他操作条件。

$getpreA_0(s, o, r)$:根据主体 s、客体 o 和权限 r 选择相应的授权谓词集合 $preA_0$。

$getpreC_0(s, o, r)$:根据主体 s、客体 o 和权限 r 选择相应的条件谓词集合 $preC_0$。

$preA_0Checked(preA_i)$:判断授权谓词元素 $preA_i$ 是否是已被满足的谓词。

$preC_0Checked(preC_i)$:判断条件谓词元素 $preC_i$ 是否是已被满足的谓词。

$preA_0(s, o, r)$:授权谓词,用于判断主体 s 是否符合所有 $getpreA_0(s, o, r)$ 集合中的授权条件。

$preC_0(s, o, r)$:条件谓词,用于判断主体 s 是否符合所有 $getpreC_0(s, o, r)$ 集合中的操作条件。

$allowed(s, o, r)$:访问控制决策函数,只有当 $preA_0(s, o, r)$ 和 $preC_0(s, o, r)$ 均为真时,才允许主体 s 对客体 o 执行权限 r 的操作。

$UCONpreA_0preC_0$ 模型适用于需要严格控制访问操作前置条件和授权条件的应用场景,如保护高安全级别的数据或系统资源。

2. $UCONonA_{13}$ 模型(在使用中带有预先更新和事后更新谓词的授权模型)

$UCONonA_{13}$ 模型结合了预先更新($preA_1$)、事后更新($postA_3$)和使用中授权(onA)的特性。在此模型中,访问操作可以包括在访问前($preA_1$)、访问后($postA_3$),以及在使用过程中(onA)对相关属性进行修改。

详细描述如下。

$preA_1$:预先更新谓词集合,定义了主体在访问客体之前需要更新的属性条件。

$postA_3$:事后更新谓词集合,定义了主体在访问客体之后需要更新的属性条件。

onA:使用中授权谓词集合,定义了主体在使用客体过程中可能需要更新的属性条件。

$getpreA_1(s, o, r)$:根据主体 s、客体 o 和权限 r 选择相应的预先更新谓词集合 $preA_1$。

$getpostA_3(s, o, r)$:根据主体 s、客体 o 和权限 r 选择相应的事后更新谓词集合 $postA_3$。

$getonA(s, o, r)$:根据主体 s、客体 o 和权限 r 选择相应的使用中授权谓词集合 onA。

$preA_1Checked(preA_{1i})$:判断预先更新谓词元素 $preA_{1i}$ 是否是已被满足的谓词。

$postA_3Checked(postA_{3i})$:判断事后更新谓词元素 $postA_{3i}$ 是否是已被满足的谓词。

$onAAllowed(onA_i)$:判断使用中授权谓词元素 onA_i 是否是已被满足的谓词。

$allowed(s, o, r)$:访问控制决策函数,只有当 $preA_1Checked(preA_{1i})$、$postA_3Checked(postA_{3i})$ 和 $onAAllowed(onA_i)$ 均为真时,才允许主体 s 对客体 o 执行

权限 r 的操作。

UCONonA$_{13}$ 模型适用于需要在访问前后动态更新属性条件的应用场景,例如,在线系统中动态更新用户的在线状态。

UCON 模型能够根据不同的需求进行不同类型的组合,形成新的模型,每种模型都具有特定的优势和适用场景,可以根据具体需求选择合适的组合模型,以提高访问控制系统的效率和可靠性。

11.4 UCON 实现传统访问控制模型

11.4.1 UCON 实现自主访问控制模型

1. DAC 模型的基本原理

DAC 模型的基本原理是资源所有者(通常是资源的创建者)自主决定资源的访问权限,并通过 ACL 维护用户与资源之间的访问关系。DAC 赋予用户高度灵活性和自主性,允许资源所有者随时修改权限,并允许拥有权限的用户在一定范围内分配权限。

2. 在 UCON 中实现 DAC 的策略

从 UCON 观点来看,可以把用户 ID 看作主体属性,把 ACL 看作客体属性,然后通过判断主体属性与客体属性之间的关系,从而实现 DAC 控制。DAC 模型可以通过 UCONpreA$_0$ 模型得以实现,其具体实现如下。

(1)用户和客体的身份标记集合。

N 表示一组用户或用户组的身份标记集合。

O 表示一组客体资源的身份标记集合。

(2)映射关系定义。

ID:$S \rightarrow N$ 是一个一对一的映射关系,指将用户集合 S 中的每个用户 s 映射到用户身份标记集合 N 中的具体标记。这个映射定义了用户与其身份标记之间的对应关系。

ACL:$O \rightarrow 2^{N \times R}$ 是一个映射关系,指将每个客体资源 o 映射到一个包含元组 (N,R) 的集合中,其中,$N \times R$ 表示用户身份标记和操作权限的组合关系。这个映射定义了每个客体资源的访问控制列表,明确了哪些用户身份标记具有对该资源的哪些操作权限。

(3)属性定义。

ATT$(S) = \{\text{ID}\}$ 定义了用户集合 S 的属性集合,包括用户到用户标记的映射关系。

ATT$(O) = \{\text{ACL}\}$ 定义了客体资源身份标记集合 O 的属性集合,包括客体资源到访问控制列表的映射关系。

(4)许可决策规则。

allowed$(s,o,r) = (\text{ID}(s),r) \in \text{ACL}(o)$ 是许可决策规则的定义。它用于判断用户 s 是否被授权对客体资源 o 执行操作权限 r。具体来说,它检查用户 s 的标记 ID(s) 是否在客体资源 o 的访问控制列表 ACL(o) 中,并且具备相应的操作权限 r。

这些步骤和机制,UCONpreA$_0$ 模型能够有效地实现 DAC 模型,提供了灵活性和自主性,以允许资源所有者根据需要动态管理和调整用户的访问权限。

11.4.2 UCON 实现强制访问控制模型

1. MAC 模型的基本原理

MAC 模型的基本原理是由系统根据预定义的安全策略强制执行访问控制。资源和用户都被分配安全标签或安全等级,访问权限根据这些标签和等级进行匹配,确保只有具有适当安全等级的用户才能访问特定资源。用户无法自行更改权限,所有访问控制决定由系统依据安全策略自动实施。

2. 在 UCON 中实现 MAC 的策略

在 UCON 模型中,安全等级被视为主体属性,而安全类别被视为客体属性。强制访问控制的安全规则,如"上读下写"或"下读上写",可以通过这些安全等级的偏序关系执行。MAC 模型可以通过 $UCONpreA_0$ 模型实现,其具体实现与 11.4.1 节 $UCONpreA_0$ 模型相似。

11.4.3 UCON 实现基于角色的访问控制模型

1. RBAC 模型的基本原理

RBAC 模型的基本原理是通过将访问权限分配给角色来管理用户权限,用户通过被分配到特定角色从而获得该角色的所有权限。角色是用户和权限的集合,权限定义了对资源执行特定操作的许可。RBAC 模型支持角色的层次结构和继承关系,使得角色可以继承其他角色的权限,简化了权限管理过程。

2. 在 UCON 中实现 RBAC 的策略

从 UCON 的观点来看,用户-角色的映射关系可以看作主体属性,许可-角色的映射关系可以看作客体属性和权限。

$RBAC_0$ 模型反应了 RBAC 的基本需求,$RBAC_0$ 模型可以通过 $UCONpreA_0$ 模型得以实现,其具体实现如下。

(1) 许可集合和角色集合。

P 表示每个客体资源 o 可执行具体操作权限 r 的集合,即 $P = \{(o,r)\}$。

ROLE 表示一个非层次的普通角色集合。

(2) 映射关系定义。

$actRole: s \rightarrow 2^{ROLE}$ 表示用户 s 与其激活的角色集合之间的映射关系。

$pRole: p \rightarrow 2^{ROLE}$ 表示权限 p 与拥有这些权限的角色集合之间的映射关系。

(3) 属性定义。

$ATT(s) = \{actRole\}$ 定义了用户与其激活角色的映射关系。

$ATT(o) = \{pRole\}$ 定义了权限与角色的映射关系。

(4) 许可决策规则。

$allowed(s,o,r) \Rightarrow actRole(s) \bigcap pRole(o,r) \neq \varnothing$ 是许可决策规则的定义,即在用户 s 的激活角色集合中,必须存在一个角色,该角色具有对客体资源 o 执行操作的权限 r。

通过这些步骤和机制,$UCONPreA_0$ 模型可以有效地实现 $RBAC_0$ 模型,确保用户通过被分配和激活的角色获得相应的权限,并根据角色的权限来控制对资源的访问。

RBAC$_1$ 模型在 RBAC$_0$ 模型的基础上增加了角色层次,反应多级安全需求,RBAC$_1$ 模型可以通过 UCONpreA$_1$ 模型得以实现,其具体实现如下。

(1) 许可集合和角色集合。

P 表示对每个客体资源 o 可执行具体操作权限 r 的集合,即 $P=\{(o,r)\}$。

ROLE 表示角色集合,并记录角色层次的一个偏序关系,即角色之间的继承关系。

(2) 映射关系定义。

actRole:$s \rightarrow 2^{\text{ROLE}}$ 表示用户 s 与其激活的角色集合之间的映射关系,将用户映射到其激活的角色集合。

sRole:$s \rightarrow 2^{\text{ROLE}}$ 表示用户 s 与角色之间的指派关系,将用户映射到其指派的角色集合。

pRole:$p \rightarrow 2^{\text{ROLE}}$ 表示权限 p 与角色之间的映射关系,将权限映射到拥有该权限的角色集合。

(3) 属性定义。

$\text{ATT}(s)=\{s\text{Role}, \text{actRole}\}$ 定义了用户与其指派角色和激活角色的映射关系。

$\text{ATT}(o)=\{p\text{Role}\}$ 定义了权限与角色的映射关系。

(4) 许可决策规则。

$\text{allowed}(s,o,r) \Rightarrow \exists\, \text{role} \in \text{actRole}(s)$ such that $\text{role} \in p\text{Role}((o,r))$ 是许可决策规则的定义,即在用户 s 的激活角色集合中,存在能够执行操作权限 r 访问客体资源 o 的角色。

通过这些步骤和机制,UCONpreA$_1$ 模型能够有效地实现 RBAC$_1$ 模型,支持角色层次结构和预授权条件的访问控制。

11.5 UCON 模型的应用

UCON 模型代表了访问控制技术的重大进步,它通过引入状态变化和连续控制的概念,为处理复杂和动态的访问控制需求提供了一种创新的解决方案。与传统的访问控制模型相比,UCON 模型的先进之处在于其能够适应环境变化并持续评估访问权限。以下是 UCON 模型在医疗数据领域的应用探讨。

伴随着医疗信息技术的发展,越来越多的医院使用医疗信息系统进行医学诊疗服务。医疗大数据作为我国的重要发展战略,具有巨大的发展潜力和广泛的应用前景。然而,当前医疗大数据的研究尚处于起步阶段,且牵扯到庞大的个人隐私信息,因此,医疗大数据的发展正面临着空前的威胁与挑战。鉴于医疗大数据的敏感性和复杂性,UCON 模型在该领域的应用显得尤为重要。

电子健康记录(EHR)系统是一个 UCON 模型在医疗数据领域应用的典型例子,EHR 系统需要对不同医疗专业人员、患者和管理员进行严格的访问控制。UCON 模型可以根据用户的角色、当前任务和具体情境动态调整访问权限,确保数据的安全性和合规性。在 EHR 系统中,设计一个基于模型的访问控制系统需要考虑多种因素,包括角色、上下文、持续监控和动态调整。

以下是一个 EHR 系统设计示例。

（1）主体（Subjects，S）。

生产主体（SP）：医院 A 内部的数据拥有者，如管理员、患者等。

消费主体（SC）：医院 A 内部和外部的医护人员、患者、普通大众等。

（2）主体属性（Attributes of Subject，ATT(S)）。

常规属性：包括医生的职责、患者所属病种等。

（3）客体（Objects，O）。

患者个人信息、诊疗记录及医学研究数据等。

（4）客体属性（Attributes of Object，ATT(O)）。

常规属性：包括病种类别、所属科室、保密级别等（通常不可变）。

（5）权限（Permissions，P）。

查看：例如，医生查看患者的病历。

变更：例如，医生添加诊疗记录。

下载：例如，患者下载自己的病历。

（6）授权（Authorization，A）。

预定义规则（$preA_1$）：管理员预先制定的访问规则，满足最小权限要求。

主动申请：主体因工作需要主动申请并被管理员批准的权限。未满足授权规则的访问请求会改变主体的信任值。

（7）义务（Obligations，B）。

预定义规则（$preB_0$）：消费主体对医疗大数据的访问需经生产主体许可。义务的完成不会引起主体、客体属性发生变化。

（8）条件（Conditions，C）。

主体条件（CS）：访问地址要求、设备安全要求、访问数据请求量等，采用持续决策方式，影响主体的信任值变化（$onCS_1$）。

全局条件（CA）：系统访问时间、访问并发量等，采用持续决策方式，但不影响主、客体属性变化（$onCA_0$）。

以下是 EHR 系统的两个使用场景示例。

场景 1　医生查看病历

主体（S）：医生。

客体（O）：患者的病历。

权限（P）：查看。

授权（A）：医生根据其角色和预先定义的权限查看病历。

义务（B）：医生需获得患者或管理员的许可。

条件（C）：医生需在医院内的设备上通过身份验证，且设备需满足安全要求。

场景 2　患者查看自己的诊疗记录

主体（S）：患者。

客体（O）：患者本人的诊疗记录。

权限（P）：查看。

授权(A)：患者有权查看自己的诊疗记录，但需通过身份验证。

义务(B)：患者需完成医院规定的义务，如签署隐私协议。

条件(C)：访问请求需在安全网络环境下进行，且设备需满足安全要求。

通过这种基于 UCON 模型的设计，EHR 系统可以实现灵活、动态和安全的访问控制，确保医疗数据在合法访问的同时，保持高水平的安全性和合规性。

11.6 UCON 模型的安全分析

UCON 模型结合了传统访问控制的优点，并引入了使用期间的控制机制，适用于需要动态、细粒度控制的应用场景。下面我们详细讨论 UCON 模型的安全特性、安全风险和防护措施。

11.6.1 UCON 模型的安全特性

UCON 模型具有以下几个显著的安全特性。

1. 动态授权

UCON 模型支持在访问过程中对权限进行动态评估和调整，授权决策不仅基于初始状态进行，而且在使用过程中会根据环境变化实时更新。这种动态授权机制能够适应不断变化的使用环境，从而提供更加灵活和更具适应性的安全控制。

例如，某个用户在开始访问时被授权使用某资源，但在访问过程中，如果用户的账户余额低于系统设定的某个阈值，那么系统可以立即停止其访问权限。动态授权机制确保了资源的使用条件始终符合当前的安全策略要求，避免了潜在的滥用风险。

2. 持续控制

UCON 模型不仅在访问请求时会进行控制，而且在整个访问过程中会持续进行权限检查。这种持续控制确保了即使在访问开始后，权限条件发生变化，也能即时响应，从而提供更高的安全保障。例如，在文件下载过程中，如果发现用户的身份验证信息过期，系统可以中断下载。这种措施能够防止用户在认证信息失效后继续访问资源，从而保护资源的安全性。

3. 可撤销性

UCON 模型能够在资源使用过程中撤销访问权限。如果检测到异常或策略要求，系统可以随时撤销用户的访问权。这种特性确保了在任何时候都能根据实际情况调整权限，从而应对各种安全威胁。

例如，在云存储服务中，如果检测到用户的活动异常（如下载过多文件），可以立即撤销其访问权限以防止数据泄露。这样能够有效防止恶意行为导致的资源滥用和数据泄露。

4. 属性更新

UCON 模型中属性不仅可以在授权前进行评估，还可以根据具体需求在访问过程中动态更新。用户的信用评分可能在交易进行时发生变化，进而影响其后续操作权限。

通过动态更新属性,UCON 模型能够实时反映用户的最新状态和行为。

例如,在电子商务平台上,用户的信用评分在每次交易后更新,评分的变化会影响其未来的交易限额和权限。属性更新机制能够确保交易风险被控制在合理的范围内,保护平台和用户的利益。

5. 细粒度控制

UCON 模型支持对用户和资源的细粒度属性定义和管理,使得权限控制更加精准。细粒度控制能够满足各种复杂应用场景的需求,提供灵活而精准的安全策略。

例如,在企业内网中,可以根据用户的部门、职位、项目参与情况等属性,精准控制其对各种资源的访问权限。这种细粒度控制能够有效管理和保护企业内部的各种敏感信息。

11.6.2 UCON 模型的安全风险

尽管 UCON 模型具有多种安全特性,但在实际应用中仍然面临一些安全风险。

1. 复杂性增加

UCON 模型的动态性和细粒度控制虽然提升了访问控制的灵活性,但也导致系统复杂度显著增加。实现这些特性需要复杂的配置和多种控制策略。如果管理员在配置和管理策略时失误,可能会引入新的安全漏洞。例如,错误的权限设置可能导致未授权的访问,影响系统的整体安全性。因此,简化配置流程和提供直观的管理工具至关重要。

2. 属性篡改

UCON 模型依赖于用户和资源的属性进行访问控制,使属性的完整性和真实性直接关系到访问控制决策的准确性。一旦属性数据被篡改,可能导致不当的权限授予,从而给系统带来严重的安全风险。属性篡改不仅可以通过恶意攻击实现,还可能由于内部操作失误而发生。因此,必须实施有效的属性验证机制,以确保其在整个生命周期内的完整性。

3. 依赖外部系统

UCON 模型通常需要依赖外部系统提供属性和状态信息,导致其有效性受到外部系统可靠性和安全性的影响。如果外部系统遭到攻击或发生故障,可能导致 UCON 模型的失效,从而将系统暴露于潜在风险中。这要求 UCON 模型与外部系统之间建立强大的安全通信和信任机制,以确保数据的安全传输和处理。

11.6.3 UCON 模型的防护措施

为了有效应对上述安全风险,可以采取以下防护措施。

1. 策略验证和测试

在部署 UCON 策略前,应进行充分的验证和测试,确保策略无冲突、无漏洞,并在各种场景下表现一致。通过使用模拟环境进行策略测试、引入自动化测试工具,以及定期进行策略审计和更新,能够有效发现和修复潜在问题。这一过程不仅能够确保策略的正确性,也能够增强系统的整体安全性。

2. 属性保护

对关键属性进行保护以防止篡改和未授权访问是确保 UCON 模型安全的基础。采用加密、数字签名和完整性校验等技术,可以保障属性在存储和传输过程中的安全性。通过对敏感属性的加密存储和传输,以及验证属性完整性的数字签名机制,可以有效防止属性数据的泄露和篡改。

3. 日志和监控

建立完善的日志记录和监控机制是发现和响应异常行为的重要手段。通过实时监控工具和全面的日志记录策略,可以及时检测潜在的安全威胁及策略问题,并对其进行快速响应。定期审查日志能够发现潜在的安全事件,从而进一步增强系统的防护能力。

4. 冗余和备份

为关键系统和属性数据建立冗余和备份机制是保障系统可靠性的重要措施。定期进行数据备份和建立冗余系统可以防止单点故障,确保在发生故障或攻击时能够迅速恢复。此外,定期进行灾难恢复演练可以提升系统的恢复能力,确保在突发事件发生时,系统能够快速恢复正常运行。

习题 11

11.1 UCON 模型与传统访问控制模型的区别是什么?请列举至少三种不同点。

11.2 简述 UCON 模型的核心要素及其作用。

11.3 解释 UCON 模型中属性可变性的重要性及其在访问控制中的应用。

11.4 UCON 模型中的决策持续性如何实现?为什么它对现代访问控制至关重要?

11.5 使用 UCON 模型在云计算环境中管理访问权限时,会面临哪些安全风险?请列举并简述应对措施。

11.6 为设计一个在线学习管理系统,应如何定义 UCON 模型的八个组件?

12

基于属性的访问控制

基于属性的访问控制(Attribute-Based Access Control,ABAC)作为一种先进的访问控制模型,是为了解决传统访问控制模型在应对现代复杂的安全需求时所面临的局限性而发展起来的。随着信息技术的快速发展,传统访问控制模型在处理动态环境、多变角色及复杂策略时,显得不够灵活和高效,这种背景促使了 ABAC 的出现。ABAC能够满足对访问控制决策的动态性要求和基于多属性的精细化管理需求,通过考虑用户身份、上下文信息(如时间、位置)、资源特征及请求的操作类型等多种属性,动态地决定和管理访问权限。

ABAC 的核心是通过定义策略管理访问控制。这些策略不再简单地将权限直接分配给主体或角色,而是基于复杂的逻辑条件和属性组合,通过逻辑运算决定是否授予访问权限。例如,一条策略规定,只有当请求者的职位为"经理"且请求发生在工作时间内时,才能访问特定的敏感数据。这种灵活性使 ABAC 能够更好地应对现代复杂和动态的访问控制需求,相较于传统的 ACL 或 RBAC 模型,其不再依赖静态的权限分配和角色定义。

12.1 基于属性的访问控制基本概念

12.1.1 基于属性的访问控制定义

基于属性的访问控制(ABAC)的描述方式多种多样。例如,早期一篇关于 Web 服务的论文将 ABAC 定义为"基于请求者所拥有的属性授予其对服务的访问能力"。在地理信息系统的安全性讨论中,ABAC 被描述为是一种"通过用户相关联的属性值确定用户权限"的方法。

此外,还有一篇论文将 ABAC 总结为是一个"基于主体、客体和环境属性,并支持强制性和自主访问控制需求"的模型。所有这些定义的共同点在于,ABAC 通过结合主体、客体和环境条件属性,依据它们与访问控制规则的匹配情况确定访问权限(即对系统客体的操作)。

最终可以将 ABAC 定义为:基于属性的访问控制是一种访问控制方法,它根据主体的指定属性、客体的指定属性、环境条件,以及与这些属性和条件相关的一组策略,决定是否允许或拒绝主体对客体所请求的操作。

12.1.2 基于属性的访问控制结构

基于属性的访问控制是一种动态的访问控制模型,旨在通过评估主体、客体和环境条件属性决定访问权限。在 ABAC 中,主体属性用于描述用户身份的特征,如用户名、角色和部门;客体属性用于描述资源的特征,如文件类型、敏感性级别和创建日期;环境条件属性指在特定上下文中影响访问决策的因素,如时间、地点和设备类型。

ABAC 的核心在于访问控制规则或策略,这些规则由组织的安全策略管理者或系统管理员定义,用以规定哪些主体在何种条件下可以对哪些客体执行特定操作。策略通常通过逻辑运算(如与、或、非)组合多个属性,从而形成复杂的访问决策逻辑。当用户请求访问某个资源时,系统会同时评估请求者的主体属性、资源的客体属性,以及相关的环境条件属性,并根据这些属性与预定义的策略进行访问决策,确保只有满足条件的请求才能被允许访问。

这种模型的灵活性使其能够迅速适应快速变化的业务需求,在新增用户或资源时,只需要调整其属性,无需修改整个系统的访问规则。此外,ABAC 通常依赖于特定的标准和技术(如 xACML),以提供定义和实施访问控制策略所需的框架。通过结合主体、客体和环境条件的属性,ABAC 能够实现更为精细和灵活的访问控制,从而有效满足现代信息系统的安全需求。

12.1.3 企业基于属性的访问控制概念

虽然 ABAC 是信息共享的推动者,但是当在整个企业中部署 ABAC 时,实施所需的组件集会变得更加复杂。企业规模的增加,需要企业具有复杂的甚至是独立建立的管理能力,以确保策略和属性的一致共享和使用,以及在整个企业中受控分发和使用访问控制机制。这里定义企业为需要和管理信息共享的实体之间的协作或联合。

一些企业拥有可用于实施 ABAC 的能力。大多数企业都以某种形式的身份和凭证来管理主体属性的填充,如名称、唯一标识符、角色、权限等。同样,许多企业以一些组织策略或准则来建立规则,授权主体访问企业对象。但是,这些规则通常不是以计算机可强制执行的格式编写的,该格式可以在所有应用程序中集成。ABAC 策略必须以计算机可强制执行的格式编写,存储在存储库中并发布以供访问控制机制(Access Control Mechanism,ACM)使用。这些数字策略(Digital Policy,DP)包括呈现访问控制决策所需的主体、对象属性。通过主体属性管理功能,在企业内的组织之间创建、存储和共享企业主体属性。通过对象属性管理功能,建立企业对象属性,并将其绑定到对象上。此时,必须部署 ABAC 的访问控制机制。

自然语言策略(Natural Language Processing,NLP)用于指定如何管理信息访问,以及谁在什么情况下可以访问哪些信息。NLP 以人类可理解的术语表示,可能无法在 ACM 中直接实施。NLP 很难在正式、可行的元素中推导出来,企业策略难以以机器可执行的形式进行编码。虽然 NLP 可以是特定于应用程序的,但 NLP 同样可能与跨多个应用程序的主体操作有关。例如,NLP 可能与组织单位内部或组织单位之间的对象使用有关,也可能基于需要、能力、权限、义务或利益冲突等因素。此类策略可跨多个计算平台和应用程序。这里定义自然语言策略(NLP)为企业对象的管理和访问的语句。NLP 是可以转换为机器可强制执行的访问控制策略的人类表达式。

鉴于企业中的每个组织都存在相关的 NLP,下一步是将这些 NLP 转换为一组通用规则,这些规则可以在整个企业的 ACM 中平等、一致地执行。为了实现这一点,必须确定所有必需的主体、对象属性的组合及允许的操作。通常,这些值因组织而异,并且可能需要某种形式的共识或映射到每个组织的现有属性,以适应企业的互操作性。商定的主体、对象属性列表允许的操作及来自组织的现有属性的所有映射随后将转换为计算机可强制执行的格式。

NLP 必须编纂成 DP 算法或机制。为了提高性能,NLP 需要分解并转换为适合企业中运营单元基础设施的不同 DP。这里定义数字策略(DP)为直接编译为机器可执行代码或信号的访问控制规则。主体属性、对象属性、操作和环境条件是 DP 的基本元素,也是 DP 规则的构建块,由访问控制机制强制执行。

多个 DP 需要元策略(Meta Policy,MP)或规定 DP 使用和管理的策略来处理 DP 分层权限、DP 冲突消除及 DP 存储和更新。MP 用于管理 DP。根据复杂程度的不同,可能需要按照 NLP 指定的优先级和组合策略的结构进行 MP 分层。这里定义元策略为有关策略的策略,或用于管理策略的策略,如优先级分配、解决 DP 或其他 MP 之间的冲突等。

一旦开发出 DP 和 MP,就需要对其进行管理、存储、验证、更新、优先级排序、消除冲突、共享、停用和执行等操作。这些操作中的每一项都需要一组功能,这些功能通常会分布在整个企业中,统称为数字策略管理(DPM)。组织内可能存在多个策略颁发机构和层次结构,这些策略颁发机构和层次结构在企业策略上存在差异。DP 和 MP 的管理规则由中央机构决定。

正确的 DP 定义和开发,对于识别呈现访问控制决策所需的主体、对象属性而言至关重要。DP 语句由主体、对象属性配对及满足一组允许的操作所需的环境条件组成。一旦确定了满足给定企业对象集的整个允许操作集所需的完整主体、对象属性集,这组属性就包含了为企业 ABAC 访问决策定义、分配、共享和评估所需的整个属性集。因此,在实现企业 ABAC 功能时,必须通过支持属性来完成 NLP 和 DP 的识别。

接下来,考虑在检查 NLP 和 DP 时开发的属性列表。如果没有足够的 Object 和 Subject 属性集,那么 ABAC 将无法工作。需要对属性进行命名、定义、给定一组允许的值、分配架构并与主体对象相关联。Subject 属性需要在权限下建立、发布、存储和管理,必须将对象属性分配给对象,以查找、检索、发布、验证、更新、修改和撤销跨组织共享的属性。

最后,考虑 ACM 在整个企业中的分发和管理。根据用户的需求、企业规模、资源分配及需要访问或共享的对象的敏感性,ACM 的分发对于 ABAC 成功实施至关重要。ACM 的功能组件可以在企业内部以物理或逻辑方式分离和分布,而不是像 ABAC 的系统级视图那样采用集中式架构。

12.2 基于属性的访问控制模型组件

12.2.1 基于属性的访问控制基本组件

ABAC 是一种先进的访问控制模型,旨在通过动态评估主体、客体和环境条件属性,实现灵活且精细的访问控制,其基本组件包括主体、客体、操作、环境、策略,这些组件协同工作,使 ABAC 能够在实时环境中作出复杂的访问控制决策。

所有 ABAC 解决方案均包含这些用于评估属性的基本组件,并通过这些属性生成的策略决策强制执行。当发起访问请求时,基于属性的访问控制机制通过评估属性和访问控制规则,生成访问控制决策。在 ABAC 的基本形式中,访问控制机制由策略决策点和策略执行点构成。

属性是主体、客体或环境条件的特征,以"名称-值"对的形式定义。

主体可以是人或非人实体(如发起访问请求的设备),并可被指派一个或多个属性。在本教材中,假设主体与用户是同义的。

客体是由 ABAC 系统管理其访问的资源,包括接收信息的设备、文件、记录、表、进程、程序、网络或域,可以是被请求访问的实体,也可以是任何被主体操作的对象。

操作是应主体对客体的请求而需执行的功能,包括读、写、编辑、删除、复制、执行和修改。

策略是规则或关系的表达,用于根据给定的主体、客体及环境条件的属性值决定是否允许主体访问。

环境是指访问请求所处的环境条件或态势上下文,涵盖可检测的环境特征,独立于主体或客体而存在,包括当前时间、用户位置或当前威胁级别。

从 ABAC 的定义中可以看出,首先由访问控制机制(ACM)接收主体的访问请求,然后根据特定策略检查主体和客体的属性,最终确定主体可以对客体执行的操作。

下面对 ABAC 模型进行形式化定义。

定义 12.1 设 s 代表主体、o 代表客体、e 代表环境、p 代表权限;$sA_k(k \in [1,K])$、$oA_m(m \in [1,M])$、$eA_n(n \in [1,N])$、$pA_l(l \in [1,L])$ 分别代表主体 s、客体 o、环境 e、权限 p 的预定义属性;$sA_k - Dom$、$oA_m - Dom$、$eA_n - Dom$、$pA_l - Dom$ 分别代表主体属性、客体属性、环境属性、权限属性的值域。

定义 12.2 定义 $\text{ATT}(s)$、$\text{ATT}(o)$、$\text{ATT}(e)$、$\text{ATT}(p)$,分别代表主体 s、客体 o、环境 e、权限 p 四种属性的复合赋值关系。有如下式子成立。

$$\text{ATT}(s) \subseteq sA_1 \times sA_2 \times sA_k$$
$$\text{ATT}(o) \subseteq oA_1 \times oA_2 \times oA_m$$
$$\text{ATT}(e) \subseteq eA_1 \times eA_2 \times eA_n$$
$$\text{ATT}(p) \subseteq pA_1 \times pA_2 \times pA_l$$

定义 12.3 在 ABAC 模型中,授权规则采用一个以主体属性值、客体属性值、环境属性值、权限属性值为参数的布尔函数来判断一个主体 s 能否在环境 e 下对客体 o 实

施访问控制操作 p，具体形式定义如下。

$$\text{Rule}:\text{can\_access}(s,r,e,p) \leftarrow f_{\text{decide}}(\text{ATT}(s),\text{ATT}(o),\text{ATT}(e),\text{ATT}(p))$$

其中，f_{decide} 函数的功能是根据应用系统定义的访问控制规则对具体的主体属性值、客体属性值、环境属性值、权限属性值进行判定。若返回结果为真，则允许主体对相关客体实施访问操作，若返回结果为假，则拒绝主体的访问请求。can_access 函数针对 f_{decide} 函数的判定结果控制主体 s 对客体 o 实施相应的访问操作。

定义 12.4　ABAC 模型中的授权策略通常由若干授权规则按照一定的规则组合算法合并而成，其中，授权规则由主体、客体、环境、权限等实体的属性约束条件组成。具体形式化定义如下。

$$\text{Policy}:P(\text{ATT}(s),\text{ATT}(o),\text{ATT}(e),\text{ATT}(p)) = g(R_1,R_2,\cdots,R_n)$$

其中，$P(\text{ATT}(s),\text{ATT}(o),\text{ATT}(e),\text{ATT}(p))$ 表示由主体属性、客体属性、环境属性、权限属性共同决定的访问控制策略；g 是组合算法（如逻辑与、或、非），用于将多个授权规则 $(R_1,R_2,\cdots,R_n)$ 合并为整体策略；R_i 表示单条授权规则，其形式为

$$R_i:\text{can\_access}(s,o,e,p) \leftarrow f_{\text{decide}}(\text{ATT}(s),\text{ATT}(o),\text{ATT}(e),\text{ATT}(p))$$

通过 g 函数的组合，授权策略可以覆盖不同场景下复杂的访问控制需求。

通过属性驱动的访问控制机制，ABAC 模型定义了主体、客体、环境、权限的属性赋值及其值域范围，并通过布尔函数 f_{decide} 判断单条规则的访问权限。授权策略由多个规则通过逻辑组合形成，从而实现对复杂访问场景的精细化控制。模型以形式化方式提供了灵活且动态的权限管理能力，支持多维度属性的综合判定，显著增强了访问控制的表达能力和适应性。

12.2.2　基于属性的访问控制实例

下面以用户访问医疗文件管理系统为例，介绍 ABAC 的主体及属性设置、客体及属性设置、环境属性设置、规则、安全策略。

1. 主体及属性设置

在 ABAC 模型中，主体表示文件管理系统中的用户，每个主体都被指派特定的属性，用于描述该主体的身份特征。系统管理员将用户映射为主体，并将用户的特征转化为主体属性。

主体的属性可以包括以下内容。

（1）主体标识：s 是主体（用户）的唯一标识，通常为用户名、ID 等。

（2）角色：例如，医生、护士、管理员等。

（3）组织隶属关系：例如，组织 A、组织 B 等。

（4）公民身份：例如，是否为本国公民。

（5）国籍：例如，用户所属国家。

（6）安全许可：例如，用户是否拥有某种特定的安全访问级别。

主体属性集形式化定义如下。

$$\text{ATT}(s) = \{\text{Name}(s),\text{Role}(s),\text{Organization}(s),\text{Citizenship}(s),\text{Nationality}(s),$$
$$\text{SecurityClearance}(s)\}$$

其中,ATT(s)表示主体 s 的属性集合。

这些主体属性由负责文件管理系统主体信息的部门进行分配和管理。每当有新用户加入或用户特征发生变化时,相关的主体属性将会更新。

2. 客体及属性设置

在 ABAC 模型中,客体表示文件管理系统中的每个文件或资源,每个客体都有一组属性来描述其特性。

客体的属性可以包括以下内容。

(1) 标题:文档的标题。

(2) 作者:文档的创建者。

(3) 创建日期:文档的创建时间。

(4) 上次编辑日期:文档最后一次编辑的时间。

(5) 所属组织:文档归属于哪个组织。

(6) 知识产权:文档中内容的版权或专利信息。

(7) 安全级别:文档的敏感程度,可能是机密、公开等。

客体属性集形式化定义如下。

$$ATT(o) = \{Title(o), Author(o), CreationDate(o), LastEditedDate(o), Organization(o), IntellectualProperty(o), SecurityLevel(o)\}$$

其中,ATT(o)表示客体 o 的属性集合。

每次创建或修改新文档时,都必须抽取这些客体属性。这些客体属性通常嵌入文档中,但也可以由专门的应用程序将其提取到一张单独的数据表中,引用合并或管理。

3. 环境属性设置

环境属性用来描述访问请求时的动态环境条件。环境属性可以为访问控制规则提供更加细粒度的限制条件,如特定时间、地点或网络安全状态。

常见的环境属性包括以下内容。

(1) 访问时间:例如,工作时间或非工作时间。

(2) 访问地点:例如,用户是否通过内部网络访问。

(3) 设备属性:例如,设备是否为可信任设备。

(4) 网络安全状态:例如,当前网络是否安全或存在威胁。

(5) 紧急状态:例如,是否处于紧急情况,如火灾或地震。

环境属性集形式化定义如下。

$$ATT(e) = \{Time(e), Location(e), Device(e), NetworkStatus(e), EmergencyStatus(e)\}$$

其中,ATT(e)表示环境 e 的属性集合。

环境属性的动态性支持实时决策。例如,非工作时间的访问请求会被系统自动拒绝,而紧急状态下的规则可以临时放宽限制。

4. 规则

在 ABAC 模型中,规则是将主体属性、客体属性、环境属性与权限(操作)进行绑定的逻辑规则。这些规则间接地指定了哪些主体可以对哪些客体执行哪些操作。

规则的形式化表达如下。

$$\text{Rule:can\_access}(s,o,e,p) \leftarrow f_{\text{decide}}(\text{ATT}(s),\text{ATT}(o),\text{ATT}(e),\text{ATT}(p))$$

具体而言,规则 can_access(s,o,e,p)表示主体 s 是否可以对客体 o 执行操作 p(如读取、编辑等),在给定的环境 e 下,规则的决定基于主体、客体、环境的属性值,以及相应权限的判定。例如:

规则 1　如果主体 s 是"医生",客体 o 是"患者病历"文档,并且环境 e 满足"工作时间"要求,则主体可以访问该文档(执行读取操作)。

规则 1 的形式化表达如下。

$$\text{can\_access}(s,o,e,\text{read}) \leftarrow \text{ATT}(s)=\{\text{"医生"}\}, \text{ATT}(o)=\{\text{"患者病历"}\},$$
$$\text{ATT}(e)=\{\text{"工作时间"}\}$$

规则 2　如果主体 s 是"管理员",客体 o 的安全级别为"机密",则管理员可以对该文档进行编辑操作。

规则 2 的形式化表达如下。

$$\text{can\_access}(s,o,e,\text{edit}) \leftarrow \text{ATT}(s)=\{\text{"管理员"}\}, \text{ATT}(o)=\{\text{"机密"}\}$$

通过逻辑运算(如与、或、非)将多个规则组合在一起,以构建更加复杂的访问控制策略。

5. 安全策略

安全策略用来描述文件管理系统中客体的访问规则,定义哪些主体可以对哪些客体执行哪些操作。安全策略考虑了主体属性、客体属性和环境属性的综合影响。

安全策略的形式化表达如下。

设定策略 Policy 表示具体的访问控制规则,包括主体属性、客体属性和环境属性的条件约束。

例如,对于"患者病历"的文档,其访问控制策略如下。

$$\text{Policy:can\_access}(s,r,e,p) \leftarrow f_{\text{decide}}(\text{ATT}(s),\text{ATT}(o),\text{ATT}(e),\text{ATT}(p))$$

具体来说,ATT(s)可能包括主体的角色(如医生),ATT(o)可能包括文档的类型(如患者病历),ATT(e)可能包括特定的环境条件(如是否处于工作时间)。规则会根据这些属性进行判断,只有符合条件的主体才能访问相应的客体。例如,医院的访问控制策略可能是:只有具有"医生"角色的主体,且访问的文档类型为"患者病历"的文档,才能执行读取操作。对于其他角色(如"非医务人员"),即使他们是医院的一员,也会被拒绝访问。注意,这只是实现属性和规则之间关联的方法之一。

ABAC 模型通过主体属性、客体属性和环境属性的综合设定,构建了灵活且细粒度的访问控制机制。通过将访问权限绑定到逻辑规则,ABAC 能够根据主体的身份特征、客体的特性以及动态的环境条件,精确地判定访问请求的合规性。结合实际应用场景,例如,医疗文件管理系统,ABAC 模型的规则定义和安全策略有效地保证了系统资源的安全性与合规性,同时支持复杂的访问控制需求,为系统提供了动态化、智能化的安全管理解决方案。

12.2.3　ABAC 对比 RBAC 分析

在信息安全领域中,访问控制(Access Control,AC)是确保系统资源安全的关键机制。以下对基于属性的访问控制和基于角色的访问控制进行对比分析。

1. 定义

ABAC 是一种基于用户属性、环境属性和资源属性决定访问权限的控制模型。每个属性可以是用户身份、角色、资源类型、时间、地点等。ABAC 的访问决策通过这些属性的组合和预定义的策略进行。

RBAC 是一种通过用户角色控制访问权限的模型。在 RBAC 中，用户被分配一个或多个角色，每个角色关联一组权限，访问决策根据用户所分配的角色及其相应权限进行。

2. 灵活性和可扩展性

ABAC 模型可以根据多个属性进行细粒度的访问控制，具有较高的灵活性和可扩展性。它能够处理复杂的访问控制需求，适用于动态和多变的环境。然而，ABAC 的策略定义和管理较为复杂，需要更高的计算和管理开销。

RBAC 模型相对简单，易于理解和实施。通过角色的定义和分配，可以实现对权限的集中管理，减少重复的权限分配工作。但 RBAC 在处理复杂和细粒度的访问控制需求时可能显得不足，需要通过角色的层次化和角色之间的权限关系进行扩展，可能导致角色爆炸问题。

3. 实施和管理

ABAC 的实施需要详细定义各种属性和策略，管理复杂度较高。每次访问请求都需要动态计算属性值并匹配策略，系统开销较大，适用于需要高度灵活的场景，如云计算、物联网等。

RBAC 的实施相对简单，主要集中在角色的定义和用户角色的分配上。管理工作相对较少，但需要定期审查和更新角色与权限，以确保系统安全和权限的准确性，适用于组织结构明确、权限需求相对固定的场景。

4. 应用场景

ABAC 适用于需要细粒度、动态和灵活访问控制的环境，如政府机构、金融服务、医疗系统和基于属性的访问需求场景。它能够根据实时条件和复杂逻辑进行决策。

RBAC 适用于权限结构相对稳定和清晰的企业和组织，如企业内部管理系统、ERP 系统和人力资源管理系统。通过角色的合理设计，可以有效地简化权限管理和维护。

ABAC 和 RBAC 各有优劣，需根据具体的应用需求和环境条件决定选择何种模型。ABAC 提供了更高的灵活性和细粒度控制，但管理和计算复杂度较高。RBAC 提供了更简单和直观的权限管理方式，适合结构稳定的应用场景。通过对这两种模型的理解和结合实际需求，可以构建出更安全和高效的访问控制系统。

12.2.4　基于属性的访问控制优缺点

基于属性的访问控制（ABAC）的优缺点如下。

1. ABAC 的优点

ABAC 具有多种优点，使其在现代信息安全管理中受到广泛关注。

（1）ABAC 能够实现高度的灵活性，允许组织根据具体需求动态调整访问控制策略。用户或资源的属性可以随时修改,适应快速变化的业务环境,无需对整个系统进行重构。

(2) ABAC 提供了精细化的访问控制,能够基于多个属性进行复杂的访问决策,使组织能够实现细粒度的权限管理,确保只有合适的主体在合适的条件下才能访问特定资源。

(3) ABAC 减少了对静态角色和权限的依赖,避免了传统模型中常见的角色爆炸问题。每个用户和资源的关系通过属性定义,降低了管理复杂性。此外,ABAC 还支持基于上下文的访问控制,能够考虑环境因素(如时间、地点和设备),增强了安全性。

(4) ABAC 有助于满足合规性要求。通过明确记录访问决策,组织可以更好地进行审计和追责,确保符合相关法律法规。

这种结合灵活性、精细化、减少依赖和合规性的优势,使得 ABAC 成为应对现代安全挑战的有效解决方案。

2. ABAC 的缺点

ABAC 虽然具有多种优点,但也存在一些缺点。

(1) ABAC 的复杂性较高。由于它依赖于多种属性的组合,制定和管理访问控制策略可能变得烦琐,特别是在大规模系统中,属性的数量和组合可能导致策略难以理解和维护。

(2) 属性的管理也是一个挑战。为了确保每个用户和资源的属性准确且及时更新,需要额外的人力和技术支持,增加了管理负担。

(3) ABAC 的实现和性能问题也是需要考虑的因素。由于访问决策需要实时评估多个属性和规则,系统的响应时间会受到影响,尤其在高并发的情况下,可能导致延迟。

(4) 虽然 ABAC 支持基于上下文的访问控制,但这也意味着系统必须能够有效处理和评估环境条件,这增加了技术实现的复杂度。

总体来说,虽然 ABAC 提供了灵活性和精细化的访问控制机制,但其管理复杂性、性能挑战及对属性和环境条件的依赖,可能在实际应用中带来一定的困难。

12.3 xACML 实现 ABAC

12.3.1 xACML 简介

可扩展访问控制标记语言(eXtensible Access Control Markup Language,xACML)是一种用于定义和实现访问控制策略的标准化语言。xACML 旨在提供一种灵活、可扩展的方法,允许实施访问控制策略的主体基于多种属性和复杂逻辑进行细粒度的访问控制决策。

xACML 的核心组成部分包括策略、规则和请求。策略是访问控制的总体定义,它包含多个规则,每条规则定义了特定条件下的访问权限。规则依据主体、客体、操作和环境条件属性进行评估,以确定是否授予访问权限。请求是用户或系统发起的对资源访问的具体要求,xACML 系统通过解析请求,动态地评估相应的策略和规则。

xACML 的优势在于其高度的灵活性和可扩展性。通过定义属性的组合和复杂的逻辑条件,xACML 能够适应各种动态环境中的访问控制需求。这种标准化语言的设计不仅支持组织在权限管理方面的细致控制,还可以减少对静态访问控制列表和基于角色的访问控制的依赖。

xACML 广泛应用于需要高安全性和细粒度控制的领域,如金融服务、医疗保健、政府机构等。它能够帮助组织在复杂的访问场景中实现自动化决策,确保资源的安全访问。通过使用 xACML,企业能够构建更为灵活和高效的访问控制框架,从而满足现代信息安全需求。

12.3.2　xACML 基本概念

1. xACML 术语

xACML 是一种基于 XML 的标准,用于定义和实施访问控制策略。它由 OASIS(组织结构信息标准化联盟)开发,是一种用于访问控制的规范,主要用于跨多个系统和组织的一致性安全策略管理。以下是 xACML 的主要术语。

(1) Subject(主体):主体是指请求访问资源的实体,如用户、服务等。

(2) Resource(资源):资源是指受保护的实体,如文件、数据库记录、服务等。

(3) Action(动作):动作是指主体希望对资源执行的操作,如读取、写入、删除等。

(4) PolicySet(策略集):策略集是多个策略的容器,可以嵌套使用,以实现复杂的访问控制需求。

(5) Environment(环境):环境是指影响访问决策的外部条件,如时间、位置、设备类型等。

(6) Rule(规则):规则是策略的基本构建块。每条规则定义了在特定条件下的允许或拒绝访问。

(7) Target(目标):目标定义了策略或规则应用的上下文,包括受保护的资源、请求者及环境条件。

(8) Policy(策略):这是 xACML 的核心概念之一。策略是定义访问控制规则的集合,规定了谁可以在什么条件下访问什么资源。

(9) Combining Algorithms(组合算法):当多个策略或规则适用于同一请求时,组合算法定义如何合并这些策略或规则的结果。

(10) Obligations(职责):职责是指在访问决策被允许后需要执行的附加操作,如审计日志记录、通知等。

2. xACML 架构组织

xACML 架构组织主要由以下几个组件组成,这些组件共同协作实现复杂的访问控制功能。

(1) PDP(Policy Decision Point,策略决策点):PDP 是核心组件,负责根据访问请求、策略和上下文作出访问决策。它接收来自 PEP 的访问请求,评估与该请求相关的策略,并返回允许或拒绝的决策。

(2) PEP(Policy Enforcement Point,策略执行点):PEP 是执行访问控制决策的组件。它负责拦截对资源的访问请求,向 PDP 发送决策请求,并根据 PDP 的决策允许或拒绝访问。

(3) PAP(Policy Administration Point,策略管理点):PAP 负责创建、管理和存储策略。管理员使用 PAP 定义和修改访问控制策略,并将这些策略分发到 PDP 进行评估。

(4) PIP(Policy Information Point,策略信息点):PIP 提供额外的信息和属性,这些信息和属性用于策略评估。它从各种数据源获取有关主体、资源、环境等的信息,并将这些信息提供给 PDP。

(5) Context Handler(上下文处理器):上下文处理器负责将访问请求转换为 PDP 可以处理的格式。它从 PEP 接收访问请求,可能需要从 PIP 获取附加信息,并将完整的请求上下文传递给 PDP。

12.3.3　xACML 数据流模型

图 12-1 所示的数据流模型中展示了 xACML 领域的主要参与者。

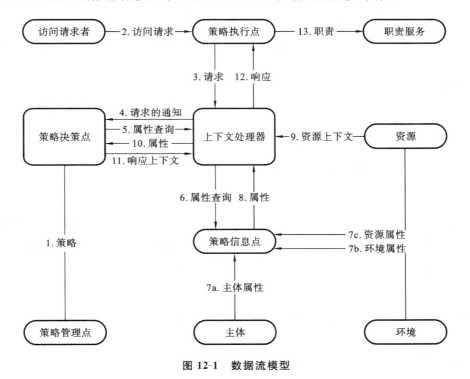

图 12-1　数据流模型

注意:图中显示的一些数据流可能会由一个存储库协助。例如,上下文处理器与 PIP 之间的通信或 PDP 与 PAP 之间的通信可能会由一个存储库协助。xACML 规范并不打算对任何此类存储库的位置进行限制,也不打算规定任何数据流的特定通信协议。

该模型按以下步骤运行。

（1）PAP（策略管理点）编写策略和策略集，并将其提供给 PDP（策略决策点）。这些策略或策略集代表了指定目标的完整策略。

（2）访问请求者向 PEP（策略执行点）发送访问请求。

（3）PEP 将访问请求以其原生请求格式发送给上下文处理器，并可选择性地包括主体、资源、动作、环境和其他类别的属性。

（4）上下文处理器构建一个 xACML 请求上下文，选择性地添加属性，并将其发送给 PDP。

（5）PDP 请求上下文处理器提供任何额外的主体、资源、动作、环境和其他类别（未显示）的属性。

（6）上下文处理器向 PIP（策略信息点）请求这些属性。

（7）PIP 获取所请求的属性。

（8）PIP 将请求的属性返回给上下文处理器。

（9）上下文处理器可选择性地将资源包括在上下文中。

（10）上下文处理器将请求的属性和可选择性的资源发送给 PDP。由 PDP 评估策略。

（11）PDP 将响应上下文（包括授权决策）返回给上下文处理器。

（12）上下文处理器将响应上下文翻译为 PEP 的原生响应格式，并将响应返回给 PEP。

（13）PEP 履行职责。

（14）（未显示）如果访问被允许，那么 PEP 允许访问资源；否则，拒绝访问。

12.3.4 xACML 策略语言模型

策略语言模型的主要组件有规则、策略、策略集。

1. 规则

规则是 xACML 中最基本的单位，通常独立存在于 xACML 域的主要参与者之间。为了在主要参与者之间进行规则的交换，这些规则必须被封装在策略中。规则的评估依据其内容进行，主要组件包括目标、效果、条件、职责表达式和建议表达式。

2. 策略

从数据流模型中可以看出，规则不会在系统实体之间交换。因此，PAP 将规则组合在一个策略中。策略的主要组件包括目标、规则组合算法标识符、一组规则、职责表达式、建议表达式，如图 12-2 所示。

xACML 访问策略被组织为策略集形式，策略集由策略和其他策略集（可选）组成，而策略由规则组成。策略和策略集存储在策略检索点（PRP）中。

与目标相似，规则也包含一组布尔条件，如果计算结果为 True，则触发效用动作允许（Permit）或拒绝（Deny）的执行。如果某个规则的目标条件计算结果为 True，但该规则的条件由于任何原因而无法计算，则该规则的效果是不确定的。

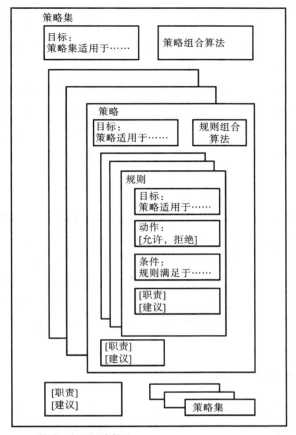

策略、规则组合算法：
·允许覆盖 ·拒绝覆盖 ·首项适用 ·唯一适用

图 12-2 xACML 策略的构造

12.3.5 xACML 上下文

xACML 适用于多种应用环境,其核心语言是通过 xACML 上下文与应用环境隔离。xACML 上下文在 XML 模式中定义,描述了 PDP 输入和输出的规范表示形式。xACML 策略实例引用的属性可以是上下文的〈Content〉元素上的 XPath 表达式,或通过类别、标识符、数据类型(可选)及其发行者标识属性的属性设计器。xACML 策略的实现必须在应用环境(如 SAML、J2SE、CORBA 等)的属性表示和 xACML 上下文中的属性表示之间进行转换。这种转换的实现方式超出了 xACML 规范的范围。在某些情况下(如 SAML),可以通过使用 XSLT 自动完成这种转换。

上下文中典型的属性类别包括主体、资源、操作和环境,用户可以根据需要定义自己的类别。

12.3.6 xACML 组合算法

一个策略可能包含多个规则,而一个策略集也可能包含多个策略或规则集,每个规则、策略或策略集可能产生不同的决策结果,包括允许(Permit)、拒绝(Deny)、不适用(NotApplicable)或不确定(Indeterminate)。xACML 通过一系列组合算法协调这些可能发生冲突的单个决策,每个算法代表一种将多个局部决策合并成单个全局决策的方法。xACML 定义的标准组合算法如下。

(1)拒绝覆盖(Deny-override)。如果任何决策评估为拒绝,或没有决策评估为允许,则合并结果为拒绝。如果所有决策都评估为允许,那么合并结果就是允许。

(2)允许覆盖(Permit-override)。如果任何决策评估为允许,则合并结果为允许,否则合并结果为拒绝。

(3)首项适用(First-applicable)。按评估项在组合列表的顺序,将第一项的决策结果(允许、拒绝或不确定)作为合并结果。

(4)唯一适用(Only-one-applicable)。如果合并列表中只有一个决策适用,则以该决策的结果作为合并结果。如果有多个决策适用,则合并结果为不确定。

在策略的规则和策略集的策略上应用组合算法后,获得 PDP 的最终决策结果。组合算法可用于构建日益复杂的策略,例如,假设仅当聚合(最终)决策为 Permit 时,PDP 才允许主体请求,则“允许覆盖”算法的本质是针对 Permit 的“OR”操作(只需存在一个结果为 Permit 的决策),“拒绝覆盖”算法的本质是针对 Permit 的“AND”操作(所有决策都必须为 Permit)。

12.3.7　xACML 职责和建议

xACML 引入了职责(Obligation)和建议(Advice)的概念。规则、策略或策略集中指定的职责(可选)是指 PDP 向 PEP 发出的指令,指示 PEP 在允许(或拒绝)访问请求之前(或之后)必须执行的操作。

建议与职责相似,唯一的区别在于建议可以被 PEP 选择性地忽略。例如,当 Alice 访问文档 X 时,系统可以通过电子邮件通知她的经理,告知其试图访问文档 X 的情况;若 Alice 被拒绝访问文档 X,则通知 Alice 被拒绝访问的原因;若 Alice 被允许访问文档 X,则可以在传输文档前为其添加水印。

最典型的职责是在批准访问请求后,审计并记录用户的访问事件。需要指出的是,执行职责或建议指令的功能超出了 xACML 的能力,通常需要由特定应用的 PEP 进行实现和执行。

12.3.8　xACML 策略示例

下面以医生对病例的操作为示例,介绍 xACML 策略的规范。为保持与 xACML 相同的语义,这里使用了相同的元素名,但为了增强可读性,策略和规则采用了伪代码(而非准确的 xACML 语法)进行定义。

策略 1 适用于“医生或实习生对病历的所有读/写操作”(即策略的目标),包括三个规则。因此,当具有“doctor”或“intern”角色的主体发出读取或写入“medical-records”资源的请求时,该策略被视为“适用”。

这些规则没有对目标的细化,只是描述了允许医生或实习生对病历进行读/写请求的条件。如果分配给医生或实习生的病房与患者所在病房不同,规则 1 将拒绝任何访问请求(read 或 write)。规则 2 明确拒绝实习生在任何情况下的 read 访问请求。规则 3 在特殊情况下(如病人处于危重状态),允许"doctor"对病历进行读/写访问,而不考虑规则 1 的条件是否满足。由于该策略的目的是在这些特殊情况下允许访问病历,因此使用了"允许覆盖"的策略组合算法,如果仅有规则 1 或规则 2 中的条件适用,则仍然拒绝访问(注意:规则 1 或规则 2 适用时,它们均产生 Deny 的决策)。

```
< Policy PolicyId ="Policy 1"rule combing algorithm="permit overrides">
                // Doctor Access to Medical Records//
<Target>
/* :Attribute-Category :Attribute ID :Attribute Value */
:access-subject :Role :doctor
:access-subject :Role :intern
:resource :Resource-id :medical-records
:action :Action-id :read
:action :Action-id :write
</Target>

<Rule RuleId="Rule 1" Effect="Deny">
<Condition>
Function: string-not-equal
/* :Attribute-Category :Attribute ID */
:access-subject :WardAssignment
:resource :WardLocation
</Condition>
</Rule>

<Rule RuleId="Rule 2" Effect ="Deny">
<Condition>
Function: and
Function: string-equal
/* :Attribute-Category :Attribute ID :Attribute Value */
:access-subject :Role :intern
Function: string-equal
/* :Attribute-Category : Attribute ID :Attribute Value */
:action : Action-id :write
</Condition>
</Rule>

<Rule RuleId="Rule 3" Effect="Permit">
<Condition>
Function: and
```

```
Function: string-equal
/* :Attribute-Category :Attribute ID :Attribute Value */
:access-subject :Role :doctor
Function: string-equal
/* :Attribute-Category :Attribute ID :Attribute Value */
:resource :PatientStatus :critical
</Condition>
</Rule>
</Policy>
```

策略和属性指派一起定义了授权状态。表 12-1 通过指定属性和值域来定义策略 1 的授权状态。

表 12-1　策略 1 的属性、值域、授权状态

主体属性和值域	$\text{Role}=\{\text{doctor},\text{intern}\}$ $\text{WardAssignment}=\{\text{ward1},\text{ward2}\}$
资源属性和值域	$\text{Resource-id}=\{\text{medical-records}\}$ $\text{WardLocation}=\{\text{ward1},\text{ward2}\}$ $\text{PatientStatus}=\{\text{critical}\}$
操作属性和值域	$\text{Action-id}=\{\text{read}(r),\text{write}(w)\}$
系统中,两个主体(s_3,s_4)和两个资源(r_6,r_7)的属性指派	$A(s_3)=\langle\text{doctor},\text{ward2}\rangle,$ $A(s_4)=\langle\text{intern},\text{ward1}\rangle,$ $A(r_6)=\langle\text{medical-records},\text{ward1}\rangle,$ $A(r_7)=\langle\text{critical}\rangle$
授权状态	$(s_3,r,r_5),(s_3,w,r_5),(s_3,r,r_7),(s_3,w,r_7),(s_4,r,r_6)$

12.3.9　xACML 访问请求与响应

xACML 规范了访问请求与响应的数据传输格式,称为 xACML 上下文。访问请求和响应格式代表了 PDP 与 PEP 之间的标准接口。如果 PEP 没有在 xACML 上下文中生成访问请求,那么 PEP 和 PDP 之间就需要一个上下文处理器。该处理器将特定应用环境的请求(来自 PEP)转换为 xACML 上下文请求,然后提交给 PDP,还要将从 PDP 接收的 xACML 上下文响应转换为特定应用环境的响应,然后转发给 PEP。

请求上下文由一个或多个与策略元素(如主体、资源、操作和环境)相关联的属性组成。例如,如果 IRS 代理 Smith 请求在上午 9:30 写入 Brown 的报税表,xACML 访问请求将携带主体属性 Subject-id 和 Role(属性值分别为"Smith"和"IRS 代理"),资源属性 Resource-id 和 Resource-owner(属性值分别为"Tax-returns"和"Brown"),操作属性 Action-id(属性值为"write"),环境属性 Time(属性值为"9:30")。

响应上下文包含一个或多个从 PDP 获得的、与访问请求对应的评估结果,如决策、状态、职责或建议(可选)。如上所述,决策结果包括允许、拒绝、不适用或不确定(在发

生错误的情况下）。状态用于返回与错误相关的信息（可选）。对适用的策略或策略集，响应还可以选择性地包括一个或多个职责或建议。

12.3.10   xACML 委托

到本章节为止，我们讨论的 xACML 策略主要是由单一授权机构创建和管理的访问策略。这种集中式管理的方式假设该授权机构（如集中式管理员）是可信赖的，因此这些访问策略不需要包含"颁发者（Issuer）"信息。基于这一信任机制，这类策略被称为可信访问策略。在没有其他类型策略的情况下，xACML 策略库中的所有策略都可以简单称为可信访问策略。可信访问策略的一个显著优势在于，PDP 能够直接使用它们进行决策计算。

为了支持通过委托机制创建策略，xACML 引入了一种新的策略类型，称为管理策略。这类策略允许指定多个授权机构，用于 A 创建访问策略，或 B 制定一个或多个管理策略，以进一步指定下级授权机构。这些被指定的授权机构被称为受托方，其权限的适用范围被称为情境（Situation）。因此，xACML 规范需要定义委托策略，从而形成委托链，这一链条由一个或多个管理策略组成，并以访问策略作为终点。

在支持委托机制的 xACML 策略库中，存在四种子类型的策略：可信访问策略、非可信访问策略、可信管理策略和非可信管理策略。

根策略或委托策略，即委托链的起点，是一种称为可信管理策略的管理策略子类。可信管理策略由创建可信访问策略的同一机构制定，因此，该策略也不需要颁发者标记，因为它始终由可信的集中式管理员生成。

12.4   NGAC 实现 ABAC

12.4.1   NGAC 简介

下一代访问控制（Next Generation Access Control，NGAC）是一种先进的访问控制模型，旨在提供比传统访问控制模型更高的灵活性和细粒度的访问管理能力。NGAC 通过引入基于属性的访问控制和基于政策的机制，支持动态和上下文感知的访问决策。

NGAC 的核心思想是将访问控制与用户、资源及其属性之间的关系结合起来，通过灵活的策略定义，实现对复杂访问需求的满足。在此模型中，访问决策不仅依赖于用户的身份和角色，还考虑了环境因素和资源特性。这种方法使 NGAC 能够在不断变化的环境中动态适应，如云计算、物联网和企业协作等场景。

NGAC 的关键组成部分包括访问请求、访问决策、访问控制策略和属性定义。

（1）访问请求：包含用户的身份信息及其访问资源的意图。

（2）访问决策：基于预定义的策略和动态属性进行计算。

（3）访问控制策略：通过规则和条件的组合，描述在特定情况下哪些用户可以对哪些资源执行何种操作。

（4）属性定义：为访问控制提供了上下文信息，使决策过程更具灵活性和适应性。

与传统访问控制模型相比，NGAC 提供了更高的可扩展性和可管理性，允许组织根据具体需求快速调整访问控制策略。这使 NGAC 在处理复杂的权限管理和动态变化的环境时，具备显著优势。通过有效实施 NGAC，组织能够更好地保护敏感信息并满足合规要求，同时提升用户的访问体验。

12.4.2   NGAC 策略及其属性元素

NGAC 的访问控制数据由基本元素、容器和可配置关系构成。用户、操作和客体的概念与 xACML 中的主体、动作和资源相对应。此外，NGAC 引入了进程、管理操作和策略类等概念，增强了灵活性与管理能力。

在 NGAC 框架中，用户与进程为独立但相互关联的实体。进程可视为简化的操作系统进程，具备 ID、内存和资源分配描述符，同时与用户共享相同的属性。虽然 xAC-ML 中的资源与 NGAC 的客体相似，但 NGAC 更强调客体对其数据内容的间接引用。客体不仅指代其本身，也表示其所包含的数据内容，视为客体的一种属性。客体集代表需要保护的实体，如文件、剪贴板、电子邮件和数据库记录字段等。

NGAC 中的用户容器（用户属性）表示用户的角色、从属关系或与策略相关的特征（如安全许可）。客体容器（属性）通过标识与项目、应用程序或安全分类相关的客体集来描述数据与资源。策略类容器在更广泛的层面上对策略或数据服务集合进行分组，每个容器代表一组不同但相关的策略元素。所有用户、用户属性和客体属性必须至少包含在一个策略类中，策略类之间可以相互排斥或部分重叠。

NGAC 不仅支持对客体的基本输入和输出操作（如读和写），还具备对访问控制数据的标准管理操作能力。同时，NGAC 的部署能够控制其他数据服务操作，并为操作环境定义资源操作。管理操作涉及 NGAC 数据元素和关系的创建与删除，是 NGAC 框架的重要组成部分，与实际操作环境保持独立。通过这种结构，NGAC 能够灵活应对复杂的访问控制需求，提供更为精细的安全管理。

12.4.3   NGAC 关系

NGAC 通过四种类型的关系表达策略，包括指派（Assignment）、关联（Association）、禁止（Prohibition）和职责（Obligation）。

1. 指派和关联

NGAC 使用元组 (x,y) 来指代将元素 x 指派给元素 y，记为 $x \rightarrow y$。指派关系通常意味着包含关系（x 包含在 y 中）。一个或多个指派关系形成的链用"$\rightarrow+$"表示。指派可以使用的实体包括用户、用户属性、客体属性（包括所有客体）和策略类。

用户的所有操作都离不开访问权限。与操作的分类相似，访问权限也分为两类：非管理权限和管理权限。

在执行操作时，访问权限的授予是通过关联关系实现的。该关联由三元组 (ua, ars, at) 表示，其中 ua 代表用户属性，ars 指访问权限，at 可以是用户属性或客体属性。在关联关系中，at 用于引用自身及其包含的策略元素，类似地，ua 可视为对用户及其所具有属性的引用。

关联（ua，ars，at）的含义在于，具有 ua 指定属性的用户可以对 at 所指向的策略元素执行 ars 规定的访问权限。需要注意的是，at 所关联的策略元素集合依赖于 ars 中的访问权限，并且仅在 ars 所定义的访问范围内，该集合才具有实际意义。

图 12-3 展现了指派关系与关联关系。其中，图 12-3（a）描述了一种访问控制策略配置，对应的策略类别为"Project Access"；图 12-3（b）体现了一种数据服务配置，归属于"File Management"策略类别。在这两幅图中，左侧表示用户及其属性，右侧对应客体及其相关属性，箭头表示指派关系，虚线表示关联关系。需要强调的是，策略元素的引用依赖于 ars 中定义的访问权限。

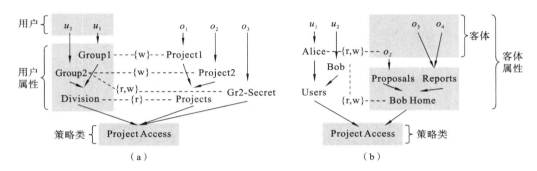

图 12-3   指派关系和关联关系的示例

在每个关联关系中，at 属性均为客体属性，所涉及的访问权限包括读（read）和写（write）。例如，在关联关系"Division---{r}---Projects"中，Projects 作为策略元素，引用了客体 o_1 和 o_2，表明用户 u_1 和 u_2 具备读取 o_1 和 o_2 的权限。若存在关联"Division---{create assign to}---Projects"，则 Projects 所指向的策略元素包括 Projects、Project1 和 Project2，这意味着 u_1 和 u_2 具有对 Projects、Project1 和 Project2 进行指派管理的权限，即可以创建相应的指派关系。

2．特权的派生

总体而言，关联关系与指派关系通过间接方式指定了（u，ar，e）形式的特权，其中 u 代表用户，ar 表示访问权限，e 可以是用户、用户属性或客体属性。换言之，该特权表明用户 u 被授权或具备在元素 e 上执行访问权限 ar 的能力。在访问控制决策的计算过程中，确定特权（即派生关系）的存在是必要条件，但仅依靠特权的识别并不足以直接推导出最终的访问决策。

为了解决这一问题，NGAC 引入了一种算法，用于识别特定策略类别及其关联的特权。一个（u，ar，e）形式的特权成立，当且仅当对于每个包含 e 的策略类别 pc，均满足以下条件：用户 u 属于关联关系中的用户属性集合；元素 e 被包含在该关联的 at 属性中；at 属性本身归属于策略类别 pc；访问权限 ar 是该关联关系所定义的权限集合的成员。

注意，用于确定权限的算法适用于包含一个或多个策略类的配置（Configuration）。表 12-2 的左、右栏分别列出了图 12-3（a）和图 12-3（b）中的派生特权。

表 12-2 图 12-3(a)和图 12-3(b)中的派生特权

图 12-3(a)中的派生特权	图 12-3(b)中的派生特权
$(u_1,r,o_1),(u_1,w,o_1),(u_1,r,o_2),$	$(u_1,r,o_2),(u_1,w,o_2),(u_2,r,o_2),$
$(u_2,r,o_1),(u_2,r,o_2),(u_2,w,o_2),$	$(u_2,w,o_2),(u_2,r,o_3),(u_2,w,o_3),$
$(u_2,r,o_3),(u_2,w,o_3)$	$(u_2,r,o_4),(u_2,w,o_4)$

图 12-4 是将图 12-3(a)和图 12-3(b)综合在一起配置时的指派关系和关联关系。注意,出于确定派生权限的需要,这里未考虑用户属性到策略类的指派关系,因此图中没有显示。

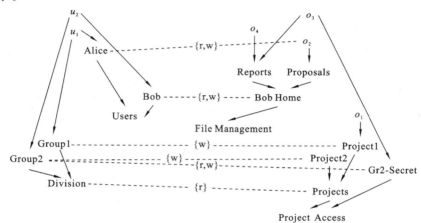

图 12-4 综合配置图 12-3(a)和图 12-3(b)的指派关系和关联关系

注意,(u_1,r,o_1) 是表 12-3 中的特权,因为 o_1 只在策略类"Project Access"中,并且存在一个关联关系"Division---{r}---Projects",其中 u_1 在 Division 中,r 在 {r} 中,o_1 在 Projects 中。但是,(u_1,w,o_2) 不是表 12-3 中的特权,因为 o_2 在"Project Access"和"File Management"策略类中都存在,尽管存在一个关联关系"Alice---{r,w}---o_2",其中 u_1 在 Alice 中,w 在 {r,w} 中,o_2 在 o_2 和"File Management"中,但是在"Project Access"中不存在这样的关联。

表 12-3 综合配置图 12-3(a)和图 12-3(b)中的派生特权

综合配置图 12-3(a)中的派生特权	综合配置图 12-3(b)中的派生特权
$(u_1,r,o_1),(u_1,w,o_1),(u_1,r,o_2),$	$(u_1,r,o_2),(u_1,w,o_2),(u_2,r,o_2),$
$(u_2,r,o_1),(u_2,r,o_2),(u_2,w,o_2),$	$(u_2,w,o_2),(u_2,r,o_3),(u_2,w,o_3),$
$(u_2,r,o_3),(u_2,w,o_3)$	$(u_2,r,o_4),(u_2,w,o_4)$

在 NGAC 配置中,规则是通过间接方式指定的。例如,图 12-3(a)所示的访问控制策略规定了"被指派至 Group1 或 Group2 的用户可以读取 Projects 中包含的客体,但仅 Group1 用户可对 Project1 进行写入,而 Group2 用户仅能对 Project2 进行写入。"此外,该策略还定义了"Group2 用户可以在 Gr2-Secret 目录下对数据对象执行读/写操作。"

尽管图 12-3(a)明确了访问客体的读/写权限,但该配置仍然是不完整的,因为它未对用户、客体、策略元素进行创建与管理,以及未对指派与关联的具体规则作出规定。

图 12-3(b)描绘了一种用于文件管理的数据服务访问策略。在该配置中,用户 u_2(Bob)对其主目录 Bob Home 内所有被指派的客体属性(如 Proposals、Reports,代表目录)下的客体具有读/写权限,而用户 u_1(Alice)具有对客体 o_2 的读/写权限。然而,这一策略仍然存在不足之处。通常情况下,用户希望文件管理数据服务具备文件夹的创建和管理能力,并支持在其文件夹内创建与分配数据对象。此外,该服务的另一常见特性是允许用户向其他用户授予或撤销对自身控制客体的访问权限。

图 12-4 以交集的方式呈现了策略的合并关系,NGAC 通过布尔逻辑(AND 和 OR)进行策略组合的表达。在图 12-5 中,展示了 12.3.8 节定义的 xACML 策略 1 的 NGAC 等效配置。这两种策略均指明"被指派为 Intern 的用户可读取病历信息,而 Doctor 可以读取和修改与其同病房的病历。此外,Doctor 也可以访问被指派为重症患者的病历,而不受病历所在病房的限制。"

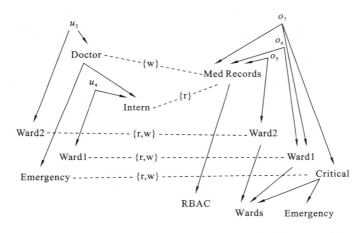

图 12-5 xACML 策略 1 的 NGAC 等价表达

图 12-5 显示了与 xACML 主体和资源(在表 12-1 中)相对应的 NGAC 用户和对象,这些用户和对象被指派了表 12-1 中的属性值。相应地,图 12-5 的派生特权(表12-4 中列出)与表 12-1 中指定的授权状态也是一致的。

表 12-4 综合配置图 12-3(a)和图 12-3(b)中的派生特权

综合配置图 12-3(a)和图 12-3(b)中的派生特权
(u_3, r, o_5),(u_3, w, o_5),(u_3, r, o_7),(u_3, w, o_7),(u_4, r, o_6)

12.4.4 NGAC 决策功能

在 NGAC 访问控制机制中,访问决策功能以进程为单位进行管理。每个进程对应一个特定用户,该用户必须对涉及的策略元素具备足够的访问权限。函数 process_user(p)用于表示与进程 p 关联的用户。

访问请求采用格式(p, op, argseq),其中 p 代表进程,op 表示执行的操作,argseq 为该操作对应的参数序列。换言之,访问请求由一个操作及其相关参数组成,这些参数可枚举,包括数量、类型及传递顺序。

在进行访问决策时,系统需要将进程的操作及参数序列映射到一组访问权限与策略元素对(即{(ar,pe)})。进程所代表的用户必须具有这些权限与策略元素的匹配关系,才能获得授权。

在决定是否允许或拒绝访问请求时,授权决策机制会综合考虑适用于用户及其进程的所有权限与限制(拒绝规则)。这些权限与限制来源于相关的关联关系和禁止规则,并且系统遵循"限制优先于权限"的原则。

对于进程访问请求$(p, op, argseq)$及其映射关系$(op, argseq) \rightarrow \{(ar, pe)\}$,进程被授权的充分必要条件是,在$\{(ar, pe)\}$中的每对$(ari, pei)$均存在对应的特权$(u, ari, pei)$,其中$u = process\_user(p)$,并且$(ari, pei)$对$u$或$p$没有被显式拒绝。

例如,假设访问请求为$(p, read, o_1)$,其中p代表u_1的进程,操作$(read, o_1)$被映射至(r, o_1)。若特权(u_1, r, o_1)存在,并且(r, o_1)未被拒绝分配给u_1或p,则该访问请求被批准。再假设存在关联关系"Division---{create assign to}---Projects"及"Bob---{create assign from}---Bob Home",且进程p(对应u_2)发出了访问请求$(p, assign, \langle o_4, Project1 \rangle)$,该请求的映射结果为$\{(create\ assign\ from, o_4), (create\ assign\ to, Project1)\}$。若特权$(u_2, create\ assign\text{-}from, o_4)$和$(u_2, create\ assign\text{-}to, Project1)$皆已存在,并且$(create\ assign\text{-}from, o_4)$及$(create\ assign\text{-}to, Project1)$未对$u_2$或$p$施加拒绝限制,则该访问请求被批准。

12.4.5 NGAC 管理策略

NGAC 管理策略的核心功能通过管理性关联、委托机制及管理指令和管理例程实现对访问控制的全面管理。

1. 管理性关联

执行管理操作的用户必须具备适当的访问权限。管理权限的定义与资源访问权限类似,但管理性权限与管理操作之间并不一定是同义关系。授权某一操作可能需要一个或多个管理性访问权限。有些管理权限分为"from"和"to"两部分,用户必须同时持有这两部分权限,才能执行相应的管理操作。

2. 委托机制

管理能力的创建始于具有全面管理权限的超级用户。系统的初始状态为空的 NGAC 配置,超级用户能够直接创建管理策略或委托其他管理员赋予管理权限。管理能力的委托和撤销通过创建和删除关联实现,要求创建者必须具备相关属性的访问权限。这一原则确保了管理属性和管理能力的有效性,从而形成了从超级用户到普通管理用户的层级结构。

3. 管理指令和管理例程

管理指令和管理例程是实现管理策略的关键工具。管理指令描述了对 NGAC 策略元素和关系的基本操作,如创建、删除或修改策略元素。每个涉及管理操作的访问请求都对应一个管理例程,该例程利用请求中的参数序列执行访问。仅当进程对操作所涉及的元素具备有效权限时,访问决策功能才会授权该请求,并启动管理例程。

管理指令提供了 NGAC 框架的基础功能,而管理例程则依托多个管理指令执行更复杂的功能。管理例程以原子事务的方式执行,若其中任何指令因错误或权限不足而失败,整个例程将失败,效果等同于未执行任何操作。执行管理例程的用户必须具备每个管理命令所需的权限。

此外,NGAC 还支持基本的输入和输出操作(如读数据和写数据),以及能够创建和管理策略元素和关系的管理性操作。为了适应数据服务,NGAC 可以建立对其他操作(如发送、提交、批准和创建文件夹)的控制,但基本的操作能力通常可以通过对数据的读和写,以及对数据元素、属性和关系的管理操作组合实现。

综上所述,NGAC 管理策略通过严格的权限管理、委托机制和系统化的指令执行,确保了访问控制的灵活性和安全性。

12.4.6　NGAC 功能架构

NGAC 的功能架构与 xACML 类似,分为四个主要层次:实施层、决策层、管理层和访问控制数据层。这些层次协同工作,以实现基于策略的访问控制和数据服务,如图 12-6 所示。

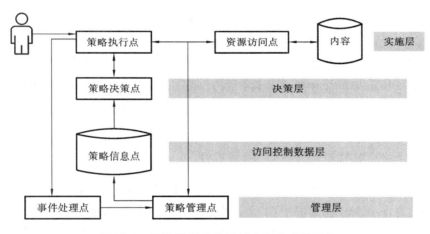

图 12-6　基于 NGAC 表示的 ABAC 功能架构

1. 实施层

策略执行点(PEP)负责捕获应用程序的访问请求。每个请求包含进程 ID、用户 ID、操作类型及相关的数据资源或访问控制数据元素和关系。PEP 的主要功能是收集这些信息并将其传递给决策层。

2. 决策层

策略决策点(PDP)对 PEP 提交的访问请求进行处理。PDP 基于策略管理点(PAP)存储在策略信息点(PIP)中的数据元素和关系的当前配置,计算访问请求的决策。与 xACML 不同,NGAC 提供的访问请求信息和关系生成了完整的上下文,使 PDP 能够作出更加精准的批准或拒绝决定。

3. 管理层

管理层的 PAP 实现管理操作的例程,负责策略的创建、修改和删除。如果访问请求涉及管理操作且 PDP 的决策为批准,PDP 会指示 PAP 执行相关的管理操作,并将执行状态返回给 PDP。

4. 访问控制数据层

资源访问点(RAP)实现具体的数据读、写操作。当 PDP 批准读、写请求时,会返回目标内容的物理位置,PEP 随后向 RAP 发出操作命令。RAP 执行操作后返回执行结果,并在读取操作中返回数据内容的类型,PEP 则调用相应的数据服务应用程序进行处理。

在成功的执行状态下,PEP 会将访问上下文提交给事件处理点(EPP)。EPP 监控这些上下文,并在与特定职责的事件模式匹配时,自动执行相应的管理操作,可能会改变访问状态。

值得注意的是,NGAC 是一种与数据类型无关的访问控制机制。它将可访问的实体视为资源数据或访问控制数据的元素或关系,直到访问过程完成后,数据的实际类型才对相关应用程序产生影响。这种设计增强了 NGAC 的灵活性与适应性,能够满足多样化的访问控制需求,确保安全性与高效性并存。

12.5　xACML 与 NGAC 对比分析

xACML 与 NGAC 在灵活性和机制无关的策略规则表示方面具有相似性,但在策略表达、属性处理、决策计算和请求表示等方面存在显著差异。本节将分析这些相似性与差异,重点介绍四个 ABAC 考虑因素,即策略支持的范围和类型、运行效率、属性和策略管理,以及管理审查和资源发现。

12.5.1　访问控制功能与操作环境的解耦性

xACML 与 NGAC 都实现了访问控制功能与操作环境的分离,但这种分离的程度有所不同。在 xACML 的部署中,多个操作环境共享一个通用的授权基础设施,各自实现不同的认证方法,并支持特定的操作例程。xACML 访问请求中的具体操作与这些操作环境的例程直接对应,因此依赖于操作环境的 PEP 返回决策结果。

相比之下,NGAC 的设计允许在特定操作环境下存在与之解耦的 PEP,并且提供支持通用操作(如读取、写入、创建、删除策略元素与关系)的 API。这种设计使 NGAC 能够通过统一的 API 和访问控制数据元素,提供对多种数据服务的支持,从而展现出更高的灵活性和适应性。

12.5.2　策略支持的范围和类型

在策略支持方面,xACML 与 NGAC 都涵盖了自主访问控制与强制访问控制。尽管 xACML 理论上能够实现 DAC,但在效率上却存在不足。而 NGAC 则提供了灵活的管理能力,能够支持多种形式的 DAC。与 DAC 不同,MAC 不允许普通用户影响资源的操作权限,其规则被严格执行,xACML 在这方面表现尤为出色,能够基于属性值定义规则,并灵活表达动态环境属性策略,这一点在 NGAC 中相对困难。

12.5.3　运行效率

虽然 xACML 和 NGAC 在识别与请求相关的策略和条件时有所相似,但具体的方法差异显著。xACML 请求由主体、资源、操作和环境属性的名称-值对组成,决策过程需要从策略存储中查找适用的策略,并进行组合算法的计算。而 NGAC 则通过图形结构将访问控制数据集中在单一存储中,采用路径搜索算法迅速确定权限,决策过程通常更加高效。

在决策计算中,xACML 的过程可以分为三个阶段:策略加载、适用策略查找和策略评估,而 NGAC 则通过图形表示直接计算用户对对象的有效权限,通常表现出更快的响应速度。

12.5.4　属性和策略管理

xACML 与 NGAC 均支持去中心化的访问策略管理,允许一个权威(委托方)将权限委托给其他用户(受托方)。然而,xACML 的委托机制依赖于受信任和不受信任的策略,缺乏规范化的协调方法。相比之下,NGAC 通过单一管理员创建和委托管理能力,显得更加灵活且易于操作。此外,xACML 使用 XML 语言,尽管表现力强大,但导致策略的复杂性增加。而 NGAC 则通过图形方式表达策略,简化了管理过程,方便管理员理解属性关系及其覆盖的策略。

12.5.5　管理审查和资源发现

管理审查和资源发现是访问控制的重要功能。NGAC 支持高效的用户和对象审查算法,能够通过线性有界算法迅速检索用户可访问的对象,执行效率往往超过理论分析的预测。而基于逻辑公式的 xACML 策略模型在审查效率方面存在不足,无法在不测试所有可能决策结果的情况下快速确定授权状态。

综上所述,xACML 与 NGAC 在访问控制模型中各具优势与局限。在选择合适的访问控制方案时,应考虑特定应用场景的复杂性、策略管理的灵活性及系统性能等因素,以确保实现高效且安全的访问控制。

习题 12

12.1　什么是基于属性的访问控制? 与传统访问控制相比,它的优势体现在哪些方面?

12.2　ABAC 是怎样实现访问控制的?

12.3　在基于属性的访问控制中,属性的含义是什么? 它起什么作用? 引入"属性"给系统的访问控制带来了什么便利?

12.4　ABAC 对比 RBAC 有哪些区别?

12.5　什么是 xACML? 什么是 NGAC? 两者的相同点体现在哪里?

12.6　NGAC 与 xACML 有哪些区别?

12.7　在实际应用中,如何根据不同的情况对 NGAC 和 xACML 进行选择?

13

云计算与访问控制

在当今数字化和信息化程度日益提升的时代,云计算作为一种强大的信息技术模式,已经深刻改变了数据存储、处理和应用的方式。其高效性、灵活性和高效益使越来越多的组织和个人选择将其业务和数据迁移到云平台。然而,随着云计算的普及,数据的安全性和隐私保护问题也日益凸显。

在云计算环境下,访问控制作为保障数据安全和隐私的关键技术手段,显得尤为重要。访问控制涉及管理和控制用户、系统或实体对资源的访问权限,要确保只有授权的用户才能够在合适的时间、适当的地点和适宜的方式下获取数据或服务。在这个过程中,需考虑不同用户角色的权限需求、访问策略的设计和实施、技术实现上的挑战和解决方案。

本章将深入探讨云计算环境下的访问控制机制及其实际应用,从云计算的基本概念出发,系统介绍云计算访问控制需求和模型,并根据企业实例分析不同实例的优缺点,为读者构建一个全面的理解框架。通过学习本章内容,读者能够掌握如何在云计算环境中设计和实施有效的访问控制措施,以确保数据和服务的安全性与可靠性。

13.1 云计算概述

13.1.1 云计算基本概念与特点

1. 云计算基本概念

云计算依托于互联网的先进计算范式,使用户能够通过网络平台接入一个高度可配置的资源池,涵盖网络、服务器、存储、应用和服务等。这一模式以其灵活性、安全性、可靠性、可扩展性、高可用性以及成本效益性,为用户提供了一种新型的服务获取方式。用户可以根据自身的具体需求,定制和购买相应的服务,其便利性类似于日常生活中对水、电、煤气的按需使用和计费。

云计算并非完全新兴的技术,而是一种创新的运营模式,其融合了现有的技术(如虚拟化技术、基于效用的成本定价技术)以适应现代信息技术的发展趋势。云计算作为一个营销术语,包含多种不同的理念,并且在缺乏统一标准定义的情况下引发了市场的炒作和混淆。美国国家标准与技术研究院（National Institute of Standards and Technology，NIST）对云计算的定义：云计算是一种模型，其允许用户方便地、按需访问共享的可配置的计算资源池（如网络、服务器、存储、应用和服务），这些资源能够迅速提供并释放，几乎不需要服务提供商的直接管理。

2. 云计算的特点

与传统的服务计算有所不同，云计算具有以下几个显著特点。

1）多租户性

在云计算环境中，多个服务提供商的服务共存于单一的数据中心内。这种模式要求服务提供商和基础设施提供商共同承担性能和管理工作，尽管分层架构促进了责任的自然分工，但同时也增加了管理的复杂性。

2）共享资源池化

基础设施提供商通过构建计算资源池，并将它们动态分配给不同消费者，增强了资源管理的灵活性。这种资源池化策略使得资源可以根据需求进行有效分配，提高了资源利用率。

3）广泛的地理分布和网络访问

云服务的全球分布和通过联网设备访问的特性，提升了网络性能，并增强了服务的本地化效用。全球分布的数据中心确保了服务的高可用性和快速响应。

4）面向服务

云计算采用了以服务为导向的运营模式，重视服务管理，并依据服务级别协议（Service Level Agreement，SLA）提供服务。这种模式强调服务质量和客户满意度，确保了服务的连续性和可靠性。

5）动态资源配置

云计算能够根据实时需求获取和释放资源，实现资源的动态配置，从而降低运营成本，并提高资源利用率。

6）自组织性

资源的按需分配或释放，以及服务提供商根据需求管理资源消耗的能力，使资源管理自动化成为可能。这种自组织性提供了对服务需求变化的快速响应和灵活性。

7）基于效用定价

云计算采用了按使用量付费的定价模型，这种模型虽然降低了服务运营成本，但也增加了控制运营成本的复杂性。不同的服务可能有不同的定价方案（如按小时租用虚拟机或按客户数量收费），以适应不同客户的需求。

13.1.2　云计算的发展与应用

云计算的发展起源于 20 世纪 60 年代，计算机科学家 John McCarthy 首次提出了资源共享的概念。由于当时技术条件的限制，这一理念并未得到迅速发展和应用。进入 21 世纪，互联网的普及和宽带速度的提升为其成型提供了技术基础。2006 年，亚马逊推出了 EC2（Elastic Computing Cloud）。同年，谷歌的 Eric Emerson Schmidt 首次在公开场合使用"云计算"一词，这标志着云计算正式进入公众视野，并开始迅速发展。

在云计算的发展历程中，基础设施即服务（Infrastructure as a Service，IaaS）成为一个关键的里程碑，其通过互联网提供了虚拟化的计算资源。IaaS 提供商使得用户能够根据需求租用服务器、存储网络资源，而无需进行昂贵的硬件投资。这种服务模式为用户提供了前所未有的灵活性和可扩展性，从而推动了云计算的广泛应用。

随后，平台即服务（Platform as a Service，PaaS）和软件即服务（Software as a Service，SaaS）模式得到了发展，其提供了更高层次的抽象化服务，简化了应用程序的开发和部署过程。PaaS 为开发者提供了一个平台，用于构建、测试和部署应用程序，SaaS 则允许用户通过互联网访问软件应用程序，通常以订阅模式提供服务。

到了 2008 年，几乎所有的主流 IT 厂商，包括 IBM、HP、Intel、Cisco、Microsoft、Oracle、Google、Amazon 等，都开始积极拥抱云计算，并将其作为业务发展的核心部分。同时，许多小型 IT 企业和创业公司也将云计算作为主要发展方向，形成了一个完整的云计算生态系统，推动了各类云产品和服务的涌现。

在应用层面，云计算已经渗透到各个行业和领域。金融云通过云计算模型整合金融产品、信息和服务，提升金融机构的工作效率和流程优化。教育云为教育信息化提供了硬件计算资源的虚拟化，促进了教育资源的共享和优化配置。医疗云结合云计算、物联网和大数据技术，构建了医疗健康服务云平台，提高了医疗服务的质量和效率。此外，云游戏、云会议和云社交等新兴应用也随着云计算技术的发展而兴起，为用户提供了全新的服务模式和体验。云计算的可伸缩性、灵活性和成本效益，使得企业能够更加高效地管理资源，推动了技术创新和业务模式的变革。

13.2 云计算访问控制需求

云计算作为由众多技术发展到一定阶段并共同作用的集成成果，不仅继承了传统计算模式的核心技术，还在此基础上融合了分布式处理、虚拟化、网络存储等多种技术，形成了一种全新的计算资源交付和服务模式。该模式以其高度的灵活性、可伸缩性和成本效益，迅速成为信息技术领域的一个重要分支。然而，云计算的独特性也带来了一系列新的挑战和需求。

在传统的计算环境中，访问控制技术已经发展出一套相对成熟的理论和实践方法，包括自主访问控制、强制访问控制和基于角色的访问控制等模型。这些模型在特定的应用场景下，能够有效地管理和控制用户对资源的访问权限。随着云计算的兴起，这些传统的访问控制模型面临着新的挑战。云环境的核心优势之一是其授权了用户能够随时随地访问数据的能力，这一特性极大地增强了其吸引力。但这种高度的数据共享也伴随着显著的安全风险，在海量信息交互和资源共享的背景下，授权过程变得异常复杂，不仅要求对已知用户进行授权，还需要处理对大量的未知用户的授权。同时，其不仅需要在访问前进行授权，还需要在访问的过程中根据实际需要进行权限的更改，一旦发现授权条件不满足，需要实时地取消授权。

此外，云计算中数据中心的概念催生了一系列新的用户需求。例如，一些服务可能限制国外用户的访问权限，或要求数据不得存储于国外；还有一些服务可能要求用户履行特定义务后才能获得授权。这也对于客户端数字对象的权限控制提出了新的要求。

上述新问题对传统访问控制模式构成了挑战,尤其是那些依赖于中心化仲裁的访问控制方法,在面对系统中大量未知用户时,难以有效地进行授权管理。

综上所述,在云计算时代,体系结构和工作方式经历了显著的转变,主要表现在以下五个关键方面。

(1)云计算采纳了分布式、可迁移且富有弹性的工作模式。一旦数据被迁移至云端,数据提供者便失去了对数据的直接控制,使得数据安全性和隐私面临来自云平台内外的多方面威胁。

(2)云平台环境的复杂性日益增加,它包含了大量不同种类的用户和海量的数据资源,这些资源的属性千差万别,且云计算环境始终处于动态变化之中,这些因素均对用户的数据访问和使用产生影响,因此,需要实施更为精细的访问控制机制。

(3)云计算架构普遍采用多租户模式,用户以租户身份访问云平台,这极大地提高了访问效率,并更贴合开放式、弹性化的云计算环境。然而,传统的访问控制模型并不适应多租户模式,因此,需要对传统访问控制模型的结构进行调整。

(4)云计算能够根据实时需求动态地提供资源,包括网络、计算和存储等,这些资源一直处于变化之中,导致数据访问控制策略必须实时动态调整,增加了管理的复杂性,因此,需要更加灵活和动态的访问控制机制。

(5)在云计算中,数据提供者和用户往往不处于同一安全域内,数据提供者无法直接对数据进行访问控制,这给数据的加密和签名带来了新的挑战,因此,需要设计更为安全和强有力的访问控制机制,以确保数据的机密性、完整性和可用性。

13.3　云计算访问控制原理

随着各大企业越来越多地依赖云服务存储和处理敏感信息,传统的访问控制模型已经无法满足这些新兴环境的复杂性和动态性。云计算特有的属性,如多租户性、资源动态分配和虚拟化技术,引入了额外的安全挑战和访问控制要求。基于属性的约束规范语言(Attribute-Based Constraint Specification Language,ABCL)能很好地解决上述安全挑战,满足对应需求,因此,本节将深入探讨如何在云基础设施即服务中实施ABCL。本节将介绍如何利用ABCL解决多租户环境中的安全问题,包括如何通过属性和约束管理虚拟资源的隔离、如何确保动态资源分配的安全性,以及如何实现细粒度的访问控制。

13.3.1　公有云 IaaS 安全策略规范

在公有云 IaaS 中,服务提供商向其客户提供虚拟机(Virtual Machine,VM),多个VM 可以运行在同一个物理服务器上,由多个租户共享。在该环境下,租户的 VM 可能受到以下影响。

(1)云服务提供商的恶意或疏忽的管理员。

(2)竞争租户的恶意 VM。

（3）客户自己的管理员。

（4）云系统外部的人员。

其中，来自客户自己的管理员和来自云系统外部的人员的威胁是传统情况下的安全问题，已有相应的防护措施，如防火墙和访问控制策略。云服务提供商的恶意或疏忽的管理员以及竞争租户的恶意 VM 所带来的威胁则更为特殊，且与公有云 IaaS 环境紧密相关。为了应对这些特殊的威胁，可以利用 ABCL 制定相应的约束措施。

在公有云 IaaS 中，服务提供商的管理员可能滥用其权限，恶意或无意地泄露消费者的机密数据，具体而言，通过恶意管理员窃取明文密码、私钥等在内的多种攻击不需要任何物理访问即可获取机密数据，管理员访问竞争租户的 VM 可能会导致一个 VM 到另一个 VM 的关键信息流动。以下列举了 VM 资源管理和公有云 IaaS 中的管理员用户权限管理相关的安全策略。

1. 与 VM 资源管理相关的安全策略

（1）租户希望其高敏感的 VM 不要部署在有竞争租户的 VM 物理服务器上。

（2）租户希望其 VM 与竞争租户的 VM 不在同一网络内。

（3）合作租户的 VM 位于同一服务器上，以便利用内部进程通信，进行高敏感的数据交换。

（4）合作租户希望其 VM 位于同一网络内。

（5）租户希望其高敏感的 VM 位于不同的服务器上，以防止服务器宕机导致全面服务中断。

（6）租户可以允许其较不敏感的 VM 与竞争租户的 VM 位于同一服务器上，但在其 VM 维护期间内，租户希望其 VM 迁移到其他不包含竞争租户 VM 的服务器上。

2. 管理员用户权限管理中的安全策略

（1）租户不允许同一管理员同时具有租户和其竞争租户的 VM 权限。

（2）管理员维护的租户数量是有限的。

（3）租户不能被管理员的多个会话（主题）同时管理。

（4）管理员在同一时间仅能访问同一租户的一定数量的 VM。

13.3.2　公有云 IaaS 的 ABCL 规范

通过 ABCL，可以为上述安全要求制定具体的约束表达式，此处使用 U 和 S 表示管理用户和主体的集合，UA 和 SA 对应管理用户属性和主体属性，其中每个主体属于特定的管理用户，使用 O 表示在此系统中的 VM 对象集合，OA 代表对象属性。其关系如图 13-1 所示，其中每个属性与自身所对应的实例关联，管理用户可以创建实例并分配对应权限用以操纵 VM 对象，ABCL 约束在图中被描绘为具有单个箭头的弧线，其用于指定对单一集值属性的限制或对同一实体不同属性值的限制。ABCL 约束与事件无关，无论什么事件导致属性值发生变化，其都将执行约束检测。

表 13-1 显示了用户属性、主体属性和对象属性的标签类型，以及其取值范围和用途描述。UMETnt、UMEGrp 和 UMERole 分别表示用户属性 tenant、adminGrp 和 role 的互斥冲突。主体属性 acctnt 的互斥值表示在 SMETnt 中。OConsTnt 和

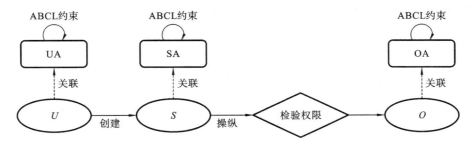

图 13-1　实例与属性间的关系示意图

OMETnt 分别包含具有互斥和一致性冲突的 otnt 的值。

表 13-1　IaaS 中 ABCL 的符号定义及含义

标签类型		取值范围	用途描述
UA			
tenant	set	't₁','t₂',…,'t₈'	租户管理员
host	set	'node₁','node₂',…,'node₂₀'	服务商管理员
adminGrp	set	'hardware_maintenance','security','remote_maintenance'	管理员组别
role	set	'pCreator','vmMonitor','vmAdmin'	管理员角色
SA			
acctnt	set	't₁','t₂',…,'t₈'	租户普通用户
accserver	set	'node₁','node₂',…,'node₂₀'	服务商普通用户
activerole	set	'pCreator','vmMonitor','vmAdmin'	普通用户角色
OA（VM）			
otnt	atomic	't₁','t₂',…,'t₈'	持有 VM 租户
host	atomic	'node₁','node₂',…,'node₂₀'	VM 运营服务商
purporsetype	atomic	'p₁','p₂','p₃','p₄','p₅'	VM 进程
sensitivity	atomic	'high','low'	敏感性
status	atomic	'Active','Stop','Maintenance','Transferring'	运行状态
network	atomic	'vlan₁','vlan₂',…,'vlan₂₀'	VM 网络
permittedRole	set	'pCreator','vmMonitor','vmAdmin'	具有 VM 访问权限的角色

13.3.1 小节中的安全策略对应的 ABCL 约束如下。

需求 1　租户希望其高敏感度的 VM 不在与竞争租户的 VM 共存的同一物理服务器上

$$\text{sensitivity(OE(O))} = \text{high} \wedge \text{otnt(OE(O))} \in \text{OE(OMETnt).attval} \wedge \text{otnt(OE(AO(O)))}$$
$$\in \text{OE(OMETnt).attval} \Rightarrow \text{host(OE(O))} \neq \text{host(OE(AO(O)))}$$

需求 2　合作租户的虚拟机驻留在同一台服务器上

$$\mathrm{otnt(OE(O))} \in \mathrm{OE(OConsTnt).attval} \wedge \mathrm{otnt(OE(AO(O)))} \in \mathrm{OE(OConsTnt).attval} \Rightarrow$$
$$\mathrm{host(OE(O))} = \mathrm{host(OE(AO(O)))}$$

需求 3　用途相似的虚拟机驻留在同一个服务器上

$$\mathrm{otnt(OE(O))} = \mathrm{otnt(OE(AO(O)))} \wedge \mathrm{purporsetype(OE(O))} = \mathrm{purporsetype(OE(AO(O)))}$$
$$\Rightarrow \mathrm{host(OE(O))} = \mathrm{host(OE(AO(O)))}$$

需求 4　租户的高敏感虚拟机位于不同的服务器上

$$\mathrm{sensitivity(OE(O))} = \text{`high'} \wedge \mathrm{sensitivity(OE(AO(O)))} = \text{`high'} \wedge \mathrm{otnt(OE(O))} =$$
$$\mathrm{otnt(OE(AO(O)))} \Rightarrow \mathrm{host(OE(O))} = \mathrm{host(OE(AO(O)))}$$

需求 5　维护期间,租户的敏感度较低的虚拟机不能驻留在竞争租户的同一台服务器中

$$\mathrm{status(OE(O))} = \text{`maintenance'} \wedge \mathrm{sensitivity(OE(O))} = \text{`low'} \wedge \mathrm{otnt(OE(O))} \in \mathrm{OE}$$
$$\mathrm{(OMETnt).attval} \wedge \mathrm{otnt(OE(AO(O)))} \in \mathrm{OE(OMETnt).attval} \Rightarrow \mathrm{host(OE(O))} = \mathrm{host(OE}$$
$$\mathrm{(AO(O)))}$$

需求 6　租户的虚拟机不能连接到与竞争租户的虚拟机的同一网络中

$$\mathrm{otnt(OE(O))} \in \mathrm{OE(OMETnt).attval} \wedge \mathrm{otnt(OE(AO(O)))} \in \mathrm{OE(OMETnt).attval} \Rightarrow \mathrm{net\text{-}}$$
$$\mathrm{work(OE(O))} = \mathrm{network(OE(AO(O)))}$$

接下来使用实际例子进一步说明。

假设有租户 A 在物理服务器 M 上部署了其高敏感的 VM,当系统尝试为竞争租户 B 分配物理服务器时,将被执行以下步骤。

(1) 系统检查租户 A 是否已经在物理服务器 M 上部署了其高敏感度的 VM,即确认 sensitivity(A) = high。

(2) 系统确认租户 A 和租户 B 之间存在竞争关系,即确认 otnt(A) ∈ OE(OMETnt).attval ∧ otnt(B) ∈ OE(OMETnt).attval。

(3) 系统尝试为租户 B 分配一个物理服务器。

(4) 系统检测到租户 A 的高敏感度的 VM 已经在服务器 M 上,并且根据安全策略,租户 B 作为竞争租户,其 VM 不能被分配到同一服务器 M 上,即要求 host(A) ≠ host(B)。

(5) 系统根据 ABCL 约束规则拒绝将租户 B 的 VM 分配到服务器 M 上。

(6) 系统选择一个不同的物理服务器,确保该服务器上没有租户 A 的高敏感的 VM,且不违反其余安全策略。

(7) 系统将租户 B 的 VM 分配到新的物理服务器上,并确认分配符合安全策略,即满足 sensitivity(OE(O)) = high ∧ otnt(OE(O)) ∈ OE(OMETnt).attval ∧ otnt(OE(AO(O))) ∈ OE(OMETnt).attval ⇒ host(OE(O)) ≠ host(OE(AO(O)))。

与之相对的,如果租户 A 的合作租户 C 希望部署 VM,当系统尝试为合作租户 C 分配物理服务器时,将被执行以下步骤。

（1）系统检查租户 A 是否已经在物理服务器 M 上部署了 VM。

（2）系统确认租户 A 和租户 C 之间存在合作租户关系,即确认 otnt(A)∈OE(OConsTnt). attval∧otnt(C)∈OE(OConsTnt). attval。

（3）系统尝试为租户 C 在物理服务器 M 上部署 VM,即满足 host(A)=host(C)。

（4）系统确认 VM 分配结果,如果物理服务器无法承载,则尝试在其他有承载能力的服务器上进行部署。

通过实施上述安全规范,可以减少由于配置错误或恶意行为导致的安全风险,提高云环境的整体安全性。

13.4　云计算访问控制解决方案

在云计算的快速发展和广泛应用的背景下,云服务提供商和企业用户越来越关注数据安全和访问控制的问题。前文已详细介绍了云计算访问控制原理和一些基本概念。下面将进一步探索各个企业提供的具体解决方案,以满足不同用户的需求和安全标准。

不同行业的企业对数据的敏感性和保护需求各不相同。因此,云服务提供商提出了各种解决方案,以满足企业对访问控制的需求。这些解决方案涉及不同的技术和方法,旨在确保数据的机密性、完整性和可用性。

本节将介绍一些知名的云服务提供商及其提供的访问控制解决方案。

13.4.1　AWS IAM 中的解决方案

身份与访问管理(Identity and Access Management,IAM)是亚马逊网络服务(Amazon Web Services,AWS)中的核心安全组件。在 AWS 环境中,用户是指希望访问各种 AWS 资源的个人或实体,具有相同的权限和行为模式的用户可以被划分至同一组别进行统一管理。AWS 还引入了角色的概念,允许服务和应用程序通过角色属性访问 AWS 服务,无需传统的用户凭证。

1. AWS IAM 用户和用户组

IAM 用户和用户组是管理访问的基本单位。

（1）用户:指具有访问 AWS 工作区账户能力的个体,每个用户只能拥有一个账户访问 AWS 平台。用户账户的创建受到区域和成本限制,即"IAM 和 AWS STS 配额"的限制。

（2）用户组:用于将多个用户集中管理,以便快速分配必要的访问权限,这有助于简化访问权限的管理。用户组不支持嵌套,且用户可以属于多个组,其数量和规模受限于 AWS 账户的"IAM 和 AWS STS 配额"。

2. AWS IAM 角色

角色定义了进行 AWS 服务请求所需的权限集合。IAM 在 AWS 中定义了多种角色,包括服务角色和服务关联角色。

（1）服务角色:用于 AWS 服务(如 Lambda、EC2 或 Elastic Beanstalk),以访问其

他 AWS 资源,通常提供由 AWS 服务创建和管理资源的权限。

(2)服务关联角色:由 AWS 服务预定义的 IAM 角色,该角色通常由服务自动创建,并自动授予与其执行操作相关联的特定权限。

用户可以使用 AWS CLI 或 API 切换角色,并为角色分配时间。用户还可以使用用户角色将访问权限委派给用户、应用程序和服务。角色本身不具有长期凭证或访问密钥,但在分配角色时,将在给定会话中获得临时的凭证。

在如下的场景中一般会使用具有临时凭证的 IAM 角色。

(1)联合用户访问:在联合身份场景中使用,允许外部用户(如来自合作伙伴组织或客户的员工)访问 AWS 资源。

(2)跨账户访问:实现跨账户访问。例如,当一个 AWS 账户需要访问另一个账户中的资源时,可以在目标 AWS 账户中创建一个角色,用户可以临时激活该角色以获取访问权限。

(3)跨服务访问:实现跨服务访问。例如,授予 Amazon S3 存储桶或 EC2 实例访问权限以触发 AWS Lambda 函数,需要临时激活一个角色,以允许 Lambda 函数对存储桶执行操作。

(4)运行特定应用程序:在 Amazon EC2 实例上运行的应用程序使用临时凭证的角色允许 EC2 实例安全地访问其他 AWS 服务,而无需在实例本身上存储长期凭证,提高了安全性,并简化了凭证管理。

IAM 策略是 AWS 中用于定义权限和控制用户、用户组和角色对 AWS 资源访问的声明性文档,允许使用者精确地控制谁可以执行哪些操作,以及对哪些资源执行这些操作。IAM 策略可以应用于用户、用户组和角色,也可以直接应用于某些 AWS 服务的资源,如简单存储服务(Simple Storage Service,S3)和简单队列服务(Simple Queue Service,SQS)。策略可以包含条件语句,以基于不同因素进一步限制访问权限。AWS 支持以下六种类型的策略。

(1)基于身份的策略:AWS 采用了基于 JavaScript 对象表示法(JavaScript Object Natation,JSON)的权限策略,主要用于控制用户、用户组和角色的身份。基于身份的策略分为两种类型:托管策略和内嵌策略。托管策略是独立的,可以附加至多个实体,便于管理和更新。内嵌策略直接嵌入在单个用户、用户组或角色中,能够提供更具细粒度的控制。

(2)基于资源的策略:用于授予对 AWS 资源(如 S3 存储桶或 EC2 实例)的访问权限,允许用户定义哪些实体可以对特定资源执行操作。通常附加到资源本身,并根据资源的特性确定访问权限。

(3)权限边界:用于限制 IAM 实体被授予最大权限的保护措施。只有在满足基于身份的策略和权限边界的情况下,实体才能执行操作,这样可以以结构化的方式管理访问权限,同时防止基于身份的策略可能授予的过多权限。

(4)组织的服务控制策略:允许 AWS 组织集中管理和控制 AWS 账户。组织的服务控制策略定义了限制 AWS 账户操作的监管措施,确保其符合组织策略、安全标准和成本控制的要求。

（5）访问控制列表：ACL 指定在一个账户中哪些主体可以访问和执行现有资源的细粒度控制。访问控制列表通常与 S3 存储桶相关联，并提供除 IAM 策略之外的额外访问控制层。

（6）会话策略：主要用于控制角色或联合用户创建临时访问会话。这些策略定义了在临时会话期间生效的权限，在有限的时间范围内提供特定的访问权限。会话策略通常用于用户暂时扮演特定任务或应用程序角色的场景中，并提供对基于会话的访问控制。

综上所述，AWS IAM 解决方案通过提供细粒度的访问控制和身份管理功能，允许用户通过用户、用户组和角色来管理访问权限，实现细粒度的权限分配，从而提高安全性。其角色概念允许服务和应用程序以角色的身份访问 AWS 资源，无需传统的用户凭证，有助于减少凭证泄露的风险。IAM 策略的灵活性也允许用户精准控制谁可以执行哪些操作，以及对哪些资源执行这些操作。策略可以包含条件语句，以进一步限制访问权限。

但 IAM 的细粒度控制和灵活性可能导致配置和管理变得复杂，对于大型组织来说，需要聘请专业的安全管理员来进行对应的维护工作。IAM 本身是免费的，但是随着 IAM 策略和角色的增加，管理这些资源的成本可能会增加。此外，IAM 是 AWS 特有的服务，对于非 AWS 环境的集成可能需要额外的工作。

13.4.2 Microsoft Azure 中的解决方案

Azure 平台由 Microsoft 推出，它不仅提供了一个强大的云环境运行应用程序和存储数据，而且提供了一系列集成服务以支持开发者构建、部署和运营跨平台的解决方案。该平台的灵活性允许组织无需前期的巨大资本投入即可按需扩展资源，快速响应市场变化。

1. Windows Azure

Windows Azure 是一个综合的云服务平台，它允许用户运行 Windows 应用程序并将数据存储在云端。这个平台通过一系列服务组件提供强大的计算和存储能力，确保了应用程序的高可用性和性能优化。开发者可以利用多种熟悉的编程语言和工具，例如，.NET Framework 中的 C♯、Visual Basic，或者 C＋＋和 Java 等，构建各种类型的应用程序，包括 Web 应用和企业级应用。这些应用程序的开发得益于 Visual Studio 等开发工具的集成，此外，ASP. NET、WCF、PHP 等的支持为构建复杂应用程序提供了灵活性。Windows Azure 的计算服务基于 Windows Server，确保了与现有 Windows 技术栈的兼容和集成。

在存储方面，Windows Azure 提供了包括 Blob 存储、表存储和队列存储在内的多种存储选项，这些服务使非结构化数据和结构化数据的存储变得简单，并且能够处理异步消息传递和任务队列。这些存储服务都可以通过 RESTful API 进行访问，使它们能够被各种编程语言和平台轻松集成，支持大规模数据的存储和访问，同时保持高可用性和持久性。

与传统的 Windows Server 编写的程序相比，为 Windows Azure 设计的应用程序不仅具有更好的扩展性,而且大大减少了组织需要自行管理的事务。组织无需自行购买和安装硬件,而是通过 Windows Azure 服务提供商管理和维护这些系统。客户只需为实际使用的计算资源和存储空间付费,而不必为了应对峰值负载维护昂贵的服务器集群,这使 Windows Azure 成为一个成本效益较高的解决方案。

2. Windows Azure AppFabri

Windows Azure AppFabric 是微软为云中或本地运行的应用程序提供的云基础架构服务集合。AppFabric 通过提供服务总线、访问控制和缓存等关键服务,帮助开发者构建和优化分布式应用程序。以下是对这些组件的详细介绍。

(1)服务总线(Service Bus):是 AppFabric 的核心组件之一,它极大地简化了跨网络边界的服务通信。通过服务总线,开发者可以将应用程序的端点注册到云中,使这些服务能够被互联网上的其他应用程序发现和访问。这个过程不需要公开组织的内部 IP 地址,也不需要在防火墙上打开新的端口,因为服务总线处理了所有网络路由和安全问题。此外,服务总线还支持消息缓冲功能,允许应用程序以异步方式处理消息,提高了系统的可靠性和伸缩性。

(2)访问控制(Access Control):是 AppFabric 中负责处理身份验证和授权的组件,其采用的声明身份验证模型,允许用户通过一个令牌传递身份信息。访问控制服务作为中介,可以将来自不同身份提供者(IdP)的令牌转换为一个统一格式的令牌,这样应用程序就不需要针对每个 IdP 单独处理身份验证。这种集中式的身份验证管理不仅提高了安全性,而且简化了应用程序的开发和维护工作。访问控制支持多种身份提供者,包括但不限于 AD FS、Windows Live ID、Google、Yahoo 和 Facebook,使其成为一个真正的多平台解决方案。

(3)缓存(Caching):是 AppFabric 中用于提高应用程序性能的组件。它通过在云中提供分布式缓存以减少对后端数据库的直接访问,从而加快数据检索速度。缓存服务包括一个本地缓存,可以在应用程序的每个角色实例中存储最近访问的数据项,还包括一个共享缓存,用于存储跨实例的缓存数据。这种双层缓存策略确保了数据的快速访问,同时减少了中心数据库的负载。开发者可以利用缓存 API 显式地管理数据缓存,也可以配置 ASP. NET 应用程序将 Session 对象数据存储在缓存服务中,以提高性能。

通过这些组件,Windows Azure AppFabric 为开发者提供了构建可扩展、高性能和安全云应用程序所需的基础设施服务。服务总线简化了跨网络边界的服务暴露和通信问题,访问控制简化了跨多个身份提供者的身份验证问题,缓存提高了应用程序的性能和响应速度。这些服务共同为云应用程序提供了一个强大的支持平台,使开发者可以专注于业务逻辑的实现,而不受底层基础设施的复杂性影响。随着云计算的不断发展,Windows Azure AppFabric 也在不断扩展其服务范围,以满足更广泛的应用场景需求,帮助开发者构建更加健壮和灵活的云解决方案。

3. Azure Active Directory

Azure Active Directory(Azure AD)是微软提供的一种多租户、基于云的目录和身份管理服务。Azure AD 结合了核心目录服务、高级身份治理和应用程序访问管理,提供了一个丰富的基于标准的平台,使开发者能够根据集中化的策略和规则为其应用程序提供访问控制。对于 IT 管理人员来说,Azure AD 提供了一个经济实惠、易于使用的解决方案,使员工和企业组织能够单点登录访问数千个云 SaaS 应用程序,如 Office 365、Salesforce、DropBox 和 Concur。对于应用程序开发者来说,Azure AD 让其可以专注于构建应用程序,通过简化与全球数百万组织使用的世界级身份管理解决方案集成的过程,使其能够快速而简单地开发应用程序。

Azure AD 包括一套完整的身份管理功能,包括多因素身份验证、设备注册、自助密码管理、自助群组管理、特权账户管理、基于角色的访问控制、应用程序使用监控、丰富的审计、安全监控与警报。这些功能可以确保云应用程序的安全性,简化 IT 流程,降低成本,帮助企业实现合规目标。此外,只需四个步骤,就可以将 Azure AD 与现有的 Windows Server Active Directory 集成,使组织能够利用其现有的本地身份管理对基于云的 SaaS 应用程序进行访问。Azure AD 为大多数微软云服务提供了核心目录和身份管理功能。用户可以使用 Azure 管理门户或 Office 365 管理中心管理组织的目录数据。用户可以使用 Azure AD 进行各种任务,包括但不限于创建和管理用户和用户组账户、管理用户订阅的各种云服务、将本地环境与用户的目录服务进行集成、从单个共享的 Azure AD 实例中读取和写入数据等。

Azure AD 使用条件访问规则,条件访问适用于使用现代身份验证的移动应用程序和桌面应用程序。使用者可以在使用现代身份验证的应用程序中使用 Azure AD 的登录页面。如果用户的访问被阻止,则显示一条提示消息。设备需要使用现代身份验证与 Azure AD 进行身份验证,以评估基于设备的条件访问策略。

随着组织越来越多地采用不同的云应用程序,管理和控制的需求变得至关重要。在云场景中,需要授予用户不同应用程序和资源的访问权限。在这种情况下,Azure AD 提供了强大的功能来支持这些场景。如今,账户管理、多重身份验证等主要功能已经融入常规实践,但是,当涉及在云场景中控制和授予应用程序访问或管理权限并与使用者的环境集成时,情况可能变得较为复杂。Azure AD 提供了关键的访问控制功能,并且将提供一些结合这些功能的服务,帮助企业以高效、合规的方式管理和服务他们的组织。

Azure AD 条件访问提供了根据定义的条件允许或拒绝访问的能力,这些条件可以基于用户的源 IP 地址或 Azure AD 组。访问规则中定义的策略确定用户是否需要使用额外的身份验证因素进行登录以证明其身份。通过使用这些访问规则,可以实现对所有企业云应用程序的集中化访问控制。除了使用条件访问外,使用 Azure AD 组来控制对应用程序的访问也被视为一种常见做法。应用程序组的成员资格确定了使用者是否可以访问该应用程序。

13.4.3 总结

综上所述,Microsoft Azure 解决方案通过提供一系列云服务和身份管理功能,展现了其强大的身份管理和访问控制能力。Microsoft Azure 提供的多因素身份验证功能增强了安全性,而其跨平台解决方案,能支持 AD FS、Windows Live ID、Google、Yahoo 和 Facebook 等平台,提供了广泛的跨平台身份验证能力。Microsoft Azure 的应用程序访问管理功能简化了对 SaaS 应用程序的访问控制,而其条件访问功能允许基于用户、设备和位置等因素的动态访问控制。但 Microsoft Azure 服务在使用大量资源与服务时会产生较高的成本,对于非 Microsoft 技术栈的用户来说,Azure 平台可能需要额外的学习成本,Microsoft Azure 解决方案依赖于 Microsoft 环境,对于跨云或混合云环境的集成会带来额外的工作量。

习题 13

13.1 根据云计算的定义和特性,简述云计算中可能包含哪些安全隐患?除了数据安全性要求以外,云计算还可能有哪些安全性要求?

13.2 试探讨云计算的各条访问控制需求的满足方案。

13.3 试总结 13.3 节中的五个云计算访问控制模型的特点及各自的优劣。

13.4 查阅资料,试总结 13.3 节中的五个云计算访问控制模型的工业运用实例。

13.5 查阅资料,试总结 AWS IAM 的访问控制方案并说明其优缺点。

13.6 结合相关定义,简要概括 AWS IAM 中用户、角色和策略的作用,并尝试说明它们之间的关系。

13.7 查阅资料,试总结 Microsoft Azure 的访问控制方案并说明其优缺点。

14

大数据与访问控制

在当今这个大数据时代,数据规模和大数据存储与计算平台发展迅速,但作为数据保护关键之一的访问控制技术却尚未得到充分重视。目前,数据越来越被人们重视,并逐渐成为重要的经济资产,为了更好地利用这些数据,共享数据将逐渐成为一种趋势。访问控制技术作为确保大数据安全共享的重要手段,也将在大数据时代发挥关键作用。

14.1 大数据概述

14.1.1 大数据的概念与特点

1. 大数据的概念

大数据是指无法通过传统数据处理软件处理的庞大且复杂的数据集。大数据技术解决的不仅是如何处理大量数据的问题,还在于如何分析和挖掘数据,并从它们之中提取有价值的信息,从而为决策和业务优化提供支持。随着信息技术的发展,互联网、物联网、社交媒体等平台产生了大量的数据,这些数据成为大数据的主要来源。

2. 大数据的特点

目前对大数据尚未有一个公认的定义。现有的不同的定义基本上都是从其特点出发,试图给出大数据的定义。具体而言,大数据具有以下五个特点。

1) 容量(Volume)

大数据的一个最显著的特点就是其庞大的数据量。数据量通常以 TB、PB 甚至 EB 来衡量。随着数据的爆炸性增长,如何存储和处理如此庞大的数据成为技术发展的重要挑战。

2) 速度(Velocity)

数据生成的速度极快,要求系统能够实时或接近实时地处理这些数据。比如,金融交易、传感器数据、社交媒体更新等都需要在瞬间处理。大数据的速度不仅指数据的生成速度,而且包括数据传输、处理和分析的速度。

3) 多样性(Variety)

大数据的另一重要特点是数据种类多样,涵盖结构化数据(如关系型数据库)、半结构化数据(如 XML 文件、JSON 格式)及非结构化数据(如文本、图片、音频、视频)。这些不同形式的数据为数据存储、处理和分析带来了挑战,但也提供了丰富的分析维度。

4)真实性(Veracity)

大数据往往来自多个渠道,因此数据的准确性和可靠性存在很大的不确定性。原始数据可能包含错误、噪声或者不一致性,因此,需要进行清洗、校验和纠正,以确保分析结果的可靠性。

5)价值(Value)

从大量数据中提取出有价值的信息是大数据的最终目标。虽然大数据本身包含大量的信息,但并不是所有数据都具有价值。通过数据分析,能够发现潜在的商业价值或社会价值,从而作出更有效的决策、发现新的机会、优化业务流程等。

14.1.2 大数据的来源与应用

大数据来源于传统企业数据、社交媒体数据、物联网数据、网络日志数据等。传统企业数据包括销售记录、客户信息、库存数据等。社交媒体数据是用户生成的内容,如文本、图片、视频等。物联网数据是指通过传感器等设备收集的数据,如环境监测数据。网络日志数据是指记录系统活动和用户行为的日志文件。

大数据在多个领域有广泛应用,如商业智能、医疗健康、金融服务、制造业等。具体而言,在商业智能领域中,企业可以通过数据分析优化业务流程,提升决策质量;在医疗健康领域中,医生可以通过分析健康数据,提高疾病诊断和治疗效果;在金融服务领域中,分析师可以通过分析交易数据,提高风险管理和客户服务水平;在制造业中,企业可以优化生产过程和供应链管理。

14.1.3 大数据分析流程与技术

大数据分析流程包括数据采集、数据清洗与预处理、数据存储与管理等阶段。

在数据采集阶段,常用的技术主要包括 Web 爬虫、传感器数据采集、日志数据采集、社交媒体数据采集和数据库数据采集等。Web 爬虫是一种通过自动化程序从互联网收集数据的技术。传感器数据采集是 IoT 设备实时采集数据的常见技术。日志数据采集是收集服务器和网络设备生成的日志文件的技术。社交媒体数据采集是通过 API 采集社交媒体平台数据的技术。数据库数据采集是通过 ETL 工具提取结构化数据的技术。

在数据清洗与预处理阶段,常见的技术主要包括数据去噪、缺失值处理、数据标准化、数据一致性校验和数据去重等。数据去噪是去除无用信息或噪声的技术。缺失值处理是填补或删除缺失数据的技术。数据标准化是统一数据格式的技术。数据一致性校验是确保数据在不同数据源间一致的检查技术。数据去重,顾名思义就是删除重复记录的技术。

数据存储与管理阶段用到的技术主要包括 Hadoop、NoSQL 数据库、数据仓库和分布式文件系统等。Hadoop 是分布式存储和计算框架。NoSQL 数据库是处理大规模数据和高并发访问的非关系型数据库,如 MongoDB、Cassandra。数据仓库是存储和管理大量历史数据的系统,如 Amazon Redshift。分布式文件系统,如 HDFS、Amazon S3,是用于存储大规模非结构化数据的系统。

14.2　大数据访问控制需求

在大数据环境中,随着数据量的激增和多样化应用场景的出现,访问控制的重要性愈加突出。尤其是在高并发、动态变化、数据流动性强和实时数据处理的背景下,传统的访问控制模型面临着前所未有的挑战。如何确保在复杂和快速变化的环境中,有效管理和保护用户对数据的访问权限,是当前大数据领域中亟待解决的关键问题。

14.2.1　高并发环境下的访问控制

在高并发环境下,认证与访问控制系统面临许多挑战,主要包括数据一致性、数据可用性、响应时间和资源竞争等。

（1）数据一致性:指在高并发环境下,多用户可能同时对认证和授权数据进行读、写操作,导致数据不一致。例如,当多个用户同时尝试修改同一用户的权限时,就可能导致权限数据不一致。

（2）数据可用性:指在高并发环境下,大量认证和授权请求可能会导致系统资源耗尽,从而影响系统的可用性。例如,认证服务器的连接数达到上限,导致新的请求无法处理。

（3）响应时间:指在高并发环境下,访问控制系统必须能够在极短时间内完成权限校验,确保系统性能不会因为权限管理而受到显著影响。

（4）资源竞争:指计算机系统在短时间内收到大量并发请求,造成 CPU、内存、I/O等系统资源被过度竞争,从而出现资源瓶颈。例如,大量请求同时读、写认证数据,可能导致磁盘 I/O 成为瓶颈。

14.2.2　动态环境中的访问控制

在大数据环境中,数据和用户需求不断变化,传统的静态访问控制策略已无法满足这种动态变化的需求。这就要求在动态环境中的访问控制需要灵活适应数据源、用户需求和系统资源的变化,从而确保系统的安全性和高效性。动态环境的变化主要分为以下几个方面。

1. 数据源和数据流的动态变化

大数据系统通常涉及多个数据源,这些数据源可能来自不同的设备、应用程序和系统,并且会随着时间的推移不断变化。例如,在物联网（IoT）环境中,传感器数据、设备日志和用户行为数据等都是实时生成和变化的。这种动态性使数据管理变得更加复杂,因为必须确保对所有新加入的数据源采取适当的保护和访问控制措施。同时,数据流的变化也要求系统能够动态更新和调整权限,以适应新的数据流模式。

2. 用户需求和访问模式的变化

用户的访问需求和行为模式在动态环境中会不断变化。例如,在一个电子商务平台上,用户的访问频率和行为可能会因促销活动或季节性因素而发生显著变化。这种变化要求访问控制系统能够灵活根据用户行为和需求的变化调整权限和访问策略。此外,还需要考虑用户在不同情境下的权限需求。例如,用户在公司内部网络访问时可能拥有更高的权限,而在外部网络访问时应当设置较低的权限。

3. 系统资源的动态分配

在大数据环境中,系统资源(如计算资源、存储资源等)的利用情况会动态变化。为了应对高峰负载,系统可能需要自动伸缩,动态分配资源。这就要求访问控制策略能根据资源的动态变化进行调整,确保在资源变化时不会影响系统的安全性和访问控制的有效性。例如,当系统负载较高时,可能需要限制某些用户的访问权限以保证关键任务的资源分配。

14.2.3 数据流动性的访问控制

在大数据环境中,数据不断在不同系统、应用和平台之间流动,这给访问控制提出了新的挑战。数据流动性带来的挑战具体分为以下几个方面。

1. 数据在分布式系统中的流动

因为大数据系统通常是分布式的,所以数据经常在多个节点和服务器之间传输。例如,在 Hadoop 生态系统中,数据会在 HDFS 和 MapReduce 任务之间流动。在这种环境中,确保数据在传输过程中的安全性和完整性至关重要。具体而言,访问控制系统需要能够管理和保护数据在不同节点和系统之间的流动,防止数据在传输过程中被未授权访问或篡改。此外,分布式系统中的节点可能会动态加入或离开网络,这也要求访问控制策略具有足够的灵活性以应对这些变化。

2. 多方协作中的数据流动

在大数据环境中,数据往往需要在多个组织或部门之间流动,这进一步增加了访问控制的复杂性。例如,在医疗健康领域,患者数据需要在医院、诊所和保险公司之间共享和传输。每个参与方可能都有不同的安全和隐私要求,这要求访问控制策略必须能够满足所有参与方的需求,并确保数据在流动过程中的安全性和合规性。

14.2.4 实时数据的访问控制

在实时数据的访问控制过程中,面临的挑战主要集中在实时权限验证、快速动态更新、事件驱动的访问控制、低延迟数据流控制四个方面。

1. 实时权限验证

实时权限验证是实时数据处理的核心要求。具体而言,访问控制系统必须能够快速进行权限验证,以确保数据流处理不会因为权限检查而产生延迟。例如,在金融交易系统中,延迟的数据可能导致巨大的经济损失,因此权限验证的延迟必须最小化。

2. 快速动态更新

快速动态更新是实时系统中必须具备的能力。用户权限和数据访问策略可能会频繁变化,这就要求访问控制在实时更新和应用这些变化的同时不影响系统性能。例如,在内容推荐系统中,用户权限可能根据其行为和订阅内容实时变化,访问控制系统必须能够迅速响应这些变化。

3. 事件驱动

事件驱动的访问控制是实时数据环境中的重要需求。访问控制系统应能够基于事件驱动的模型,在特定事件发生时(如用户行为异常、系统警报触发)自动调整权限策略。例如,在金融交易系统中,如果检测到异常交易行为,系统应能够自动提高安全权限或限制相关账户的操作。

4. 低延迟数据流控制

低延迟数据流控制是确保数据能够及时传递和处理的关键。具体而言,实时性要求访问控制系统在处理数据流时能够保持较低延迟,确保数据能够及时传递和处理,而不被权限检查拖慢。例如,在实时导航系统中,延迟的数据可能导致导航指令不准确,进而影响用户体验和安全。

14.3 Hadoop 访问控制模型

Apache Hadoop 是一个主要的分布式计算和存储的软件框架,常用来进行大数据处理。由于这些数据可能包含企业或政府的敏感信息,因此需要保护其免受未经授权的访问。Ravi Sandhu 针对 Hadoop 框架的特性,提出了一种 Hadoop 生态系统基于属性的访问控制(Hadoop ecosystem Attribute-based Access Control,HeABAC)模型,旨在解决 Hadoop 多租户生态系统中的安全和隐私问题。图 14-1 是 HeABAC 模型的框架。

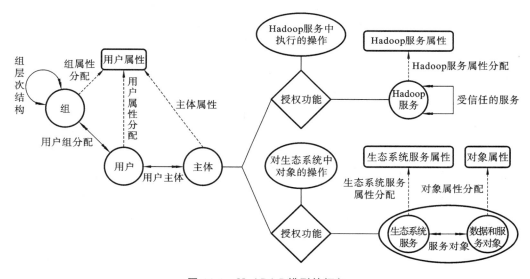

图 14-1 HeABAC 模型的框架

HeABAC 模型扩展了传统的访问控制机制,如表 14-1 所示,该模型的基本组件如下。

(1) 用户(Users,U):用户是直接与计算机系统交互以访问 Hadoop 集群中的数据对象和服务的人。

（2）组（Groups，G）：用户可以具有相似的特征和需求，并将其捆绑成组。

（3）主体（Subject，S）：主体代表用户运行的应用程序，对 Hadoop 生态系统中的对象和服务执行实际操作。

（4）Hadoop 服务（Hadoop Services，HS）：在后台运行的守护进程的服务，提供 Hadoop 的一些核心功能。其中的操作被称为 Hadoop 服务的操作（Operations on Hadoop Services，OP_{HS}）。

（5）生态系统服务（Ecosystem Services，ES）：Hadoop 生态系统支持多个项目或服务（如 Apache HBase、Apache Hive、Apache Kafka 等），这些项目或服务具有用户操作的底层数据或服务对象。必须首先允许任何用户或应用程序访问服务，然后才能访问其对象。其中的操作被称为生态系统服务中对象的操作（Operations on objects in Ecosystem Services，OP）。

（6）数据和服务对象（Data and Service Objects，OB）：不同的生态系统服务支持不同的数据和服务对象，这些数据和服务对象由用户或用户主体操作。除了计算资源之外，这些是 Hadoop 集群中防止未经授权访问的实际资源。

表 14-1　HeABAC 模型基本组件

模型的基本组件	缩写	描述
用户	U	直接与计算机系统交互以访问 Hadoop 集群中的数据对象和服务的人
组	G	具有相似特征和需求的用户捆绑成的集合
主体	S	代表用户运行的应用程序，执行对 Hadoop 生态系统中对象和服务的实际操作
Hadoop 服务	HS	在后台运行的守护进程的服务，提供 Hadoop 的核心功能，其中的操作被称为"在 Hadoop 服务中的操作"
生态系统服务	ES	支持多个项目或服务（如 Apache HBase、Apache Hive、Apache Kafka 等），必须先允许访问服务才能访问其对象
数据和服务对象	OB	由用户或主体操作的数据和服务对象，是防止未经授权访问的实际资源

除了这些基本组件，HeABAC 模型还引入了属性的概念，如表 14-2 所示，具体如下。

（1）用户属性（User Attributes，UA）：描述用户的属性，如部门、角色、认证信息等。

（2）对象属性（Object Attributes，OA）：描述数据对象的属性，如类型、敏感性、标签等。

（3）生态系统服务属性（Ecosystem Service Attributes，ESA）/Hadoop 服务属性（Hadoop Service Attributes，HSA）：可以分配给生态系统服务和 Hadoop 系统服务的一组属性函数。

表 14-2　HeABAC 模型属性

属性	缩写	描述
用户属性	UA	描述用户的属性,如部门、角色、认证信息等
对象属性	OA	描述数据对象的属性,如类型、敏感性、标签等
生态系统服务属性/Hadoop 服务属性	ESA/HSA	可分配给生态系统服务和 Hadoop 服务的一组属性函数

HeABAC 模型的基本集合包括先前定义的访问控制组件——用户(U)、组(G)、主体(S)、Hadoop 服务(HS)、生态系统服务(ES)、数据和服务对象(OB)、生态系统服务中对象的操作(OP)、Hadoop 服务的操作(OP_{HS}),其中一些实体具有在访问控制决策中使用的特征。

用户被分配到多个组,以实现对属性的简化管理。当用户成为组的成员时,该用户继承该组的所有属性,因此,只需一个管理操作就可以为用户分配或删除多个属性。此外,在系统中还存在组层次结构,它使用组上的偏序关系定义,表示为 $\geqslant g$,其中 $g_1 \geqslant g_2$ 表示 g_1 比 g_2 高级,g_1 将继承 g_2 的所有属性。因此,对于属性 att_u,组 g_1 的有效值是直接分配给 g_1 的 att_u 的值和所有下级组 g_1 的 att_u 的有效值的并集,由有效值 $att_u(g_1)$ 定义。

此后,属性 att_u 的用户有效属性值将是直接分配给用户的属性值,以及直接分配给用户的所有组的属性 att_u 的有效属性值。例如,如果组 g_1 具有值为 Chair 的属性角色,并且下级组 g_2 具有值为 Faculty 的角色,则组 g_1 的属性角色的有效值将是 Chair 和 Faculty。当用户被分配给组 g_1 时,除了直接分配给 user 的值外,它将继承属性角色(即 Chair 和 Faculty)的所有值,由用户(用函数 userSub 表示)创建的主体,继承了由有效值 $att_u(userSub)$ 规定的创建者用户的有效属性的子集或全部值。这些值可以随时间变化,但不能超过创建用户的值。

在 Hadoop 生态系统中,通过多个 Hadoop 服务交互或访问其他 Hadoop 服务来更新任务或集群资源状态(如 HDFS 的名称节点和数据节点,或 YARN 的资源管理器和应用程序主节点)。我们将这种类型的交互称为跨 Hadoop 服务信任(称为可信服务),它决定了哪些 Hadoop 服务被允许访问其他服务。在这个跨服务关系中,HeABAC 引入了跨 Hadoop 服务信任的概念,作为多对多关系,其中 $HS_A \unlhd HS_B$ 表示 HS_B 是 HS_A 信任的服务,因此,HS_B 被允许访问 HS_A 或与 HS_A 交互。在这种情况下,HS_B 是一种被信任的服务,HS_A 是信任方,信任关系的存在由 HS_A 控制。这种信任关系避免了像在 He-AC 模型中那样指定 ACL 的需要。例如,服务级授权的访问控制列表(ACL)security.datanode.protocol.acl 用于控制哪些存储实际的数据块并与 NameNode 保持通信的数据节点(DataNode)可以与负责管理 HDFS 的元数据和命名空间的名称节点(NameNode)进行通信。

在这种情况下,运行为 datanode1 的数据节点可以访问服务 namenode1 的名称节点,如果它们之间建立了跨服务信任关系,即 namende1_($\unlhd$)datanode1。系统中可以存在不同类型的跨 Hadoop 服务信任关系。

下面是一个具体的 HeABAC 的例子。

假设一个联网车辆正在行驶,并且持续生成数据,这些数据存储在多租户的 Hadoop 数据湖中。这些数据可以被下面多种不同的利益相关方使用。

(1) 汽车经销商或制造商:用于车辆诊断服务。

(2) 交通部门或警察:用于检查超速行为。

(3) 保险公司:用于分析驾驶行为。

(4) 医生:用于监控驾驶员的健康状况。

1. 属性与集合定义

(1) 用户集合(U)。

```
U={Alice, Bob}
```

(2) 用户属性(UA)。

```
Alice: {role: technician, department: diagnostic}
Bob: {role: salesperson, department: sales}
```

(3) 数据对象集合(OB)。

```
OB={car1_sensor_data}
```

(4) 数据对象属性(OA)。

```
tableType(car1_sensor_data)=sensor-data
car(car1_sensor_data)=FVR1234
```

(5) 服务集合(ES)。

```
ES={Hive}
```

(6) 服务属性(ESA)。

```
serviceType(Hive)=Hive
createdBy(Hive)=admin1
```

2. 访问控制策略

定义的两条安全策略如下。

策略 1 用户访问服务的条件:

```
Authorizationaccess(s: S, es: ES) ≡
diagnostic∈ effectivedepartment(s)∧
technician∈ effectiverole(s)∧
serviceType(es)=Hive∧
createdBy(es)= admin1
```

此策略要求用户必须是诊断部门的技术员,且服务为 Hive,由管理员 admin1 创建。

策略 2　用户访问数据对象的条件：

```
Authorizationselect(s: S, es: ES, ob: OB)≡
Authorizationaccess(s: S, es: ES)=True∧
diagnostic∈ effectivedepartment(s) ∧
effectiverole(s)∈ readerType(ob) ∧
tableType(ob)= sensor-data∧
car(ob)=FVR1234
```

此策略要求用户首先满足对服务的访问控制，然后用户需属于诊断部门，其角色属于数据对象的 readerType 属性，且数据对象的 tableType 为 sensor-data，车辆标识属性为 FVR1234。

3. 示例应用

1）Alice 的操作

Alice 属于诊断部门，角色为技术员。她尝试通过 Hive 服务访问车 FVR1234 的传感器数据表。基于其属性，策略 1 和策略 2 均被满足，因此，Alice 获得访问权限。

2）Bob 的操作

Bob 属于销售部门，角色为销售人员。由于其部门属性为 sales，无法满足策略 1，因此，Bob 无法访问相同的服务和数据。

通过实施 HeABAC 访问控制模型，可以灵活管理 Hadoop 多租户生态系统中的数据和服务权限，确保只有满足条件的用户在适当的情况下才可访问特定资源。这种模型提升了系统的安全性和隐私保护能力，同时适应了分布式环境中的复杂需求，有效降低了数据泄露和未经授权访问的风险。

14.4　大数据访问控制企业实例

在大数据背景下，访问控制机制是保障数据安全和隐私安全的核心要素。鉴于大数据系统所具有的复杂性与分布式本质，传统的访问控制方法必须进行相应的调整与扩展，以便更好地适应大数据环境的特殊要求。下面将深入探讨适用于大数据环境的关键访问控制技术，包括 Hadoop、NoSQL 数据库，以及实时数据处理框架等领域的访问控制策略，并对比分析这些技术的优缺点。

14.4.1　Hadoop 中的解决方案

在大数据环境中，确保数据安全和隐私安全至关重要。Hadoop 作为一个被广泛使用的大数据处理框架，内置了多种访问控制机制，以应对不同的安全需求。下面详细介绍 Hadoop 中的两种主要访问控制技术：Kerberos 和 Apache Ranger，同时了解它们在实际应用中的重要性和实现方法，图 14-2 是一种常见的 Hadoop 框架拓扑结构。

1. Kerberos

在 Hadoop 生态系统中，Kerberos 作为默认的身份验证框架，通过实施严格的安全验证流程，使只有经过验证的实体才能够访问 Hadoop 集群。这对于维护数据安全、防

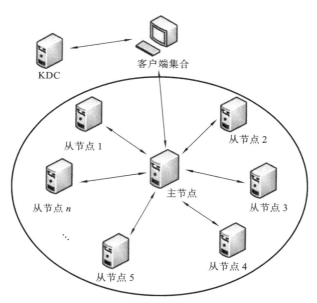

图 14-2 Hadoop 框架拓扑结构

止未授权访问具有重要意义。

Kerberos 的认证流程包含以下几个关键步骤。

（1）用户向 Kerberos 认证服务器（KDC）申请身份验证票据。用户提交自己的凭证（用户名和密码），KDC 在验证用户身份后，发放包含用户身份信息及会话密钥的 TGT，TGT 用于后续通信的安全加密。

（2）当用户请求访问特定的 Hadoop 服务时，如 HDFS 或 YARN，他们需利用 TGT 向 KDC 申请服务票据。KDC 在确认 TGT 的有效性后，发放 ST，该票据同样包含用户身份信息和一个新的会话密钥。

（3）用户将 ST 发送至目标服务端，服务端验证 ST 的有效性，并向用户发送一个加密的随机数，用户解密并回复，完成双向认证。

这一机制确保了每次服务访问时用户身份都经过了严格验证，有效防止了未授权访问。尽管 Kerberos 提供了强大的安全保护，但其配置和维护较为复杂，要求管理员具备较高的技术能力。同时，Kerberos 的运行还需要一个稳定且安全的网络环境，以保障认证过程的安全性和可靠性。

2. Apache Ranger

Apache Ranger 是专为 Hadoop 生态系统设计的集中式安全管理工具，旨在简化复杂的安全管理，并提供细粒度的访问控制和完善的审计功能。Ranger 允许管理员根据用户、角色和资源类型定制权限规则，从而实现灵活的权限管理。例如，管理员可以为用户设定特定权限，使其仅能读取 HDFS 中的特定文件或目录，而无权修改或删除文件或目录，从而保护资源的完整性。

Ranger 通过集中管理界面实现了权限的统一配置，使管理员能够跨 HDFS、Hive 和 HBase 等多种 Hadoop 组件统一配置和管理访问控制策略，优化了权限管理流程，显著提高了创建、更新和撤销策略的效率。同时，Ranger 强大的审计功能会记录所有访问请求和操作日志,这些详细的操作日志可用于安全分析和合规性审核,从而帮助管理员监控安全状态,并快速识别潜在威胁。

Ranger 具有细致的权限控制和集中管理界面,使它能够应对多样化的权限需求,这减轻了管理员的工作负担。尽管其功能全面,但 Ranger 的部署和维护需一定的技术支持和管理资源。

14.4.2　NoSQL 数据库的解决方案

在大数据环境中,为了能够高效处理海量数据,人们会首选 NoSQL 数据库,如 Cassandra、MongoDB。但是,由于这类数据库更关注于性能和横向扩展能力,它们在实现精细的访问控制时面临着诸多挑战。下面分别介绍 Cassandra 和 MongoDB 如何通过不同的方法解决这些问题,并确保数据的安全性和完整性。

1. Cassandra 中的访问控制

Cassandra 是一种高度可扩展且分布式的 NoSQL 数据库,尤其适用于高可用性和大规模数据处理的应用场景。其访问控制机制主要通过角色和权限管理实现,管理员可以为不同的用户分配特定的角色,而每个角色具有一组定义明确的权限。在 Cassandra 中,角色作为访问控制的基础单元,拥有若干权限,这些权限决定了角色对数据库数据和资源的访问级别,例如,管理员可以创建一个具有只读权限的角色,该角色仅能执行数据查询,不能进行修改或删除操作;同时,也可以创建一个具有写入权限的角色,允许用户执行数据,进行插入和更新操作。

权限的分配通过 Cassandra 查询语言(CQL)实现,管理员可以使用 CQL 命令创建角色并分配权限,从而灵活地管理用户的访问权限,确保只有授权用户才能访问和操作数据。一旦角色创建完成,管理员即可将这些角色分配给用户,当用户登录时,系统会根据其所关联的角色授予相应的权限,这种方式保证了 Cassandra 中用户访问控制的灵活性和安全性。

尽管 Cassandra 数据库提供了一套可以实现细粒度的访问控制角色和权限的管理机制,确保只有经过授权的用户才能访问和操作数据。但在分布式环境中,如何正确地设置和管理这些权限可能具有一定难度,这要求管理员具备一定的技术水平。通过这些机制,Cassandra 不仅实现了对数据访问的严格控制,还确保了系统在大规模部署时的安全性和管理效率。

2. MongoDB 中的访问控制

MongoDB 是一个广受欢迎的文档型 NoSQL 数据库,因其高效的性能和灵活的文档存储模式而备受青睐。为保障数据安全,MongoDB 提供了一套完善的访问控制机制。该机制的核心是通过对用户和角色的管理实现访问控制,管理员可以为每个用户分配一个或多个角色,每个角色明确了用户在数据库中的访问权限。

在 MongoDB 中,访问控制是通过 RBAC 系统实现的。这意味着,权限不是直接赋予用户的,而是先定义成一组权限集合(称为"角色"),然后再将这些角色分配给用户。管理员可为用户设置账号,并分配相关角色。每个角色定义了一组权限,MongoDB 自带多种预定义角色,如 read(只读)、read/write(读/写)、dbAdmin(数据库管理)等,同时也允许根据需求创建自定义角色,以应对特定的安全场景。

角色创建完成后,管理员可以将其分配给用户,以便用户在登录时获得相应的权限。这种权限管理方式提供了灵活的访问控制,能够有效保障数据库的安全。借助细化的权限管理手段,管理员可以灵活地控制用户对数据库资源的访问权限,从而在大型且复杂的数据库环境中更好地实现用户权限和数据安全的管理。

需要注意的是,MongoDB 的权限配置在多数据库或集群环境中可能较为复杂,这同样对管理员的技术水平提出了较高的要求。尽管如此,MongoDB 的访问控制功能使它仍是确保数据安全的核心工具。

14.4.3   实时数据处理框架中的解决方案

在大数据环境中,实时数据处理框架(如 Apache Kafka、Apache Storm)已广泛应用于数据流的处理与分析。然而,在实现高吞吐量和低延迟的同时,如何保障数据安全和访问控制权限是其主要挑战之一。下面详细分析 Apache Kafka 和 Apache Storm 的访问控制机制及其实际应用。

1. Apache Kafka 中的访问控制

Apache Kafka 作为一种广泛应用的分布式流处理平台,提供了多种访问控制机制以确保数据安全,包括认证、授权和加密。

在认证方面,Kafka 支持 SSL 和 SASL 两种主要方式,通过验证客户端身份限制 Kafka 集群的访问。SSL 认证通过加密通信和客户端验证确保传输安全,需要配置相应的 SSL 证书以连接客户端和 Kafka 集群。SASL 是一种认证框架,支持多种认证方式(如 PLAIN、SCRAM、GSSAPI、Kerberos),能够根据具体安全需求灵活配置不同的认证方式,从而满足多样化的身份验证要求。

Kafka 的授权机制是基于访问控制列表实现的。管理员可通过 ACL 定义用户或角色对 Kafka 资源的访问权限。Kafka 提供命令行工具和 API,以便管理员能够细粒度地管理用户对不同资源的访问,保证只有授权用户能执行特定的操作,这一机制有效防止了未经授权的访问和操作。

在加密机制方面,Kafka 支持传输层加密(TLS),允许管理员为客户端与 Kafka 集群之间的通信配置 TLS,从而保障数据的传输安全,防止被第三方窃听或篡改。结合认证、授权与加密手段,Kafka 构建了一个完整的访问控制体系,确保了实时数据处理过程的安全性。

2. Apache Storm 中的访问控制

Apache Storm 是一种分布式实时计算平台,能够处理大量的实时数据流,并为数据安全性提供多种访问控制方法。通过集成 Kerberos 认证机制,Storm 确保只有经过认证的用户才能够提交和管理集群中的拓扑。Kerberos 认证的强大验证功能可有效阻止未授权用户访问集群资源,管理员可以通过配置 Kerberos 服务的 KDC 地址及密钥文件实现这一身份验证。

Storm 的访问权限管理依赖于角色分配。管理员能够为不同用户设置特定角色,每个角色都拥有不同的权限集合。这一机制能够限定用户在集群中的操作范围,例如,是否具有提交新拓扑或管理已有拓扑的权限,以此保障集群的运行稳定性与资源的安全性。

为进一步提高系统的安全性,Storm 还支持审计和监控功能。通过记录用户的操作日志,Storm 的审计功能让管理员能够追踪和检查用户行为,从而迅速识别潜在的安全风险。管理员可以对日志进行定期审阅,确保集群运行符合安全规范。Storm 的认证、角色管理和日志监控构成了一整套访问控制体系,提高了系统的安全保障水平,并为实时数据处理提供了稳健的安全支持。

习题 14

14.1 简要描述大数据的定义,并从技术角度、业务角度和学术角度分别阐述大数据的含义。

14.2 大数据的五个特点是什么?请逐一解释这些特点。

14.3 在高并发环境下,认证与访问控制系统面临哪些主要挑战?请分别说明这些挑战及其应对策略。

14.4 列举并解释高并发控制的几种策略,并举例说明如何在实际应用中采用这些策略。

14.5 在实时数据访问控制过程中,主要面临哪些挑战?请分别说明这些挑战及其应对策略。

14.6 列举并解释实时数据访问控制的几种策略,并举例说明如何在实际应用中采用这些策略。

14.7 简要描述 Hadoop 中的 Kerberos 认证机制的工作原理,并说明其优缺点。

14.8 Apache Ranger 如何实现细粒度访问控制?请列举其主要功能和优缺点。

14.9 在 Cassandra 中,如何通过角色和权限管理来实现访问控制?请举例说明。

15

物联网与访问控制

在物联网时代,数据无处不在,每个设备都可能成为数据的源头或归宿,每一条传输的信息都可能包含个人隐私或企业机密。随着技术的飞速发展,确保数据、设备和用户隐私的安全已成为核心挑战。为此,本章将深入介绍保障物联网环境安全的关键技术——物联网访问控制技术。

15.1 物联网概述

15.1.1 物联网的概念与特点

1. 物联网的概念

物联网(Internet of Things,IoT)是通信网和互联网的拓展应用和网络延伸,它利用感知技术与智能装置对物理世界进行感知识别,通过网络传输互联,进行计算、处理和知识挖掘,实现人与物、物与物信息交互和无缝链接,达到对物理世界实时控制、精确管理和科学决策的目的。

《物联网白皮书(2011年)》中提出了一种基于USN的简化分层物联网网络架构,将物联网的网络架构分为应用层、网络层(传送层)与感知层,这种分层架构也是目前更为通用的网络架构。

1) 应用层

应用层主要负责数据的管理和处理,并将这些数据与各行业应用相结合。应用层包括物联网中间件和物联网应用。

(1) 物联网中间件:是连接物联网设备与应用程序之间的软件系统。物联网中间件提供数据协议转换、数据存储、消息传递、设备管理和安全性保障等功能,帮助实现设备与云端应用之间的通信和数据交换。

(2) 物联网应用:是在物联网系统上运行的软件程序,用于实现特定的功能和服务。通过对物联网设备产生的数据进行处理和分析,为用户提供智能化的服务和决策支持。

2) 网络层

网络层主要实现信息的传递、路由和控制。网络层通常包括接入单元和接入网络。

（1）接入单元（Access Unit）：是连接感知层的桥梁，负责收集从感知层获得的数据，并将其发送到接入网络。作为物联网边缘设备与网络之间的接口，接入单元实现不同设备与网络之间的连接和数据传输，提供协议处理、数据格式转换和接入控制等功能，以便设备接入网络并进行通信。

（2）接入网络（Access Network）：即现有的通信网络。接入网络是物联网的"门户"，主要用于实现物联网终端设备与核心网络之间的通信，负责将终端设备产生的数据传输到核心网络，通常包括各种接入设备、接入协议和接入技术。

3）感知层

感知层的主要功能是对物理世界进行智能感知识别、信息采集处理和自动控制。它通过通信模块将物理实体与网络层和应用层连接起来。感知层包含传感器（或控制器）和短距离传输网络两个关键组成部分。

（1）传感器：用来进行数据采集及实时控制，是感知层中最基本的组件。其作用是将环境中的物理量（如温度、湿度、位置等）转换为电信号或数字信号，以便传输和处理。传感器可以通过各种不同的技术来感知不同的环境参数，目前传感器种类众多，如光传感器、温度传感器、运动传感器等。

（2）短距离传输网络：将传感器收集的数据发送到网关或将应用平台控制指令发送到控制器。短距离传输网络技术主要指能够实现设备之间短距离通信的技术和协议，通过这些技术和协议可以方便、快速地将数据传输到网络层或其他设备。

2．物联网的特点

物联网的定义是作为通信网和互联网的拓展应用与网络延伸，通过感知技术与智能装置实现对物理世界的感知识别与互联互动。这一特征决定了物联网具有高集成性、强互联性和频繁的数据交互等特点，同时在实现物联网访问控制时，需要综合考虑设备的多样化、网络的大规模性、数据的安全性与隐私保护，以及异地访问和移动性等因素。其主要体现在以下几个方面。

1）多样化的设备和协议

物联网环境中存在各种不同类型的设备和通信协议，从轻量级的感知层设备到高性能的云端设备，其计算和存储能力千差万别。物联网访问控制技术需要适配这些多样化的设备和协议，确保能够有效地管理和保护这些设备，要求访问控制系统具备高度的灵活性和可扩展性。

2）大规模网络和高并发请求

由于物联网网络规模庞大，可能面临大量设备和用户同时发送访问请求的情况，因此物联网访问控制系统需要具备高性能和稳定性，能够同时处理大量的设备和用户请求，并设计合理的访问控制策略，以应对可能的访问冲突和性能瓶颈。

3）数据安全和隐私保护

物联网中产生的大量数据对于用户和企业而言具有极高的价值。然而，这些数据也面临着泄露和未授权访问的风险。访问控制技术需要确保这些数据的安全性及隐私保护，通过加密、认证和访问授权等手段，防止数据被非法获取或滥用。

4）异地访问和移动性

物联网设备具有随时随地接入网络的能力，用户需要能够随时随地访问其设备和数据。这要求访问控制系统支持设备的异地访问和移动性,确保用户可以在任何时间、任何地点能够安全地访问其设备和数据。但是,这也带来了对访问控制策略的动态性和灵活性的要求。

15.1.2 物联网来源与应用

设想一个场景:口渴的你正走在大街上,看到一台可乐售卖机。当你靠近它时,售货机感应器检测到了你的存在,并把信号发送到云端。云端服务器分析这一区域的销售数据、库存状况等信息,并依此调整售卖机的广告内容,以吸引你的目光。你通过触摸屏选择可乐的口味和数量后付款。售卖机内的感应器向云端服务器发送操作信息,服务器验证付款信息后,售卖机释出物品。在你取走可乐后,售卖机检测库存变化,向云端发送新的库存信息,服务器更新库存数据,并根据需要给管理者发送补货提醒。

物联网的提出,可以追溯到 20 世纪 90 年代,麻省理工学院教授 Kevin Ashton 提出在商品包装中内置无线射频识别技术芯片,依靠无线网络接收芯片传来的数据,以解决库存管理问题。他在 1999 年《哈佛商业评论》上发表文章 *That 'Internet of Things' Thing*,详细阐述了物联网的概念和潜力,被称为"物联网之父"。

如今,物联网技术正在逐渐渗透到生活的各个方面,并在多个特定领域得到了应用,如行业应用、社会治理、民生消费、新产业融合等,具体应用包括但不限于以下几类。

1. 智能家居

智能家居聚焦于智能家电、智能照明、智能安防监控、智能音箱、新型穿戴设备、适老化改造等场景,利用无线通信技术和云计算平台对数据进行处理、存储,以实现相应的智能化应用。

2. 智慧城市

智慧城市面向社区管理、市政公用设施和建筑智能化改造、电动自行车消防安全、地下管网运行监测、生活垃圾治理等场景,通过智能化管理,利用传感器网络、物联网技术、大数据分析等手段,对城市基础设施进行智能化管理。

3. 智能制造

智能制造聚焦于计划调度、生产作业、设备管理、远程运维、能耗管控等场景,利用工业物联网、人工智能、大数据和云计算技术,实现生产过程的智能化管理,提升制造业质量和效益,推动制造业的智能化和数字化转型。

15.2 物联网访问控制需求

随着物联网设备数量的激增和应用领域的不断拓宽,其安全问题也日益凸显。物联网设备和云服务端必须确保只有经授权的设备、用户或服务才能够访问和操作系统中的资源和数据,以保障系统的安全性、完整性,并提供隐私保护,防止未经授权的访问导致的潜在风险和损害。物联网访问控制,即指通过合理的访问控制策略,对物联网系统中的各种资源进行访问权限的控制和管理。

在一篇论文中,Ouaddah 等人结合了物联网的特性,归纳了物联网访问控制应遵循的八大原则。

(1) 安全互操作性(Secure Interoperability):访问控制模型需要支持多个组织之间的互操作性,每个组织可以设置自己的安全策略,同时需要尊重其他协作组织的策略。

(2) 动态性与上下文感知(Fine-grained and Context-aware Access Control):访问控制决策需要考虑上下文(如时间、位置、具体情况等),并支持动态调整访问权限,以适应不断变化的环境。

(3) 可用性与易用性(Usability of Access Control):访问控制机制应易于管理、表达和修改,适合非技术用户使用。

(4) 分布式与自治性(Distributed and Autonomous Decision-making):由于物联网的分布式特性,访问控制的决策和执行应在本地设备上完成,支持自治操作。

(5) 异构性(Heterogeneity):访问控制模型需要适应物联网中设备的多样性(如不同类型的传感器、固定或移动设备等),并允许设备保留一定的本地自主权。

(6) 轻量化(Lightweight Solutions):访问控制机制应支持轻量化设计,适合资源受限的设备(如低功耗、低存储的设备)。

(7) 可扩展性(Scalability):访问控制机制应能够扩展,以适应不断增加的用户、设备和组织规模。

(8) 分布式与安全管理(Secure and Distributed Administration):每个实体应能够独立管理其访问控制策略和机制,同时确保安全性。

15.3　物联网访问控制模型

物联网访问控制(Home IoT Attribute Based Access Control,HABAC)模型是一种专为物联网在智能家居环境下设计的动态的、细粒度的基于属性的访问控制模型,它通过用户、会话、设备、操作和环境状态的属性来创建具体的授权策略。

HABAC 模型的结构如图 15-1 所示。

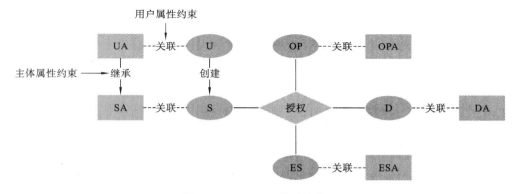

图 15-1　HABAC 模型结构图

下面具体介绍 HABAC 模型结构中的每一个组件和属性,以帮助理解 HABAC 模型的实现逻辑。HABAC 模型组件和属性如表 15-1 所示。

表 15-1　HABAC 组件和属性

模型的基本组件和属性	标签类型	取值范围	描述
U	set	$'alex', 'bob', 'anne', \cdots$	用户
S	set	$\cdots$	会话
D	set	$TV, PlayStation, Oven, Fridge, FrontDoor, \cdots$	设备
ES	set	Current	环境
OP	set	$OP_{TV} \bigcup OP_{PlayStation} \bigcup OP_{Fridge}, \cdots$	操作
UA			
Relationship	atomic	$'parent', 'kid', 'teenager', \cdots$	用户与家庭的关系
Location	atomic	$'Kitchen', 'MasterBedRoom',$ $'BedRoom', 'LivingRoom', \cdots$	用户所在的位置
$\cdots$			
SA			
Relationship	atomic	$'parent', 'kid', 'teenager', \cdots$	当前会话用户 与家庭的关系
Location	atomic	$'Kitchen', 'MasterBedRoom',$ $'BedRoom', 'LivingRoom', \cdots$	当前会话用户 所在的位置
$\cdots$			
DA			
DangerouseKitchenDevices	atomic	$'True', 'False'$	是否为危险设备
DeviceLocation	atomic	$'LivingRoom', 'Kitchen', 'BedRoom', \cdots$	设备所在的区域
$\cdots$			
ESA			
day	atomic	$'S', 'M', 'T', 'W', 'Th', 'F', 'Sa'$	当前日
time	atomic	$\{x \mid x \text{ is an hour of a day}\}$	当前时间
ParentInKitchen	atomic	$'True', 'False'$	父母是否位于厨房
$\cdots$			
OPA			
KidsFriendly	atomic	$'True', 'False'$	是否允许儿童操作
$\cdots$			

HABAC 模型的基本框架由 U、S、D、OP、ES 构成，其中，U、D、OP 和 ES 为有限集合。这五个基础集合的具体定义如下。

（1）用户集合（Users，U），表示与智能设备直接交互的人。

（2）会话集合（Sessions，S），表示用户在与智能设备交互的过程中创建的会话，并允许用户在会话期间执行某些操作。创建会话的用户是唯一可以终止会话的人。

（3）设备集合（Devices，D），表示智能家居系统中包含的智能设备，如冰箱、烤箱、电视等。

（4）操作集合（Operations，OP），表示用户可以对智能设备执行的操作，如打开、关闭、调整亮度等。

（5）环境状态集合（Environment States，ES），表示在特定时间点描述环境的状态，包含一些环境属性，例如"当前"、"昨天"等。

通过这五个基础集合，定义属性集合，并在用户属性（UA）的定义过程与会话属性（SA）的定义过程中执行两种约束，即用户属性约束与会话属性约束，最后根据指定的授权策略实现访问控制功能。

HABAC 通过五个基础集合衍生出属性函数集合。用于描述用户、会话、设备、操作和环境状态的特征。每个属性函数将实体映射到其属性值，这些属性值可以是单个值或集合。

（1）用户属性（User Attributes，UA），包含与用户相关的属性，用于描述用户的身份、角色、关系等。

（2）会话属性（Session Attributes，SA），用于描述会话的状态、创建时间等。

（3）操作属性（Operation Attributes，OPA），用于描述操作的类型、危险性等。

（4）设备属性（Device Attributes，DA），用于描述设备的类型、位置等。

（5）环境状态属性（Environment State Attributes，ESA），用于描述环境的时间、天气等状态。

不难看出，这五个属性都有其特定的取值范围，这些取值可以是单个值，也可以是一个集合。例如，用户的角色可以是"家长"、"孩子"或者"青少年"。当然，属性也可以是动态值，例如，用户当前的位置、设备的温度等。在 HABAC 中，动态属性的取值可能会频繁变化，而静态属性的取值通常是由管理员进行修改的。其中提到的五个属性函数可以总结成如下形式：

$$ua: U \rightarrow Range(UA)$$
$$sa: S \rightarrow Range(SA)$$
$$opa: OP \rightarrow Range(OPA)$$
$$esa: ES \rightarrow Range(ESA)$$
$$da: D \rightarrow Range(DA)$$

而函数中使用的 Range 的形式化定义如下：

$$\forall att \in UA \cup SA \cup OPA \cup ESA \cup DA, Range(att) = \{v_1, v_2, \cdots, v_n\}$$

其中 $v_1, v_2, \cdots, v_n$ 是属性 att 可以取的所有单个值的集合。

可以通过一个具体的例子来理解 Range 与属性之间的关系。例如，操作属性可能包括 operationtype 与 risklevel，分别用于表示操作类型与操作的危险等级，那么其取值范围可能是 Range(operationtype) ＝ {"打开"，"关闭"，"调整"}、Range(risklevel) ＝ {"低"，"中"，"高"}。

HABAC 模型定义了两种约束——用户属性约束（UAC）与主体属性约束（SAC），用于限制属性的取值范围或者是组合以确保访问控制策略的正确性。

（1）用户属性约束。

现有约束 uac，定义如下：

$$uac = ((ua_x, y), UAP_j) \in UAC$$

其中 ua_x 是用户属性的名称，y 是用户属性 ua_x 的值，UAP_j 是一组用户属性对的集合，用户属性对的定义为：

$$UAP_j = \{(ua_m, n) \mid ua_m \in UA, n \in | Range(ua_m)\}$$

有相应的约束规则如下：

$$\forall u \in U, \text{ if } ua_x(u) = y$$

则

$$\forall (ua_m, n) \in UAP_j, \ ua_m(u) \neq n$$

例如，$((Relationship, Kid), \{(Adults, True)\})$ 表示，如果用户的 Relationship 属性值为 Kid，那么该用户的 Adults 属性值不能为 True，即不能同时将某个用户标记为 Kid 和 Adults，从而确保用户属性的逻辑一致性。

（2）主体属性约束。

现有约束 sac，定义如下：

$$ac = ((sa_x, y), SAP_j) \in SAC$$

其中 sa_x 是主体属性的名称，y 是主体属性 sa_x 的值，SAP_j 是一组主体属性对的集合，主体属性对的定义为：

$$SAP_j = \{(sa_m, n) \mid sa_m \in SA, n \in Range(sa_m)\}$$

有相应的约束规则如下：

$$\forall s \in S, \text{if } sa_x(s) = y,$$

则

$$\forall (sa_m, n) \in SAP_j, sa_m(s) \neq n$$

例如，$((Relationship, Staying Home Kid), \{(Relationship, Travel Abroad Kid)\})$ 表示，如果某个会话的 Relationship 属性值为 Staying Home Kid，那么该会话的 Relationship 属性值不能为 Travel Aroad Kid，即同一会话中，用户不能同时被标记为"留在家"的孩子和"出国旅行"的孩子，从而确保会话属性之间的逻辑一致性，防止出现矛盾状态。

从上述的定义可以总结出，用户属性约束和主体属性约束的核心逻辑是基于排除型规则。如果某个属性值与属性匹配成对，则不能满足约束中任何一条属性对。

授权函数用于评估访问控制决策，决定用户是否可以在特定环境下对设备执行某个操作。具体而言，授权函数会根据会话、设备、操作和环境状态的属性值，返回布尔值 True 或 False，反馈给系统以确认是否允许访问。其定义如下：

$$Authorization_{op}(s;S, es;Es, d;D) \rightarrow \{True, False\}$$

例如，在智能家居环境下设定访问控制目标为：只有当父母一方在厨房时，才允许青少年使用被列为危险的厨房设备，如烤箱；无条件允许青少年使用非危险的厨房设备，如冰箱。下面为该模型构建过程。

（1）案例场景分析。

在此智能家居环境中，分以下情况。

① 用户为青少年和家长两类，他们可以与设备交互。

② 厨房中存在两类设备：危险设备（如烤箱）和无危险设备（如冰箱）。

③ 权限：如果用户是青少年，并且有家长在厨房，才允许使用危险设备；无条件允许青少年使用非危险设备。

④ 环境状态的动态性包括具体时间和当前是否有家长在厨房。

（2）形式化模型构建。

① 定义相关集合与映射。

用户包括家长 Bob 和青少年 Anne，相关设备所在区域为厨房及其他可能存在智能家居设备的地点，如卧室、客厅。定义 U、UA 及用户属性映射，并为用户指定具体的关系属性，如下：

```
U={Bob,Anne}
UA={Relationship,Location}
Relationship:u:U→{parent,teenager}
Location:u:U→{Kitchen,BedRoom,LivingRoom}
Relationship(Anne)=teenager
Relationship(Bob)=parent
```

会话由用户与设备交互时的行为组成，可以捕获用户的临时角色或位置等上下文。定义 S、SA 及会话属性映射，用于反映会话期间用户的角色和用户的位置，如下：

```
S={S₁,S₂}
SA={Relationship,Location}
Relationship:s:S→{parent,teenager}
Location:s:S→{Kitchen,BedRoom,LivingRoom}
```

其中的 S_1、S_2 可以是满足约束规则的如下示例会话。

创建者：Alex；

会话属性：Relationship＝Kid、Location＝LivingRoom（继承自 alex 的属性）。

案例中设备集合包含厨房的烤箱和冰箱。与此同时，应注意到烤箱是危险设备、冰箱是非危险设备。定义 D、DA 及设备属性映射，如下：

```
D={Oven,Fridge}
DA={DangerouseKitchenDevices}
DangerouseKitchenDevices:d:D→{True,False}
DangerouseKitchenDevices(Oven)=True
DangerouseKitchenDevices(Fridge)=False
```

环境状态用于描述动态信息，具体到本例中应包含当前时间，以及是否有家长在厨房的信息。定义 ES、ESA 及相关属性映射，如下：

```
ES={Current}
ESA={day,time,ParentInKitchen}
day:es:ES→{S,M,T,W,Th,F,Sa}
time:es:ES→{x|x is an hour of a day}
ParentInKitchen:es:ES→{True,False}
```

案例中涉及的操作有开关电视、烤箱和冰箱,除此之外,可以根据需求设定其他相关的设备可执行的操作。继而定义操作集合如下:

$$OP_{TV} = \{ON, OFF\}$$
$$OP_{Oven} = \{ON, OFF\}$$
$$OP_{Fridge} = \{Open, Close\}$$
$$OP = OP_{TV} \bigcup OP_{Oven} \bigcup OP_{Fridge}$$

② 授权逻辑。

系统需要根据用户角色、设备属性和环境状态决定是否允许某项操作。本例中,如果用户是青少年,且家长在厨房,并且设备是危险设备,允许青少年访问;如果设备是非危险设备,无条件允许青少年访问。

定义授权函数 Authorization,如下:

```
Authorizationop(s:S,es:ES,d:D)≡
(Relationship(s)=teenager ∧ ParentInKitchen(current)=True ∧ Dangerouse-
KitchenDeives(d)=True) ∨
(Relationship(s)=teenager ∧ DangerouseKitchenDevices(d)=False)
```

其中,Relationship(s)=teenager 表示用户是青少年;ParentInKitchen(current)=True 表示当前家长在厨房;DangerousKitchenDevices(d)=True 表示当前设备是危险设备。

例如,当青少年 Anne 想要使用烤箱时,条件判断过程如下:

```
Relationship(Anne)=teenager
ParentInKitchen(current)=True
DangerousKitchenDevices(Oven)=True
```

满足条件,故

```
Authorization(Anne,current,Oven)=True
```

通过实施 HABAC 访问控制模型,可以有效地管理智能家居环境中的用户权限,确保只有合适的用户在适当的条件下才能访问特定设备。这种方法不仅提升了智能家居系统的整体安全性与可靠性,还能灵活应对不断变化的环境和用户需求,从而减少因配置错误或恶意行为导致的安全风险。

15.4 物联网访问控制解决方案

随着物联网技术的迅猛发展及其在各行业的广泛应用,企业对实现设备高效连接、数据安全传输和智能分析的需求日益增长。不同规模和行业的企业对物联网解决方案的需求各异,尤其是在设备管理、数据处理和访问控制方面。因此,各大云服务提供商推出了多样化的解决方案,以适应不同企业对物联网应用的具体需求。这些解决方案涵盖了从设备连接、数据存储和分析到安全性等多个层面,可以为企业构建一个可靠、高效和安全的物联网生态系统。

在前文中,已经对物联网技术的基本概念及其访问控制需求进行了介绍。本节将介绍 Azure IoT、AWS IoT 以及 IBM Watson IoT Platform 这三大物联网解决方案,同时探讨这些解决方案的功能与优势。

15.4.1 Azure IoT 解决方案介绍

Azure IoT 是微软推出的一套完整的物联网服务,能够从连接的物联网设备中收集、存储、分析数据并执行相应功能。Azure IoT 的服务支持设备连接到云端,实现数据的双向传输,使企业能够远程监控和智能管理物联网设备,同时通过数据分析来改进业务决策和操作效率。Azure IoT 为用户提供了灵活的功能解决方案,包括设备端的软件开发套件(SDK)、设备管理、消息传递服务及数据分析、可视化工具等。它还包括安全和隐私保护功能,以确保数据传输和处理的安全性。通过使用 Azure IoT,企业可以轻松扩展其 IoT 解决方案,无论是在云中处理数百万台设备的数据,还是在边缘设备上进行实时处理,都可以轻松实现。

Azure IoT 的功能实现逻辑围绕核心组件 Azure IoT Hub 进行展开。

Azure IoT Hub 作为云网关,支持安全的双向通信,允许设备与云端应用程序之间进行数据交换。通过设备注册和身份验证与 Azure IoT Hub 建立连接,确保只有经过授权的设备才能够访问服务。设备在云中有一个虚拟表示,称为设备双胞胎,它用于存储设备的期望属性和报告属性,便于管理和监控。

在数据通信方面,Azure IoT Hub 支持多种协议,包括 MQTT、AMQP 和 HTTP,允许设备以高效的方式发送和接收数据。Azure IoT Hub 还提供内置的消息路由功能,可以将设备发送的消息转发到其他 Azure 服务,支持大规模数据的实时处理。在数据存储方面,Azure 提供多种存储解决方案,包括 Azure Cosmos DB 和 Azure Blob Storage,以支持热数据和冷数据的存储需求。在安全性方面,Azure IoT Hub 通过设备注册和安全存储来保护设备和数据,所有连接都使用 TLS 进行加密,确保数据传输的安全。此外,Azure Active Directory 用于用户身份验证和授权,确保只有经过授权的用户才可以访问云服务。

当然,Azure IoT 还能够融合其他 Azure 服务,支持开发者构建复杂的应用程序和数据分析工作流。通过这些功能,Azure IoT 为开发者提供了一个强大且灵活的物联网解决方案,能够满足各种应用场景的需求。

15.4.2 AWS IoT 解决方案介绍

AWS IoT Core 是 AWS IoT 解决方案的核心,允许数十亿台设备通过支持 MQTT、HTTP 和 WebSocket 等通信协议安全地连接到云端。AWS IoT Core 提供端到端的安全机制,包括双向认证、数据加密和访问控制策略,确保设备和数据的安全。此外,它还支持基于 SQL 的规则引擎,用于实时转换和富集设备数据,以及设备影子服务,用于存储和同步设备的期望状态,确保即使设备离线也能保持通信和状态同步。该服务适用于工业自动化、智能城市、家庭自动化等多种大规模设备连接和管理场景,作为设备与云端之间的通信中心,实现数据的双向传输和设备的远程监控。

AWS IoT 允许用户注册设备并为其分配唯一的身份标识符。设备通过 X.509 证书进行身份验证,确保只有授权设备可以连接到 AWS IoT。用户通过使用 AWS IoT Device Management 获取设备的状态、性能等相关信息,实时监控设备的状态。设备连接到 AWS IoT 后,传感器读取的数据、设备状态或者其他信息可以通过 MQTT、HTTP 或 WebSocket 等协议发送到 AWS IoT Core,并且存储在 Amazon S3、Amazon DynamoDB 或其他数据库中,使用 AWS Lambda、Amazon Kinesis 等服务进行实时分析和处理。

设备通过在 MQTT 主题上发布消息来报告自己的状态。消息发送到 AWS IoT MQTT 消息代理,后者将消息发送给订阅该主题的所有客户端。每个设备都有一个影子对象(设备的虚拟表示),用于存储和检索 JSON 文档中的状态信息,分为上次报告的状态和期望的状态。应用程序可以发送包含设备当前状态或其状态变化的请求。当消息到达 AWS IoT MQTT 消息代理时,规则引擎会处理消息并与其他 AWS 服务集成。AWS IoT 规则引擎允许用户定义规则,将消息路由到不同的 AWS 服务,实现数据的自动处理和转发。

在安全性方面,AWS IoT 提供多种身份验证机制,并保证数据在传输过程中使用 TLS 协议加密,以确保数据的安全性和隐私性。

另外,AWS IoT 可以与 AWS Lambda、Amazon S3、Amazon DynamoDB 等服务无缝集成,帮助用户打造全方位的物联网解决方案。通过 AWS IoT Greengrass,用户可以在本地设备上运行 AWS Lambda 函数,实现边缘计算,减少延迟并提高响应速度。

15.4.3　IBM IoT 解决方案介绍

IBM Watson IoT Platform(简称 IBM IoT)是一个专为企业设计的云服务平台,支持为物联网生命周期中从设备连接到数据分析的各个阶段提供全面的解决方案,帮助用户从连接的设备中提取有价值的信息,从而优化业务流程,提升操作效率。

在设备管理方面,IBM IoT 提供包括设备注册、控制和状态监测在内的全面的设备管理功能。用户可以通过设备管理服务实现设备的批量注册和实时监控,确保设备的高效运行。平台支持多种设备连接协议,确保数据传输的安全性和完整性,采用 TLS 和 MQTT 等安全协议,并结合 IBM Cloud 的身份和访问管理,以保护设备和数据。

在数据处理和分析方面,IBM IoT 能够实时收集、存储和分析设备数据,利用先进的分析工具和算法提供深度数据挖掘,并集成 IBM Watson 的人工智能技术,提供预测性维护、图像识别和语音识别等功能。通过机器学习模型的持续学习,平台能够自动识别模式,预测设备异常和系统故障,从而提前采取行动。

在数据存储方面,IBM IoT 支持热数据和冷数据的存储需求。通过集成 IBM Cloudant 和 IBM Db2 Warehouse 等服务进行实时和历史数据分析,支持复杂的数据处理和可视化。平台还提供 APIs 和开发工具,方便用户将 IoT 数据集成到现有业务应用程序中,提升业务灵活性。

在安全性方面,IBM IoT 采用多层次的安全机制,确保设备、网络和云端的安全。平台支持设备身份验证和授权,所有连接都使用 TLS 进行加密,确保数据传输的安全性。此外,IBM Cloud 的 IAM 功能确保了用户身份的安全管理,防止未授权的访问。

习题 15

15.1 简述物联网的网络架构。

15.2 简述什么是物联网访问控制技术。

15.3 网络层的攻击面有哪些?它们的解决措施?

15.4 详细阐述物联网访问控制应遵循的八大原则,并举例说明每个原则在实际应用中的重要性和实现方式。

15.5 简述 HABAC 的五大基本集合。

15.6 简述 HABAC 的用户属性约束与主体属性约束是如何定义的,它的核心逻辑是什么?并举例说明。

15.7 请用形式化的语言简述 HABAC 的授权策略。

15.8 查阅资料,了解并简述 Azure IoT Hub 是如何进行访问控制的。

15.9 查阅资料,了解并简述 AWS IoT 中设备影子的概念及 AWS IoT 的访问控制策略。

16

新兴技术驱动的访问控制

随着信息技术的飞速发展和应用场景的日益复杂化,传统的访问控制模型已难以满足日益增长的安全需求。在保障数据安全和隐私的背景下,新兴技术正逐步成为构建高效、灵活且安全的访问控制机制的重要驱动力。本章聚焦于两类备受关注的新兴技术——区块链技术和密码学技术,探索它们在访问控制领域的应用及其优势。本章将深入介绍区块链技术的核心概念,展示其在去中心化、不可篡改和透明性方面的独特价值,并探讨其在访问控制中的独特应用场景和实现方式。本章还将讨论密码学技术,尤其是属性加密和访问控制加密等方法是如何通过细粒度的加密策略实现安全访问控制的。

16.1 基于区块链的访问控制

16.1.1 区块链技术简介

区块链技术的本质是一个分布式的账本,它允许网络中的多个参与者在不依赖中心化机构的情况下,共同维护一个可靠的数据记录。这种特性使区块链在访问控制领域具有巨大的潜力。传统的访问控制模型往往依赖于中心化的认证和授权机制,一旦这些机制受到攻击或出现故障,整个系统的安全性将受到严重威胁。而基于区块链的访问控制模型能够通过去中心化的方式,提高系统的鲁棒性和安全性。

1. 区块链的分类

目前,区块链主要分为公有区块链、私有区块链和联盟区块链三类。公有区块链是完全分布式的,数据公开,用户参与度高,便于推广,但是系统运行依赖奖励机制,如比特币、以太坊。私有区块链只对特定的用户授予访问权限,应用场景一般是企业或公司内部,如银行、政府部门等。联盟区块链会限制外部用户,只允许经过审核的联盟内部成员参与,联盟区块链上的读、写权限及参与记账权限按联盟规则制定,整个网络由成员机构共同维护。

2. 区块链的架构

区块链系统可分为基础网络层、中间协议层以及应用服务层。其中,基础网络层可细分为数据层和网络层,中间协议层可细分为共识层、激励层和合约层。区块链架构如图 16-1 所示。

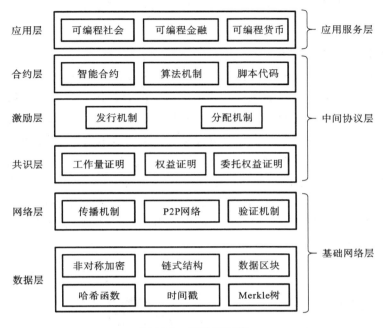

图 16-1 区块链架构

3. 共识机制

去中心化记账系统的核心在于共识机制,其解决了分布式账本中的两个关键问题,即记账权限的归属和节点间的账本同步。研究者们发现,在包含多个确定性进程的异步体系内,如果存在哪怕单一进程可能失效的情况,那么就不可能有协议确保所有进程在限定时间内达成一致决策。鉴于此,有研究者引入了同步假设与时序约束等额外条件,开发出了多种共识算法,这些算法大致可分为强一致性与最终一致性两类。

强一致性算法通常适用于节点数量有限,且拥有严格成员资格审查的联盟网络或私有网络环境,如实用拜占庭容错(Practical Byzantine Fault Tolerance,PBFT)、Raft算法。相反,工作量证明(Proof of Work,PoW)、权益证明(Proof of Stake,PoS)及委托权益证明(Delegated Proof of Stake,DPoS)等算法则更倾向于最终一致性,并广泛应用于节点数庞大的公共网络场景中。

4. 智能合约

智能合约可以被看作一种计算机程序,它将既定的合同条款转化为计算逻辑,持续监控用户的活动数据与状态变化,并依据预设规则确保合同条款得到有效执行。这一概念最早在 1994 年被提出,定义为"由计算机处理的、自动执行合约条款的交易协议"。然而,由于早期技术不够成熟,加上安全性不足,该理念难以实现。区块链技术以其不可篡改、公开透明、安全可靠的特点,为智能合约提供了高信任度的存储与运行环境,使智能合约再次引起广泛关注并迅速发展。

16.1.2 基于区块链实现访问控制

目前,基于区块链的访问控制技术的主要实现方式有基于交易的访问控制和基于智能合约的访问控制两种。

1. 基于交易的访问控制

基于交易的访问控制在区块链技术研究初期被提出,标志着访问控制技术与区块链融合的起点。Zyskind 及其团队针对移动应用中的数据访问控制需求设计了一种方案,综合用户和服务商共同的身份发布访问控制规则。如图 16-2 所示,利用区块链不可删除的特性,认定最新发布的联合身份交易为有效的权限设置,通过查找最近的访问权限交易 T_{access} 即可完成权限的分配、调整或撤销。服务商的访问请求则通过数据交易 T_{data} 提交,并将相关的数据访问操作记录保存在区块链上,确保所有访问活动可追踪。这一机制创新性地引入了联合身份的理念,支持用户针对不同服务商实施多样化的数据访问管理策略,同时采用访问控制列表的方式表述策略,适合处理较为简单的访问控制方案和个人数据保护需求。

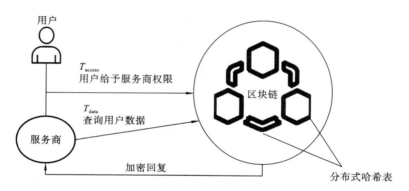

图 16-2 Zyskind 机制原理

在物联网环境下,采用多条区块链分别存储主体与客体信息及权限判定信息,能够构建一个灵活且自动化的访问控制系统。如图 16-3 所示,Zyskind 等人建议的 Control Chain 机制框架要求使用关系区块链(Relationship Blockchain)记录主体与客体间的关系,同时利用上下文区块链(Context Blockchain)存档来自传感器的数据、经过处理的数据以及人工录入的信息。框架还定义了解码器(Decoder)的角色,在诸如 RBAC、ABAC 或 OrBAC 等自定义访问控制模型中,负责将主体与客体属性、角色数据以及关系区块链中的记录转换为访问控制模块可理解的格式(如 ACL),最后把授权决策记录在责任区块链(Accountability Blockchain)上,以此支持授权追溯与责任审计。这种方法成功地将传统的访问控制模型与区块链技术结合,在用户指定的访问控制模型下实现了访问控制决策。

Maesa 及其团队提出通过区块链上的交易实现访问控制策略与权限的建立、修改及撤销流程。他们定义了两种主要交易形式,一种是策略创建交易(Policy Creation Transaction,PCT),用于策略的初始化;另一种是权限转移交易(Rights Transfer

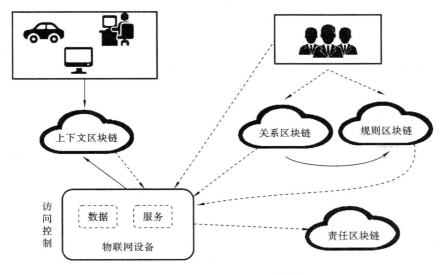

图 16-3　Control Chain **机制框架**

Transaction,RTT),用于主体间权限的转移。为了在不可逆的区块链上实现策略更新
与撤销,研究者借鉴了区块链的代币机制,规定任何更新或撤销的 PCT 需消耗先前策
略的交易输出,即新交易需包含前一策略信息及一定费用(如比特币),输出则为更新后
的策略信息与剩余费用。对于权限持有者而言,在执行 RTT 时,可以增加访问控制的
限制,仅在接收方符合条件时才授予其权限并完成交易。如图 16-4 所示为 Maesa 机制
原理,该模型中区块链作为存储设施,与策略管理点协作,为授权体系提供从创建到撤
销的完整策略生命周期记录,随后策略执行点依据授权结果管理用户对数据资源的访
问。此系统通过区块链交易机制,实现了适应大规模数据集的细粒度、安全可信、易于
调整且全程可追溯的 ABAC 访问控制框架。

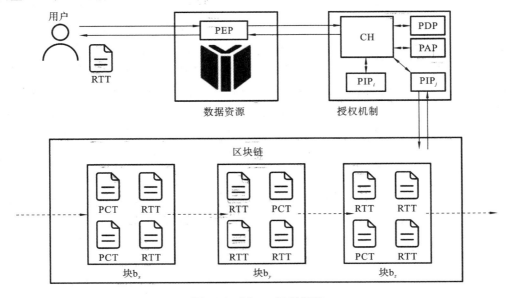

图 16-4　Maesa **机制原理**

总体来说,目前基于交易的访问控制机制是基于区块链可信存储的特性,可分为以下四个方面。

(1)存储访问权限:利用区块链公开透明、数据可信的特点,在链上保存访问权限,使权限信息对外公开且可查,无需集中式授权机构担保即可建立信任关系。由于区块链的不可篡改性,链上权限记录只能通过追加方式更新而无法直接撤销,确保请求方无法擅自超越权限,同时授权方也无法否认其先前的授权行为。

(2)存储访问控制策略:在物联网、云联盟及云存储场景中,将访问控制策略部署在区块链上,可以使策略变得公开透明,增强访问控制策略的可信度,并防止诸如"后门"之类的秘密操控。

(3)存储关键敏感数据:利用区块链的防篡改与不可删除特性,在医疗数据共享中引入区块链技术,确保用于研究的数据真实与可靠,防止恶意篡改。鉴于区块链的共识机制与竞争记账方式导致在链上保存大量数据,成本较高,多数基于区块链的访问控制系统选择在链外存储原始数据,仅在链上保存数据的哈希表或地址索引等简化信息,以此节约链上存储空间,同时确保数据的完整性。

(4)存储访问控制操作记录:利用区块链的可查性、可信性及可追溯性,构建审计与追责机制,实时记录用户操作,用于监督授权过程中的不当行为及操作中的违规情形,同时支持逐层追溯,以便实施分级的责任追究。

2. 基于智能合约的访问控制

随着以太坊上图灵完备脚本语言的出现,智能合约的实际应用得以实现。作为区块链 2.0 架构的核心组件,智能合约让区块链的应用从"虚拟货币"扩展至更为广泛的"交易平台"。在访问控制方面,智能合约利用区块链提供的分布式信任基础设施,将数据交互视为主体间的"交易",通过定制化脚本语言实现可信、细致且无需人为干预的访问控制系统。

张远宇等提出了一种框架,利用多个访问控制合约(Access Control Contracts,ACC)、一个法官合约(Judge Contract,JC)和一个注册合约(Registration Contract,RC)实现了分散的信任访问控制。该框架包括多个访问控制合约,每个合约实现访问控制策略中对特定主体、客体的具体控制方法,并维护策略执行列表和不当行为处罚列表。法官合约负责接收不当行为举报并裁定相应处罚。注册合约管理 JC 和 ACC,并提供它们的概览信息。通过将访问控制策略分解为多个 ACC,有助于细化主体、客体交互,更容易实现访问控制策略的精细化管理。该框架的结构如图 16-5 所示。

总体来说,目前基于智能合约的访问控制机制利用区块链可信计算的特性,可分为以下五个方面。

(1)用户信息管理:利用智能合约管理内部用户,以不可篡改方式记录用户详情,并关联其以太坊地址或公钥,从而在无需集中式授权机构担保的情况下确保用户身份的可信度。此外,通过以太坊地址或公钥表示主体,有助于实现惩戒措施的追溯与落实。

(2)链上数据管理:利用智能合约管理链上的数据,实现包括访问控制策略集、主体访问权限集、主体和客体属性信息等数据的增添、更新。

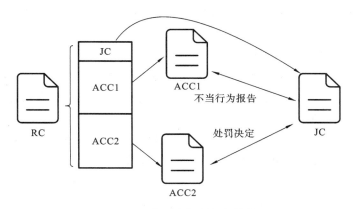

图 16-5 张远宇机制框架结构

（3）数据整合与查询：区块链上的数据公开透明，任何用户都可以查询链上的访问控制策略，但在数据量较大或者访问控制策略较复杂的情况下，人工在链上查询和收集数据的工作量大且效率低，所以可以利用智能合约自动地整合和归纳链上数据。

（4）违规行为监测：区块链上的数据不断增长且不可删除，通过时间戳与用户签名等手段可实现溯源。这确保了在区块链上运行的监控组件与访问日志存储不会遭到破坏或篡改。因此，基于区块链的监控系统能够检测违规行为，并通过反馈惩戒机制优化访问控制体系。

（5）访问权限判决：智能合约可以根据访问请求者的身份、角色或属性等信息，自动判断是否符合访问控制策略的要求，从而返回许可、拒绝或无法判定的结果，整个流程无需人工参与，也不需要第三方担保，完全依赖于部署的合约代码执行，为资源所有者与请求者双方建立了高度信任。

16.1.3 基于区块链的访问控制应用场景

1. 基于交易的访问控制应用场景

（1）数字资产交易：在加密货币交易平台内，基于交易的访问控制机制确保仅有通过身份验证与授权的用户才能够进行数字资产的买卖。交易详情永久保存在区块链上，提供了透明且不可篡改的历史记录。

（2）供应链管理和溯源追责：在食品供应链中，基于交易的访问控制可用于跟踪食品来源、加工流程及运输路线等信息。借助区块链上的交易记录，消费者能够验证食品的真实性和安全性。以在线租车服务为例，平台对用户数据的访问记录可存储于区块链上，一旦用户发现个人信息泄露，便可据此追溯，实现对租车应用平台的责任追究。

2. 基于智能合约的访问控制应用场景

（1）物联网（IoT）设备的访问控制。

随着物联网设备的普及，确保这些设备的安全访问成为一个关键问题。区块链技术提供了一种去中心化且自动化的访问控制方案。利用智能合约，可以设定物联网设备的访问规则与权限。这些规则可根据设备特征（如位置、类型等）定制。当物联网设备试图访问网络资源或服务时，智能合约自动检验其身份与权限，并依据预设规则决定授权与否。这种方法提升了物联网系统的安全水平与效率,减少了人为干预带来的风险和错误概率。

（2）医疗数据授权与访问控制。

在医疗设备管理中,智能合约帮助医疗机构实现对医疗设备的远程监控、访问控制及故障诊断。例如,智能合约可以规定唯有通过身份认证的医疗人员才能远程访问和操作指定设备,以保障设备安全与稳定运行。

在医疗系统防护方面,智能合约可用于保障医疗系统安全,防止未授权访问和攻击。通过设定特定的访问规则与权限,智能合约确保只有授权用户才能访问并操作医疗系统。

在医疗数据保护领域,Azaria 等人针对患者数据分散、交流渠道匮乏、共享效率低下及隐私保护不足的问题,提出了 MedRec 框架。该框架利用智能合约赋予患者对其数据访问权限的管理能力,并通过区块链实现跨机构访问控制。如图 16-6 所示,框架设计了注册合约管理患者信息,并将患者账号与汇总合约（Summary Contract,SC）关联;汇总合约用于连接患者的数据权限及其状态;而医患关系合约（Patient-Physician Relationship Contract,PPRC）负责患者数据的查询与访问权限管理。MedRec 机制下,患者在数据库中的资料均附带操作权限信息,并可在患者 SC 地址上查询 PPRC 状态,从而使患者对自己的医疗数据具有严格控制权,所有未授权操作因权限不足而被阻止。此外,出于研究目的的医疗数据访问请求,可通过查询注册合约上的公开患者账户地址,向对应患者提出申请,在获得患者同意后方可访问。值得注意的是,尽管链上数据公开,但由于区块链的匿名特性,患者身份以以太坊账户表示,敏感的医疗数据存储于链下,只有操作权限公开可查,从而在保护患者隐私的同时提升了数据共享效率。

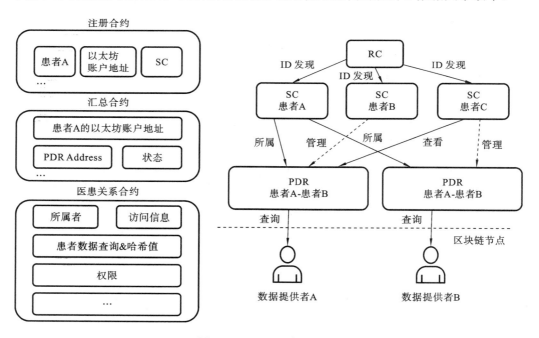

图 16-6　MedRec 框架结构

16.1.4 基于区块链实现访问控制的优劣势

基于区块链实现访问控制的优势如下。

（1）资源的管理使用权真正掌握在资源所有者手中，存储在区块链上的策略信息对所有主体可见，策略的可信、公开更利于促进大数据资源的共享，有助于大数据资源价值的挖掘与利用。

（2）智能合约能够实现对大数据资源自动化、可信的访问控制，无需安全管理员人为参与，基于资源所有者发布的策略进行访问控制，决策过程公开透明。

（3）基于 ABAC 模型，策略由资源所有者发布到区块链上，随着大数据资源的动态变化，资源所有者可及时生成并调整所属资源的访问控制策略，提高访问控制的灵活性与可扩展性。

（4）区块链基于分布式共享总账技术，能够有效保证策略制定来源可靠、存储可信，通过分布式节点的共识机制，提高访问控制系统的抗攻击能力，有效防止单点故障的发生，保证系统可用性。

（5）区块链是一种只增不删数据管理模式，事务数据永远存储在区块链上，这些数据无法被篡改，能够实现对共享和流通过程中大数据资源的全流程追踪管控，便于系统审计。

除了以上优势，基于区块链实现访问控制也有一些劣势，如下。

（1）在性能上，目前主流的区块链网络（如比特币、以太坊）确认一条交易的时间较长，无法满足物联网等场景对实时性的要求。例如，以太坊的区块链产生速度较慢，导致访问控制请求的响应时间较长。

（2）在存储开销上，区块链采用分布式存储机制，所有节点都需要存储一份完整的数据副本。对于访问控制策略、权限记录等数据，如果全部存储在链上，会导致区块链体积快速增长，增加了存储成本。而且区块链的数据只能增加，不能减少，这进一步增加了存储压力。

（3）在多链环境下，不同区块链之间的访问控制策略可能存在冲突。例如，不同组织或机构可能使用不同的区块链平台，其访问控制机制和智能合约不通用。实现跨链的协同数据管理和访问控制，需要解决链间通信、数据格式转换、权限映射等问题，增加了系统的复杂性和实现难度。

综上所述，基于区块链实现访问控制在提高系统安全性、可靠性和透明性方面具有独特的优势，但也存在性能、存储、跨链协同等方面的不足。在实际应用中，需要根据具体的业务需求和场景特点，权衡其优势和劣势，以实现最佳的应用效果。

16.2　基于密码学的访问控制

随着信息技术的飞速发展，数据安全和隐私保护已成为当今社会不可忽视的重要问题。在数字化、网络化的时代背景下，信息资源的访问控制成为保障系统安全、防止数据泄露和非法访问的关键环节。密码学作为信息安全领域的基石，为访问控制提供了强大的技术支撑和保障。

16.2.1　密码学基础

密码学是研究编制密码和破译密码的技术科学,是现代信息安全的核心技术之一。以下是密码学中的一些基础知识,包括对称加密、非对称加密、哈希函数。

1. 对称加密

对称加密是一种使用相同密钥进行加密和解密的方法。其过程可以概括如下。

(1) 密钥协商:在通信开始之前,发送方和接收方需要协商并共享一个相同的密钥。这个密钥的安全性至关重要,因为它将用于加密和解密所有的通信数据。

(2) 加密过程:发送方使用共享的密钥和加密算法,将明文数据(即原始数据)转换为密文数据。加密算法通常将数据划分为固定大小的数据块,并对每个数据块进行加密操作。

(3) 传输过程:加密后的密文数据通过网络或其他传输方式发送给接收方。在传输过程中,即使数据被截获,没有密钥的攻击者也无法解密出原始数据。

(4) 解密过程:接收方收到密文数据后,使用与发送方相同的密钥和解密算法,将密文数据还原为明文数据。解密算法是加密算法的逆过程,能够恢复出原始的数据内容。

2. 非对称加密

非对称加密是一种使用公钥和私钥进行加密和解密的加密方法。其过程可以概括如下。

(1) 密钥生成:用户首先生成一对密钥,包括一个公钥和一个私钥。公钥可以公开发布,而私钥由用户自己安全保存。

(2) 加密过程:发送方使用接收方的公钥对明文数据进行加密,生成密文数据。这个过程是不可逆的,即只有使用对应的私钥才能解密出原始数据。

(3) 传输过程:加密后的密文数据通过网络或其他传输方式发送给接收方。在传输过程中,即使数据被截获,没有私钥的攻击者也无法解密出原始数据。

(4) 解密过程:接收方收到密文数据后,使用自己的私钥对密文数据进行解密,还原出明文数据。由于私钥只有接收方自己知道,因此只有接收方才能够解密出原始数据。

3. 哈希函数

哈希函数是一种将任意长度的数据映射为固定长度哈希值的函数。其原理可以概括如下。

(1) 输入与输出:哈希函数接收任意长度的数据作为输入,并输出一个固定长度的哈希值。这个哈希值通常是一个二进制串,具有固定长度(如 SHA-256 算法的哈希值长度为 256 位)。

(2) 确定性:对于相同的输入数据,哈希函数总是产生相同的哈希值。这种确定性保证了数据的唯一性,使哈希值可以用于数据校验和完整性验证等场景。

（3）不可逆性：哈希函数具有不可逆性，即无法通过哈希值推导出原始输入数据。这种不可逆性保证了数据的机密性，使哈希值可以用于密码存储和验证等场景。

（4）抗碰撞能力：哈希函数具有抗碰撞能力，即很难找到两个不同的输入数据产生相同的哈希值。这种抗碰撞能力保证了哈希值的唯一性和安全性，使哈希值可以用于数字签名和身份验证等场景。

16.2.2　基于属性加密的访问控制

属性加密中数据拥有者的访问控制策略通常由访问结构表示。作为一类逻辑结构，数据拥有者需要设置一个门阈值，如果访问控制集合与用户属性集合相交数量大于设置的门阈值，则用户能够成功获得用户私钥并解密。属性加密主要分为基于密文策略的属性加密（Ciphertext-Policy Attribute-Based Encryption，CP-ABE）与基于密钥策略的属性加密（Key-Policy Attribute-Based Encryption，KP-ABE）。前者用户密钥对应属性集合，数据密文对应访问结构，当且仅当属性集合与密文访问结构匹配时才能够解密，这时密文作为主体选择密钥。而后者由密文对应属性集合，用户密钥对应访问结构，由属性集合去满足访问结构，在这类属性加密机制中，用户作为主体选择特定的与之相匹配的密文，以此解密。

1. 基于密文策略的属性加密（CP-ABE）

CP-ABE 由于将访问策略嵌入至密文中，访问属性嵌入至数据请求方的私钥中，因此能对访问控制策略进行更灵活的表示，从而拥有更高的访问控制能力。在 CP-ABE 中，将用户的相关属性表示为一个属性集合，而加密数据取决于数据拥有者的访问结构，数据能否解密取决于两者的属性集合与访问结构是否能够匹配，因此，CP-ABE 更加适用于物联网中的消息分发场景。该机制与用户群体规模、身份信息无关，具有策略表示灵活、机密性高等优点。

在 CP-ABE 中，与密文相关联的访问结构被称为访问树。其中，树的内部节点都是一个阈值门，由其子节点和阈值描述。如果 num_x 是其子节点的个数，k_x 是其阈值，则 $0 \leqslant k_x \leqslant \mathrm{num}_x$。与门和或门都可以被构造成阈值门，当 $k_x = 1$ 时，就是或门，当 $k_x = \mathrm{num}_x$ 时就是与门。叶子节点与属性相关联，由属性值和阈值 $k_x = 1$ 描述。为了便于使用访问树，还定义了其他一些函数。$\mathrm{parent}(x)$ 表示树中节点 x 的父节点。$\mathrm{att}(x)$ 表示与树中叶子节点 x 相关联的属性，只有 x 节点是叶子节点时，才定义该函数。对于节点的子节点来说，需要对子节点进行编号，$\mathrm{index}(x)$ 返回子节点的索引值。

CP-ABE 算法主要步骤如下。

G_0 和 G_1 都是一个阶为素数 p 的双线性群，g 是群 G_0 的一个生成元，e 表示在 $G_0 \times G_0 \to G_1$ 的双线性映射，定义拉格朗日系数为：$\Delta_{i,S}(x) = \prod\limits_{j \in S, j \neq i} \dfrac{x - j}{i - j}$，其中 $i \in Z_p$，S 为 Z_p 中元素的集合。另外，使用一个哈希函数 $H:\{0,1\}^* \to G_0$，将其建模为随机预言机，其功能是将任意描述为二进制字符串的属性随机映射到群元素。

1）初始化：Setup

选择一个具有生成元 g 的素数阶 p 的双线性群 G_0，选择两个随机指数 $\alpha, \beta \in Z_p$，设置公开的参数：$PK = G_0, g, h = g^\beta, f = g^{1/\beta}, e(g,g)^\alpha$，主密钥 $MK = (\beta, g^\alpha)$。

2）加密：Encrypt(PK, T, M)

加密算法将在访问树 T 下加密消息 M。首先为树 T 中的每个节点选择一个多项式 q_x（包括叶子节点），这些多项式从根节点 R 开始，以一种自顶向下的方式选择。对于树中的每个节点 x，设置多项式 q_x 的次数 d_x 比节点阈值少 1，也就是 $d_x = k_x - 1$。

如图 16-7 所示，访问树多项式选取的具体流程如下。

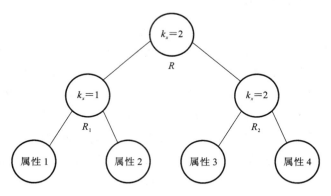

图 16-7　访问树多项式选取图

（1）先从根节点 R 开始，在 R 节点中，节点阈值 k_x 的值和其子节点 num_x 的值均为 2，故其为与门，设置多项式 $q_R(x) = ax + s$，其中 a 为随机值，$s \in Z_p$。

（2）对于根节点 R 的子节点 R_1 和 R_2，R_1 的节点阈值 k_x 的值为 1，多项式 q_{R_1} 的次数 d_{R_1} 应为 0，故多项式 $q_{R_1}(x) = b_1$，其中 b_1 为常数，且 $b_1 = q_R(\text{index}(R_1))$。对于 R_2，R_2 的节点阈值为 2，多项式 q_{R_2} 的次数 d_{R_2} 应为 1，故多项式 $q_{R_2}(x) = a_2 x + b_2$，其中 a_2 为随机值，$b_2 = q_R(\text{index}(R_2))$。

（3）R_1 和 R_2 的子节点均为叶子节点，节点阈值均为 1，则其多项式次数均为 0，于是各属性值的多项式 $q_{属性n}(x) = c_n$，c_n 为常数，且 $c_n = q_{\text{parent}(属性n)}(\text{index}(属性 n))$。

根据上述例子的访问树各个节点多项式构造，可以总结出访问树各个节点多项式构造的一般规律：首先，从根节点 R 开始，随机选择一个 $s \in Z_p$，并且设置 $q_R(0) = s$，然后 d_R 次多项式 q_R 的其他系数完全随机选取，即 $q_R(x) = a_1$，对于 R 任意的其他节点 x，设置 $q_x(0) = q_{\text{parent}(x)}(\text{index}(x))$，其他点随机选择来定义 q_x。令 Y 为 T 中叶子节点集合，然后通过给出的访问树 T 构造密文如式（16-1）所示。

$$CT = (T, \widetilde{C} = Me(g,g)^{\alpha s}, \quad C = h^s$$
$$\forall y \in Y: C_y = g^{q_y(0)}, \quad C'_y = H(\text{att}(y))^{q_y(0)}) \tag{16-1}$$

3）密钥生成：KeyGen(MK, S)

密钥生成算法以一组属性 S 作为输入，并输出以该集合表示的密钥。算法首先选择一个随机 $r \in Z_p$，然后为每个属性 $j \in S$ 选择随机 $r_j \in Z_p$，计算密钥 SK 如式（16-2）所示。

$$SK = (D = g^{(\alpha+r)/\beta}, \forall j \in S: D_j = g^r \cdot H(j)^{r_j}, D'_j = g^{r_j}) \tag{16-2}$$

4）解密：Decrypt(CT, SK)

根据访问树 T 加密下的密文 CT，对应用户属性 S 的私钥 SK，经过解密算法 Decrypt()获得明文 M。

定义递归运算 DecryptNode(CT,SK,x),以密文 CT、一个与一组属性关联的私钥 SK 和访问树 T 中的一个节点 x,如果节点 x 为叶子节点,令 $i=$att(x),定义如式(16-3)所示。如果 $i\in S$,则

$$\text{DecryptNode}(CT,SK,x)=\frac{e(D_i,C_x)}{e(D'_i,C'_x)}=\frac{e(g^r\cdot H(i)^{r_i},h^{q_x(0)})}{e(g^{r_i},H(i)^{q_x(0)})}=e(g,g)^{rq_x(0)}$$

(16-3)

如果 $i\notin S$,定义 DecryptNode(CT,SK,x)$=\perp$。

当 x 不是叶子节点时,DecryptNode(CT,SK,x)算法过程为:对于 x 的所有子节点 z,调用 DecryptNode(CT,SK,z)并保存输出为 F_z,令 S_x 为任意 k_x 大小的子节点 z 的集合,使得 $F_z\neq\perp$,如果这样的集合不存在,则节点不满足,函数返回 $\perp$。否则,依照式(16-4)计算并返回结果。

$$
\begin{aligned}
F_x &= \prod_{z\in S_x} F_z^{\Delta_{i,S'_x}(0)}, \ \text{where} \quad \begin{matrix} i=\text{index}(z) \\ S'_x=\{\text{index}(z):z\in S_x\} \end{matrix} \\
&= \prod_{z\in S_x}(e(g,g)^{r\cdot q_z(0)})^{\Delta_{i,S'_x}(0)} \\
&= \prod_{z\in S_x}(e(g,g)^{r\cdot q_{\text{parent}(z)}(\text{index}(z))})^{\Delta_{i,S'_x}(0)} \\
&= \prod_{z\in S_x}e(g,g)^{r\cdot q_x(i)\cdot\Delta_{i,S'_x}(0)} \\
&= e(g,g)^{r\cdot q_x(0)}
\end{aligned}
$$

(16-4)

如果树被集合 S 满足,令 $A=$DecryptNode(CT,SK,r)$=e(g,g)^{rq_R(0)}=e(g,g)^{rS}$,以自下而上的方式,使用拉格朗日多项式插值方法进行递归操作,这个算法通过式(16-5)计算,最终得到明文信息。

$$M=\widetilde{C}/(e(C,D)/A)=\widetilde{C}/(e(h^s,g^{(\alpha+r)/\beta})/e(g,g)^{rS})$$ (16-5)

2. 基于密钥策略的属性加密(KP-ABE)

2006 年,Goyal 等首次提出了由用户规定访问结构的 KP-ABE 方案,即密钥与访问结构相关联,密文与属性集合相关联,支持属性的门限、与和或操作,消息接收方当且仅当密文中的属性集合符合自己的访问树时才可恢复明文。

KP-ABE 算法主要步骤如下。

G_0 和 G_1 是一个阶为素数 p 的双线性群,g 是群 G_0 的一个生成元,双线性映射 $e:G_0\times G_0\rightarrow G_1$,定义拉格朗日系数为:$\Delta_{i,S}(x)=\prod_{j\in S,j\neq i}\dfrac{x-j}{i-j}$,其中 $i\in Z_p$,S 为 Z_p 中元素的集合。

(1) Setup:定义一个安全参数 K 和所有的属性集合 $U=\{1,2,\cdots,n\}$。随机选择 $y\in Z_p$,对于任意的 $i\in U$,随机选择 $t_i\in Z_p$,$T_i=g^{t_i}$,计算系统公钥 PK 为 $\{Y=e(g,g)^y,T_1,T_2,\cdots,T_n\}$,主密钥 MK 为 $\{y,t_1,t_2,\cdots,t_n\}$。

(2) Encrypt:输入信息 M,公钥 PK 和属性集合 A_c。随机选择 $s\in Z_p$,生成密文为 $E=(A_c,\widetilde{E}=MY^s,\{E_i=T_i^s\}_{i\in A_c})$。

（3）KeyGen：输入访问树 T，主密钥 MK 和公钥 PK。输出用户私钥 SK。根据在 CP-ABE 中介绍生成访问树各节点多项式的例子，首先，从根节点 r 开始，以自上而下的方式为树中的每个非叶子节点 i 随机选择一个阶比该节点的门限值小 1 的多项式 $p_i(x)$，对于根节点 r，令 $p_r(0)=y$。对于其他的节点 j，多项式满足 $p_j(0)=p_{\text{parent}(j)}(\text{idx}(j))$，其中 parent$(j)$ 表示 j 的父节点，$\text{idx}(j)$ 是 j 的父节点给 j 的编号。输出私钥 SK $=\{\text{sk}_i\}_{i\in L}$。其中 L 为 T 的叶子节点对应的属性集合，$\text{sk}_i=g^{p_i(0)/t_i}$。

（4）Decrypt：输入已经用属性集合 A_c 加密的密文 E，访问树 T 对应的用户私钥 SK 和公钥 PK，$s\in Z_p$。首先为叶子节点计算 $e(E_i,\text{sk}_i)=e(g,g)^{p_i(0)s}$。然后，以自下而上的方式使用拉格朗日多项式插值方法进行递归操作。最后，得到 $Y_s=e(g,g)^{ys}$ 并输出消息 M。

3. CP-ABE 和 KP-ABE 的应用场景

1）CP-ABE 的应用场景

CP-ABE 是一种基于密文策略的属性加密方法，允许数据拥有者定义访问策略，并将这些策略嵌入加密的密文中。只有属性集合满足密文中定义的访问策略的用户才能解密数据。

例如，在医疗数据共享中，一个电子健康记录系统中的医生想要将某位患者的诊断结果分享给多个相关部门的角色（如药剂师、医生等）。医生使用 CP-ABE 诊断结果，并设置访问策略，如"只有拥有'医生'或'药剂师'属性的用户才能查看"。当用户尝试解密时，其属性集合需满足此策略，否则无法解密。

又例如，在云计算数据访问控制中，云服务提供商希望为用户提供细粒度的数据访问控制，同时确保数据的安全性和隐私性。如果使用 CP-ABE，那么云服务提供商可以为每个数据文件定义不同的访问策略，并将策略嵌入加密的密文中。用户只有在其属性集合满足文件访问策略时，才能从云端下载并解密文件。

2）KP-ABE 的应用场景

KP-ABE 是一种基于密钥策略的属性加密方法，允许用户根据自己的需求定义访问策略，并将这些策略嵌入用户的私钥中。只有当密文的属性集合满足用户私钥中定义的访问策略时，用户才能解密数据。

例如，在企业文件共享中，一个大型企业中的员工可能需要根据自己的职责和权限访问不同的文件。员工使用 KP-ABE 生成私钥，并在私钥中定义自己的访问策略，如"我需要查看所有与'项目 A'和'财务'相关的文件"。当员工尝试解密文件时，只有文件的属性集合满足其私钥中的访问策略时，才能成功解密。

又例如，在社交媒体隐私保护中，社交媒体平台上的用户可能希望根据自己的兴趣和偏好定制他们能看到的内容。用户使用 KP-ABE 生成私钥，并在私钥中定义自己的内容访问策略，如"我只想看与'旅行'和'摄影'相关的帖子"。社交媒体平台使用 KP-ABE 加密帖子，并根据帖子的属性（如标签、发布者等）进行加密。只有当帖子的属性集合满足用户私钥中的访问策略时，用户才能看到该帖子。

下面将 CP-ABE 与 KP-ABE 进行总结与对比。

（1）在策略定义位置方面，CP-ABE 的访问策略定义在密文中，由数据拥有者设置;而 KP-ABE 的访问策略定义在用户的私钥中,由用户自己设置。

(2) 在应用场景方面,CP-ABE 更适用于数据拥有者希望控制谁可以访问其数据的情况,如医疗数据共享、云计算数据访问控制等;而 KP-ABE 更适用于用户希望根据自己的需求定制内容访问策略的情况,如企业文件共享、社交媒体隐私保护等。

(3) 在灵活性方面,KP-ABE 在用户层面提供了更高的灵活性,因为用户可以根据自己的需求定义访问策略;而 CP-ABE 在数据层面提供了更细粒度的访问控制。

16.2.3　访问控制加密

1. 访问控制加密概述

强制访问控制是指一个主体对哪些客体被允许进行访问,以及可以进行什么样的访问,都必须事先经过系统对该主体授权,这种授权与系统的应用背景密切相关。一般来说,系统根据用户在应用业务中的职务高低或被信任的程度,以及客体所包含的信息的机密性或敏感程度来决定用户对客体的访问权限的大小,这种控制往往可以通过给主体、客体分别赋以安全标记,并通过比较主体、客体的安全标记来决定,也可以通过限制主体只能执行某些程序来实现。2016 年,Damgård 等人提出访问控制加密(Access Control Entry,ACE)技术,通过设置半可信净化器实现强制访问控制,并消除一切可能的侧信道传递。同时,净化器不需要了解访问控制策略,不需要了解信息的内容和用户的身份便可针对密文进行决策,以随机化密文的方式,阻断任何不被允许的信息通道。

2. 访问控制加密应用

Wang 等于 2021 年提出的访问控制加密方案结合了传统的访问控制加密算法,并根据访问控制加密的特点配置了 KGC 服务器、GM 服务器、OA 服务器、客户端、净化器五个模块。

(1) KGC 服务器:KGC 是 Key Generate Center(密钥生成中心)的简称,在系统流程中负责初始化以及密钥的生成。

(2) GM 服务器:GM 是访问控制管理员,负责依据访问控制规则生成访问控制矩阵,完成密钥的分发以及为用户生成证书。

(3) OA 服务器:持有 OA 密钥,可以根据净化后的身份密文追踪不当的发送者,并且负责净化后密文的存储和转发。

(4) 客户端:分为发送方和接收方两部分,发送方可以加密明文以及发送密文至净化器,接收方可以解密从净化器接收的净化密文。

(5) 净化器:负责对密文的验证、净化和转发。验证签名保证了发送者身份合法,净化保证了密文属性合法,转发保证了发送者的匿名性。

系统在部署后,会进行初始化、生成访问控制加密中所需的密钥、配置访问控制矩阵、分发密钥等操作。系统工作流程如图 16-8 所示。

在一次通信中,具体通信流程如下。

(1) 发送方对明文进行对称加密,采用基于格的访问控制加密技术加密对称密钥,然后将加密后的密文发送给净化器。

(2) 在净化器端对密文进行验证和净化,并以匿名的身份转发给接收方。

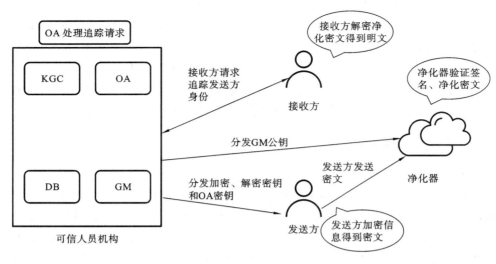

图 16-8   系统工作流程

（3）接收方进行解密，如果接收方符合访问控制策略并认为接收到的信息没有问题，接收方将成功解密出明文。

但如果接收方发现接收到的信息存在问题，系统具有溯源功能，可以向 OA 发送接收到的密文，OA 通过净化密文查找出发送者的身份。该功能为可选功能，当接收方发现明文内容存在问题时可以向 OA 提出检举，并非每次通信都需要单独向 OA 提出申请，追踪发送方。这样，系统在保障了强制访问控制的匿名加密通信的同时，还具有检举不当发送方的功能。

该通信系统具有以下特点。

（1）通过使用净化器实现发送方和接收方的访问权限控制。净化器可以在不知道发送方、接收方以及密文内容的情况下完成访问权限的控制。因此，净化器可以被部署在能正确执行程序的云服务器上，而不必担心明文内容、发送者、接收者的信息被泄露。相比于 2016 年首次提出的 ACE 方案，该方案将加密密钥和密文的空间复杂度从 $O(2^l)$ 降至了 $O(l)$，且不需使用空间复杂度为 $O(2^l)$ 的净化密钥，其代价是需要多次运行解密函数。此外，由于净化加密体系的修改，净化器不需持有净化密钥即可完成对密文的净化，使得维护净化器的成本可以降到最低。

（2）净化器可以在不知道消息收发双方身份信息的前提下实现信息流的监控，从而保证发送方和接收方的匿名性。如果用户需要，可以使用系统设计的匿名通信功能。

（3）采用的访问控制加密同时具备可追踪性。在追踪请求触发时，可信机构可以使用其私钥完成请求密文的发送者追踪，即在仅仅知道净化密文的情况下，追踪到发送方的信息。

习题 16

16.1   简述区块链技术的主要特点，并解释这些特点如何有助于实现更安全的访问控制。

16.2 描述基于交易的访问控制模型如何存储访问权限、控制策略、关键敏感数据和访问控制操作记录。

16.3 举例说明基于智能合约的访问控制的应用。

16.4 讨论基于区块链的访问控制相比传统访问控制的优势。

16.5 描述基于属性加密的访问控制的基本原理,并解释其相比传统访问控制的优势。

16.6 分析密码学在防止数据泄露和非法访问中的作用,并举例说明其实际应用。

访问控制未来发展展望

随着网络环境和安全威胁的不断演变,访问控制技术正迎来新的机遇与挑战。在传统模型难以满足复杂动态需求的情况下,零信任架构和人工智能(AI)等新兴理念和技术,逐渐成为访问控制未来发展的重要方向。本章将从零信任和 AI 两大核心主题出发,探讨访问控制的未来演进路径及潜在挑战。

17.1 零信任实现访问控制

17.1.1 零信任安全模型的产生背景

传统的资源访问保护采用边界安全理念,通过划分不同的安全区域,并为各区域设定相应的安全要求,从而在区域之间形成网络边界。多数安全设备,如防火墙、入侵防御系统(IPS)、防病毒墙和 Web 应用防火墙(WAF),都部署在网络边界处,用于抵御外部的各类攻击。然而,一旦攻击者突破边界进入内部网络,现有的网络安全措施就难以发挥保护作用。

随着云计算、大数据和移动互联网的迅猛发展,网络边界变得越来越开放和动态。用户群体的不断扩大以及灵活多变的移动办公模式,导致内部网络边界变得更加复杂且模糊。传统的基于边界的网络安全防护体系逐渐显得力不从心,难以有效防御来自内部人员和外部高级持续性威胁(APT)的攻击。为应对这一挑战,零信任安全模型应运而生。该模型以用户身份为核心,将用户身份验证、终端设备的安全状态及访问行为作为关键因素,用以构建更加灵活且适应性更强的安全架构。

17.1.2 零信任安全模型的发展

零信任安全模型是一种全新的安全理念,由著名研究机构 Forrester 的首席分析师 John Kindervag 在 2010 年提出。这一理念的核心在于不基于位置或其他传统安全因素信任任何网络流量。零信任安全模型强调对所有访问请求实施严格的安全措施,包括最小权限原则和精细的访问控制,并且重视对所有网络流量的全面监控和深入分析,这些原则已经成为网络安全领域的公认标准。随着网络安全攻防技术的不断进步,零信任安全模型也越来越受到业界的重视。

　　自 2013 年起,谷歌启动了 BeyondCorp 计划,被视为零信任安全的典范。该计划通过设备状态、用户身份、动态访问控制和行为感知策略实现了内、外网一致的访问控制,并通过持续的安全评估机制实时监控用户的访问权限。2014 年,云安全联盟发布了软件定义边界(SDP)规范,通过控制与数据分离、集中策略管理、基于业务需求的授权访问及单包授权(SPA)技术减少攻击面。2018 年,Gartner 将零信任架构列为十大重要安全技术之一,认为它能提供受控资源访问并增强连接安全性。2019 年,NIST 发布了零信任架构的标准草案,强调基于身份的细粒度访问控制,以应对内部横向移动风险并消除策略实施的不确定性。

　　上述事件表明,零信任安全模型已成为网络安全领域的一项重要实践,为企业和组织提供了更加安全和可信的网络环境。零信任安全模型的应用不仅强化了企业的网络安全防护能力,还有效应对了不断变化的安全威胁,为未来网络安全的发展指明了方向。

17.1.3　零信任架构的解决方案

　　零信任架构是一种现代的访问控制方法,在云计算环境中日益受到青睐。其核心原则是"永不信任,始终验证",包括以下解决方案。

1. 持续验证

　　持续验证是零信任架构的核心概念之一,其通过验证用户、设备和应用程序的身份和安全性,以保护网络内外的访问和通信。实现零信任架构的持续验证主要包括以下关键步骤。

　　(1)多因素身份验证:多因素身份验证要求用户在登录时提供多个验证因素,如密码、手机验证码、指纹识别等。这种验证方式可以有效防止未经授权的用户访问系统和数据,从而提高了账户安全性。

　　(2)实时审计和监控:对用户和设备访问系统及资源的行为进行持续监控,及时发现异常活动和潜在的安全事件,如登录失败、非法文件访问、异常数据传输等。实时审计和监控使组织能够快速采取应对措施,有效应对潜在威胁。

　　(3)动态访问控制:根据用户的身份、角色和行为等因素,动态调整用户对系统和数据的访问权限。通过基于策略的访问控制(PBAC)、基于身份的访问控制(IBAC)等技术,可以实现精细化的访问控制,确保用户只能访问其所需的资源,避免权限过大或被滥用的情况发生。

2. 最小权限

　　最小权限原则在零信任架构的实施中扮演着关键角色,通过为用户分配与其角色和职责相匹配的最小必要权限,限制其对系统和数据的访问能力,以降低误操作和恶意行为对系统安全造成的影响。以下是一些通过最小权限实现零信任架构的关键措施。

　　(1)给予最小权限:基于零信任理念,按照最小化原则为用户、设备和应用程序分配权限,仅授予所需的最低权限,避免授予过高或不必要的权限,从而更好地保障系统安全。

（2）基于角色的访问控制：基于角色的访问控制（RBAC）是一种通过将用户分配到不同角色并赋予相应权限的访问控制模型，其基于角色而非个体用户进行权限管理，使权限管理更加灵活、高效，同时支持最小权限原则，以确保用户只能访问其所需的资源。

（3）动态权限管理：动态权限管理根据用户的当前行为和上下文信息实时调整权限，从而应对复杂的权限需求。此方式可随环境变化实时更新用户权限，使系统访问控制更具精细化与灵活性。

（4）细粒度访问控制：通过策略引擎、访问控制列表等技术，实施细粒度的访问控制策略，控制用户对系统和数据的访问权限，实现对用户、设备和应用程序的精准管理和管控。

3. 微分段

1）微分段概念

微分段（Micro-Segmentation）是一种网络安全策略，旨在帮助实现零信任架构。其核心理念是将网络划分为多个小型安全区域，从而实现更加严格的访问控制和隔离措施。传统的网络安全方法通常依赖边界防护，但随着网络攻击手段不断演变，仅靠边界防护已无法充分保障网络安全。微分段架构的引入正是为了解决这一问题。在微分段架构中，网络被划分为众多小型安全区域，每个区域都采用严格的访问控制策略，以防止未经授权的网络访问。这样的精细隔离大大降低了潜在攻击者在网络内移动或扩散的能力，从而显著提高了整体网络的安全性。

2）微分段的实现方式

以下为一些常见的微分段实现方式。

（1）网络虚拟化技术：网络虚拟化使企业在一台物理服务器上创建多个虚拟网络，每个网络作为一个安全区域，通过虚拟交换机和路由器实现细粒度的安全策略和访问控制，达到微分段的效果。首先，设计虚拟网络拓扑，确定安全区域的范围、功能及通信需求，划分虚拟子网，设置虚拟交换机和路由器。然后，在虚拟化平台上部署虚拟机，并将其关联到相应的安全区域。通过设置标记或标签，将虚拟机与特定的安全组、子网或虚拟交换机关联，实现微分段。

（2）云安全组：云安全组通过配置规则控制虚拟机之间的网络访问，实现不同安全级别的微分段。每个安全组内的虚拟机可互通，但跨组通信需严格控制。在使用时，需创建和定义安全组，设置相应的访问控制规则，以允许或拒绝不同安全组之间的流量。然后，将实例关联到相应的安全组，从而有效限制不同安全组间的网络通信，确保访问控制的安全性和灵活性。

（3）防火墙和安全策略：在传统网络环境中，可以通过部署防火墙、访问控制列表等安全设备和策略实现微分段。这些安全设备和策略可以设定在网络边界或内部，限制不同安全区域之间的通信，确保安全区域内部的网络流量遵循预设的安全策略。

（4）安全微隔离：安全微隔离利用软件定义网络（SDN）技术实现微分段，在网络中创建虚拟安全区域，实现细粒度的隔离和访问控制。安全微隔离可以通过在网络设备上部署安全策略,动态调整流量控制,确保仅授权流量才可通过网络。此技术可以根据需求和安全要求,灵活划分网络,以实现更高的安全性。网络管理员可分类处理网络流量,控制传输路径,应用各种安全策略保护网络资源免受未经授权的访问或攻击。

4. 安全访问服务边缘

安全访问服务边缘(SASE)是一种集网络和安全功能于一体的云服务架构,可以帮助组织实现零信任架构。以下是通过 SASE 实现零信任架构的关键方法。

(1)统一访问控制:SASE 提供统一的可见性和访问控制,根据用户身份、设备信任、应用和数据敏感度,实施细粒度的访问策略,实现零信任访问。

(2)安全网关和云原生防护:集成安全网关和云原生安全服务,实时检测和审查网络流量,实施威胁预防和安全防护,确保可靠和连续的安全访问。

(3)实时响应和自适应安全:通过监控用户行为、设备状态和网络情况,实时调整安全策略,提高对潜在威胁的感知和响应速度,保障访问安全。

通过 SASE 实现零信任架构,可以在任何时间、地点和设备上严格控制和监管用户和应用的访问,降低网络和数据风险,提高信息安全水平。SASE 架构可帮助组织适应复杂多变的网络环境,更好地保护网络和数据安全。

17.1.4 零信任架构应用举例

零信任概念提出以来,受到了业界安全厂商的广泛关注,下面以谷歌 BeyondCorp 应用为例,展示企业如何在网络中实现零信任架构。

1. 谷歌 BeyondCorp 简介

谷歌在 2009 年经历了高度复杂的 APT 攻击——极光行动(Operation Aurora)后,开始重新设计员工和设备访问内部应用的安全架构,由此诞生了零信任架构 Beyond-Corp。图 17-1 展示了 BeyondCorp 的组件与架构,与传统的边界安全模式不同,BeyondCorp 摒弃了将网络隔离作为保护敏感资源的主要手段。相反,它将所有应用都部署在公网上,通过以用户和设备为中心的认证和授权流程进行访问控制。这意味着,

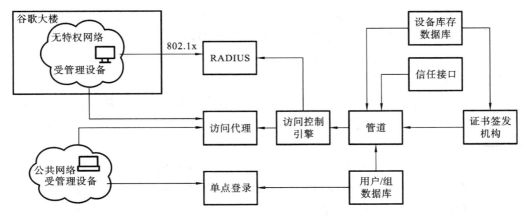

图 17-1 BeyondCorp 组件与架构

BeyondCorp将访问控制权从边界转移到个人设备和用户上,使员工无需传统VPN,也能在任何地点安全地访问内部资源。

谷歌的零信任架构涉及复杂的设备管理系统,记录着网络中每台设备的所有权。设备库存服务从多个系统管理渠道,如活动目录或Puppet,收集每台设备的实时信息。用户认证基于一套反映信任级别的信任层。无论员工使用何种设备、身处何地,都能得到相应的访问权限。低级别访问对设备审核要求较低。在谷歌网络中没有特权用户,谷歌使用安全密钥进行身份管理,比密码更难伪造。每个连接网络的设备都有谷歌颁发的证书,网络加密通过传输层安全协议(TLS)实现。

与传统边界安全模型不同,BeyondCorp不以用户的物理登录位置或来源网络作为访问服务的标准。其访问策略基于设备信息、状态和关联用户,更注重用户行为和设备状态的分析,从而提供更为精准和安全的访问控制。

2. 谷歌BeyondCorp的应用场景

谷歌零信任架构适用于多种不同类型的组织,主要用于管理和保护远程工作者、移动设备和云应用程序的安全。

以下是谷歌零信任架构的一些常见应用场景。

(1)远程工作者:随着越来越多的员工远程工作,谷歌零信任架构可以帮助组织管理其远程工作者的访问和使用云应用程序的安全。

(2)移动设备:组织使用移动设备(如智能手机、平板电脑)时,谷歌零信任架构可以帮助其管理移动设备的安全,以防止数据泄露。

(3)云应用程序:越来越多的组织开始将其应用程序迁移到云中,以提高效率和便利性。谷歌零信任架构可以帮助组织管理其云应用程序的安全,以防止数据泄露和安全漏洞。

3. 谷歌BeyondCorp存在的不足之处

(1)依赖云端架构:BeyondCorp基于谷歌的云端基础设施,适合其运营模式,但对于拥有本地或混合系统的组织来说,全面转向云端可能会面临结构调整的困难,尤其是对那些依赖传统系统的企业。

(2)隐私和数据安全:采用BeyondCorp模型可能会引入一定的隐私和数据安全风险。由于该模型依赖于集中存储用户身份和访问数据,这些集中的数据点可能成为攻击者的目标。一旦系统遭受入侵或发生数据泄露,就可能导致严重的后果,包括敏感信息的暴露和潜在的安全威胁。

(3)对传统架构的改变:BeyondCorp模型要求将传统的基于边界防御的安全模式转变为基于用户身份和访问权限的模式,这需要组织进行较大程度的变革和适应。对于一些传统机构来说,这种转变可能会带来困难和阻力。

(4)对谷歌生态系统的依赖:BeyondCorp严重依赖谷歌技术,如谷歌浏览器和谷歌云。这限制了公司在选择多样化供应商或已有基础设施时的灵活性。使用BeyondCorp需要公司当前使用的工具和服务与谷歌目前所使用的高度一致,这对使用其他系统的公司来说可能存在局限性。

17.2　基于 AI 的访问控制

17.2.1　基于 AI 的访问控制概述

基于 AI 的访问控制利用人工智能技术管理和控制系统资源的访问权限,超越了传统的自主访问控制、强制访问控制和基于角色的访问控制。这些传统方法依赖于预定义的规则,在面对动态变化和大规模数据时具有一定的局限性。相比之下,在 AI 的帮助下,使用机器学习和深度学习技术能够通过分析大量数据和用户行为,自动生成和优化访问控制策略,并在检测到异常行为时实时作出决策。AI 技术提高了系统的灵活性、响应速度、安全性和准确性。研究者们正利用 AI 技术提高访问控制的效率和适应性,如从访问日志中提取安全规则、监控已部署策略并作出决策等。无论是辅助传统系统还是设计新模型,AI 的应用都显著提高了访问控制的效率和灵活性。

17.2.2　基于 AI 的访问控制基本原理

基于 AI 的访问控制结合了人工智能技术与传统访问控制模型,以提供更高效、灵活和智能的安全管理。其基本原理包括数据收集与预处理、模型训练与部署、实时监控与响应、系统集成。通过这些技术手段,AI 系统能够动态、精准地管理和控制对系统资源的访问权限,提高系统的安全性和灵活性。

1. 数据收集与预处理

AI 系统需要大量高质量的数据训练和优化模型,这些数据源包括用户行为数据、系统日志、访问请求记录及环境数据等。通过对这些数据进行分析,并应用机器学习技术,AI 系统能够实现数据过滤和保证访问控制的效果。由于收集到的数据通常是杂乱无章且不完整的,因此在使用前需要进行一系列的预处理步骤。数据清洗是这一过程中的关键环节,它涉及去除噪声数据、填补缺失值和消除重复数据等操作,以确保数据的准确性和一致性。此外,预处理还包括数据标准化和归一化,这些步骤将不同量纲的数据转换为统一的标准,便于比较和分析。特征提取是从原始数据中选择或构建最能代表数据本质特征的部分,而降维技术通过减少数据的维度简化模型,从而提高训练效率。通过这些预处理步骤,可以显著提高 AI 系统在访问控制方面的性能和可靠性。

2. 模型训练与部署

模型训练的过程涉及数据输入、模型选择、训练和验证等多个步骤。首先,数据被分为训练集和测试集,训练集用于训练模型,而测试集用于评估模型的性能。在训练过程中,通过不断调整模型参数(如学习率、正则化系数等)来优化模型的性能。训练完成后,模型需要在未见过的数据上进行测试,以评估模型的泛化能力。

模型部署是将训练完成的模型投入生产环境的核心环节。它不仅涉及将模型整合进现有的访问控制系统,还包含建立实时数据流处理和响应机制。

部署过程中,需要确保模型能够无缝地与现有系统对接,高效处理实时访问请求,并根据模型的预测结果采取相应的安全措施。通过这种方式,AI 驱动的访问控制系统能够在实际环境中提供动态、灵活且高效的访问控制服务。

3. 实时监控与响应

AI 能进行实时数据流处理。通过系统监控和分析用户访问行为,AI 能及时检测安全威胁。常用于实时监控与响应的技术包括 Apache Kafka、Apache Flink 和 Apache Storm,这些技术能够处理高吞吐量数据并提供低延迟响应。其中的事件驱动架构允许系统根据特定事件自动触发操作,从而在检测到安全威胁时立即采取措施,如锁定账户或通知管理员。基于 AI 的访问控制系统能动态调整安全策略,根据用户行为和环境上下文实时调整访问权限,确保系统灵活性和适应性。

4. 系统集成

传统访问控制框架的集成是实现基于 AI 访问控制的重要步骤,这一过程要求其与现有的框架(如 RBAC 和 ABAC)进行无缝集成,以确保平稳过渡和保持兼容性。这涉及对现有策略和规则的调整,以便有效地解释和应用新模型的输出结果。在安全策略配置和管理方面,AI 系统生成的策略必须与管理员配置的策略保持一致,以确保整体系统的安全性。管理员负责定义基线策略和规则,而 AI 系统在此基础上进行优化和调整,从而提高安全性和适应性。

17.2.3 AI 在访问控制中的优势

基于 AI 的访问控制系统相比传统的静态访问控制方法,能够动态调整访问策略,学习用户行为并生成对应的访问控制方法,以下是 AI 在访问控制中的优势。

1. 实时监控能力

AI 能够持续跟踪用户行为并分析其活动模式与访问记录。通过这种实时监控,系统能够迅速识别出与正常行为模式不一致的活动。AI 还具备异常行为识别的能力,特别擅长从大量数据中发现异常模式。借助机器学习算法,系统能够识别出微妙且潜在的异常行为,这些行为可能指向安全威胁。AI 还可以基于实时数据和历史记录进行智能决策。它能够评估每个访问请求的风险,并根据风险等级决定是否批准访问、触发额外的验证步骤或直接拒绝访问。

2. 动态策略调整

通过自适应学习,系统能够根据用户行为的变化及时调整访问控制策略。此外,通过持续学习和更新,系统能够优化策略,以适应不断变化的用户行为和环境。在情境感知方面,系统能够结合上下文信息作出更精准的访问控制决策。通过分析每个用户的行为数据,系统能够为不同用户定制个性化的访问控制策略,这不仅提升了用户体验,而且提供了更具细粒度和有效的安全控制。

3. 高效性

AI 系统能够自动化学习用户行为模式,从而显著减少管理员的手动干预。系统具备自动化学习的能力,能够识别正常与异常行为,这种自动化学习减少了管理员在配置和维护上的工作量,使系统管理变得更加高效。除此之外,系统能够通过自动化检测和响应,进一步减少人工干预。系统可以自动处理常见的访问请求和异常行为,仅在复杂或高风险的情况下才需管理员介入。这不仅提高了系统效率,还降低了人为错误的风险。AI还能够优化资源分配,基于实时数据和分析结果自动调整系统资源的分配,以实现更高的运营效率。

17.2.4 AI在访问控制中的应用

随着AI技术的不断发展,其在访问控制领域的应用也越来越广泛。AI通过提供智能化的分析和决策支持,增强了安全性和用户体验。下面以DLBAC模型为例,展示AI如何帮助我们实现访问控制。

1. DLBAC模型的提出

传统的访问控制方法,如访问控制列表、基于角色的访问控制和基于属性的访问控制,虽然得到了广泛应用,但这些模型在动态、复杂和大规模的系统中难以适应变化,需要管理员进行大量的策略工程和维护工作。随着深度学习技术的发展,研究者们开始探索使用深度学习模型,特别是深度神经网络,来提高访问控制决策的精准性和自动化程度。Mohammad Nur Nobi在其研究中提出了一个基于深度学习的访问控制(Deep Learning Based Access Control,DLBAC)的候选模型,并使用真实世界和合成数据集对其进行了实现和性能评估。DLBAC模型利用深度学习技术,在减少人工参与访问控制策略的制定和维护工作的同时,通过自动化的方式动态调整访问控制策略,以适应组织结构和业务需求的变化,提高访问控制的效率和准确性。此外,DLBAC模型通过自动化和动态的访问控制机制,能够减少管理员在维护访问控制系统时的工作量,提高系统的安全性和效率。DLBAC模型通过学习用户和资源的元数据,无需人工进行属性或角色工程和策略工程,从而解决了传统访问控制方法中的一些主要限制。

图17-2为Mohammad Nur Nobi设计的一个DLBAC模型结构示意图。DLBAC模型通过训练深度神经网络,直接从数据中捕捉复杂的模式和关系,从而实现更精确的访问控制决策。这种基于数据驱动的方法,不仅减少了人工干预的需求,降低了管理成本,还提高了系统的适应性和灵活性,使其能够更好地应对动态变化的访问环境。DLBAC基于用户和资源的元数据及训练有素的神经网络作出决策,这与传统的基于角色或属性的决策方式不同。DLBAC模型直接使用用户和资源的元数据,这些元数据包括用户属性、资源属性,以及它们之间的交互信息。元数据是关于数据的数据,例如,用户的登录时间、角色、部门信息,以及资源的创建时间、类型等。访问控制决策是通过比较用户请求的资源访问权限与神经网络学习到的元数据模式来进行的。神经网络会对每个访问请求输出一个概率值,表示授权访问的可能性。一旦神经网络对访问请求作出了评估,DLBAC模型就会根据这个评估结果来决定是否授权访问。如果神经网络输出的访问权限概率超过了设定的阈值(如0.5),则请求被授权。

DLBAC模型能够处理动态变化的访问控制状态,并且能够适应复杂的系统环境。它通过学习元数据的复杂模式来作出准确的访问控制决策,即使在面对用户和资源属性的微妙变化时,也能保持决策的精准性。并且,DLBAC模型可以持续学习新的元数据模式,并适应系统中的变化,如新用户的添加、资源属性的更新,从而保持访问控制决策的时效性和精准性。

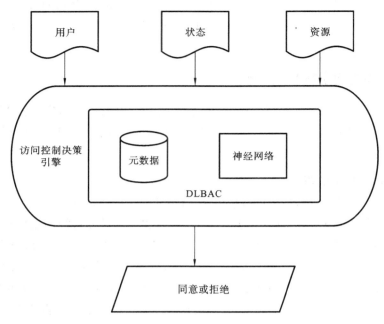

图 17-2　DLBAC 模型结构示意图

2. DLBAC 模型的应用前景

（1）智能社区或智能城市：DLBAC 模型适用于需要考虑环境因素的智能社区或智能城市。模型可以根据环境条件或变化的上下文作出访问控制决策，例如，在检测到天然气泄漏时立即限制对特定区域的访问。

（2）医疗物联网或智能医疗保健场景：在智能医院或远程监控和患者监测等场景中，DLBAC 模型可以利用环境元数据和用户元数据作出精准的访问控制决策，确保数据安全和隐私保护。

（3）边缘计算架构：DLBAC 模型可以部署在边缘计算架构中，以减少延迟并提供更快的响应时间，这对于需要实时作出关键决策的应用场景至关重要，如自动驾驶汽车的访问控制决策。

（4）零信任安全架构：在零信任安全架构中，DLBAC 模型可以用于持续信任评估和动态访问控制，提供基于多维度实时属性信息的实时信任评估和分析。

3. DLBAC 模型存在的不足之处

DLBAC 模型在处理传统访问控制方法中的局限性方面展现出了潜力。然而，其也存在一些不足之处。

（1）解释性问题：DLBAC 作为一个基于深度学习的模型，其决策过程对于人类来说并不透明，这使得理解模型为何作出特定决策变得困难。这种缺乏透明度的特性可能会影响用户和管理员对系统的信任。尽管有技术（如集成梯度、知识转移）可以提供一定程度的解释，但这些方法可能无法完全解释模型的决策，特别是在复杂情况下。

（2）对抗性攻击：DLBAC 模型可能对对抗性攻击比较敏感。对抗性攻击通过微小地改变输入数据来欺骗模型作出错误的决策。尽管可以通过访问控制特定的约束来减少这些攻击,但这也意味着 DLBAC 模型需要额外的安全措施来抵御这些攻击。

（3）数据偏差和公平性:如果训练数据中存在人类偏见或错误,DLBAC 模型可能会无意中学习并放大这些偏见或错误,导致不公平的访问控制决策。这需要对训练数据进行审计,评估决策的公平性,并建立适当的反馈循环。

（4）泛化能力:尽管 DLBAC 模型在处理复杂系统和大规模数据集方面表现出色,但其在未见过的访问控制请求上的泛化能力仍然是一个挑战。模型可能在训练数据分布之外的数据上表现不佳。

17.2.5 未来发展与挑战

尽管基于 AI 的访问控制在提高安全性和效率方面具有巨大潜力,但它同时面临着多方面的挑战,需要技术、政策和法律等多方面的综合应对策略。随着技术的进步和解决方案的创新,基于 AI 的访问控制系统将继续在未来发挥重要作用,并逐步解决当前的挑战。

1. 数据隐私和合规性

随着数据隐私和合规性法规日益严格,AI 在访问控制中的应用必须满足更高的数据管理要求。AI 系统需要确保用户数据的收集、处理和存储符合相关法规,并能够通过加密、匿名化等技术保护数据隐私。未来的发展趋势将侧重于更智能化的数据处理方法。

2. 算法的透明性和解释性

AI 算法的透明性和解释性是当前及未来发展的重要方向。在需要对访问控制决策承担责任的场景（如审计、法律诉讼等）中,用户和管理者需要能够理解 AI 系统如何分析数据、作出决策,并对其行为负责。

3. 技术集成和部署复杂性

将 AI 技术成功集成到现有访问控制系统中是一项具有挑战性的任务。现有系统可能使用不同的数据格式、处理流程和安全协议,这些都可能需要重新设计或调整,以适应 AI 技术的应用。

4. 持续学习和适应性

未来的 AI 系统需要具备持续学习和适应新威胁的能力。传统访问控制系统通常依赖静态规则和预定义策略,而 AI 技术能够通过不断分析数据、检测模式和学习新的威胁特征,实现动态调整和优化访问控制决策。未来的发展将包括改进 AI 系统的自我学习能力、强化实时响应机制,并探索新的机器学习和深度学习技术,以应对日益复杂和变化的安全威胁。

习题 17

17.1 什么是零信任安全模型? 什么是零信任访问控制?

17.2 列举三个零信任安全模型的核心原则。

17.3　零信任安全模型与传统网络安全模型有何不同？

17.4　零信任安全模型如何有助于减少网络攻击的危险？

17.5　为什么持续身份验证是零信任安全模型的重要组成部分？

17.6　在零信任安全模型中，如何实现最小权限原则？

17.7　什么是基于 AI 的访问控制？它与传统访问控制相比有什么特点？

17.8　解释基于 AI 的访问控制系统如何利用机器学习和数据分析实现智能访问控制。

17.9　举例说明基于 AI 的访问控制系统如何提高安全性并降低误报率。

17.10　讨论在基于 AI 的访问控制系统中，数据隐私和数据保护是如何得到保障的。

17.11　论述将来基于 AI 的访问控制系统可能发展的方向和趋势。

参 考 文 献

［1］（美）Matt Bishop. 计算机安全学——安全的艺术与科学［M］. 王立斌，黄征，译. 北京：电子工业出版社，2005.

［2］洪帆，崔国华，付小青. 信息安全概论［M］. 武汉：华中科技大学出版社，2005.

［3］段云所，魏仕民，唐礼勇，等. 信息安全概论［M］. 北京：高等教育出版社，2003.

［4］李中献，詹榜华，杨义先. 认证理论与技术的发展［J］. 电子学报，1999，27（1）：98-102.

［5］孙冬梅，裴正定. 生物特征识别技术综述［J］. 电子学报，2001，29（12A）：1744-1748.

［6］Frederick Butler，Iliano Cervesato，Aaron D Jaggard，et al. A formal analysis of some properties of kerberos 5 using MSR［R］. IEEE Computer Society，2002.

［7］Ian Downnard. Public-key cryptography extensions into Kerberos［J］. IEEE Potentiais，2003.

［8］K Raeburn. Encryption and Checksum Specifications for Kerberos 5［G/OL］. Internet RFC 3961，2005.

［9］K Raeburn. Advanced Encryption Standard（AES）Encryption for Kerberos 5［G/OL］. Internet RFC 3962，2005.

［10］肖国镇，白恩健，刘晓娟. AES 密码分析的若干新进展［J］. 电子学报，2003（10）：1549-1554.

［11］Joan Daemen，Vincent Rijmen. 高级加密标准（AES）算法：Rijndael 的设计［M］. 谷大武，徐胜波，译. 北京：清华大学出版社，2003.

［12］Clark D D，Wilson D R. A Comparison of Commercial and military Computer Security policies［R］. In IEEE Symposium on Computer Security and Privacy，1987.

［13］Bell D E，LaPadula L J. Secure Computer Systems：Mathematical Foundations［R］. Technical Report. The MITRE Corporation，1973.

［14］Bell D E，LaPadula L J. Secure Computer Systems：A Mathematical Model［R］. Technical Report. The MITRE Corporation，1973.

［15］Bell D E，LaPadula L J. Secure Computer Systems：A Refinement of the Mathematical Model［R］. Technical Report M74-2547，The MITRE Corporation，1973.

［16］Denning D E. A Lattice Model of Secure Information Flow［J］. Communication of The ACM，1976，19（5）：236-250.

［17］Goguen J A，Meseguer J. Security Policy and Security Models［C］//Proceedings of the 1982 IEEE Symposium on Security and Privacy，1982，11-20.

［18］Sandhu R S，Coyne E J，Feinstein H L. Role-Based Access Control Models［J］. IEEE Computer，1996，29(2)：38-47.

［19］The International Organization for Standardization. Common Criteria for Information Technology Security Evaluation-Part 1：Introduction and General Model ［S］. ISO/IEC 15408-1：1999(E).

［20］The International Organization for Standardization. Common Criteria for Information Technology Security Evaluation-Part 2：Security Functional Requirements［S］. ISO/IEC 15408-2：1999(E).

［21］The International Organization for Standardization. Common Criteria for Information Technology Security Evaluation-Part 3：Security Assurance Requirements［S］. ISO/IEC 15408-3：1999(E).

［22］U. S. Department of Defense. 1985. Trusted Computer System Evaluation Criteria［S］. DoD 5200. 28-STD.

［23］Sandhu R S，Bhamidipati V，Munawer Q. The ARBAC97 Model for Role-Based Administration of Roles［J］. ACM Transactions on Information and System Security，1999，2(1)：105-135.

［24］卿斯汉,刘文清,刘海峰. 操作系统安全导论［M］. 北京:科学出版社,2003.

［25］陈爱民,于康友,管海明. 计算机的安全与保密［M］. 北京:电子工业出版社,1992.

［26］中国国家质量技术监督局. 中华人民共和国国家标准:计算机信息系统安全保护等级划分准则［S］. GB17859—1999.

［27］阙喜戎,孙悦,龚向阳. 信息安全原理及应用［M］. 北京:清华大学出版社,2004.

［28］谢冬青,冷健. PKI 原理与技术［M］. 北京:清华大学出版社,2004.

［29］Denning D E. Cryptography and Data Security［M］. Addison-Wesley，1982.

［30］方勇,刘嘉勇. 信息系统安全导论［M］. 北京:电子工业出版社,2003.

［31］洪帆. 离散数学基础［M］.3 版. 武汉:华中科技大学出版社,2009.

［32］Enrico Nardelli，Maurizio Talamo. Certification and Security in Inter-Organizational E-Service［M］. Springer Boston，2005.

［33］王芳,韩国栋,李鑫. 路由器访问控制列表及其实现技术研究［J］. 计算机工程与设计,2007,28(23):5638-5640.

［34］孙晓蓉,徐春光,王育民.网络和分布式系统中的认证［J］.计算机研究与发展, 1998,35(10):865-868.

［35］原浩.移动通信中身份认证的研究,福建电脑［J］.2005,6:33-36.

［36］Blaze M，Feigenbaum J，Ioannidis J，et al. The role of trust management in distributed systems security. In Secure Internet Programming：Issues for Mobile and Distributed Objects［J］. Berlin：Springer-Verlag，1999：185-210.

［37］Blaze M，Feigenbaum J，Lacy J. Decentralized trust management［C］//Proceedings of 17th Symposium on Security and Privacy，IEEE Computer Society Press， 1996：164-173.

［38］Blaze M，Feigenbaum J，Keromytis D A. Keynote：trust management for pub-
lic-key infrastructures［C］//1998 Security Protocols International Workshop，
Springer-Verlag，1999：59-63.

［39］Chu Y-H，Feigenbaum J，LaMacchia B，et al. REFEREE：trust management for
Web applications[J]. World Wide Web Journal，1997(2)：127-139.

［40］Ellison C. SPKI/SDSI Certificate Documentation［EB/OL］. http：//world. std.
com/-cme/html/ spki. html.

［41］Ellison C，Frantz B，Lampson B，et al. SPKI Certificate Theory［G/OL］. IETF
RFC 2693，1999-09. http：//www. ietf. org/rfc/rfc2693. txt.

［42］Ellison C，Frantz B，Lampson B，et al. Simple Public Key Certificate［G/OL］.
Internet Draft (Work in Progress)，1999-07. http：//world. std. com/-cme/
spki. txt.

［43］Ninghui Li，Grosof N B，Feigenbaum J. A logic-based knowledge representation
for authorization with delegation(extend abstract)［C］//Proceedings of the 1999
IEEE Computer Security Foundations Workshop，IEEE Computer Society
Press，1999(6)：162-174.

［44］Ninghui Li，Grosof N B，Feigenbaum J. A practically implementable and tracta-
ble Delegtion Logic［C］//Proceedings of the 2000 IEEE Symposium on Security
and Privacy，IEEE Computer Society Press，2000(5)：27-42.

［45］Ninghui Li，Grosof N B，Feigenbaum J. Delegation Logic：A Logic-based Ap-
proach to Distributed Authorization［J］. ACM Transactions on Information and
System Security(TISSEC)，2003，6(1)：128-171.

［46］Blaze M，Feigenbaum J，Ioannidis J，et al. The KeyNote trust management sys-
tem version 2［G/OL］. IETF RFC 2704，1999-09. http：//www. ietf. org/rfc/
rfc2704. txt.

［47］Li N，Mitchell J C，Winsborough W H. Design of a Role-based Trust-manage-
ment Framework［C］//Proceeding of the 2002 IEEE Symposium on Security and
Privacy，Claremont Resort Oakland，California，USA，2002：114-130.

［48］Li N，Mitchell J C. RT：A role-based trust-management framework. In：B.
Werner ed［C］//Proceedings of the 2003 DARPA Information Survivablility
Conference and Exposition (DISCEX'03). Washington，DC，USA. 2003. Los
Alamitos：IEEE CS Press，2003，2(1)：201-212.

［49］Li N，Mitchell J C. Datalog with constraints：a foundation for trust-management
languages. In：V. Dahl and P. Wadler eds［C］//Proceedings of the 15th Interna-
tional Symposium on Pratical Aspects of Declarative Languages (PADL 2003).
LNCS 2562. New Orleans，LA，USA. 2003. Berlin Heidelberg：Springer-Ver-
lag，2003：58-73.

［50］Li N，Winsborough W H，Mitchell J C. Distributed credential chain discovery in trust management[J]. Journal of Computer Security，2003，11(1)：35-86.

[51] Seamons K E，Winslett M，Yu T. Trust Negotiation in Dynamic Coalitions. In：B. Werner ed[C]//Proceedings of the 2003 DARPA Information Survivability Conference and Exposition (DISCEX'03). Washington，DC，USA. 2003. Los Alamitos：IEEE CS Press，2003，2(2)：240-245.

[52] Sandhu R，Coyne E，Feinstein H，et al. Role-based Access Control Models[J]. IEEE Computer，1996，29(2)：38-47.

[53] Xin L L，Min C W，Lian H S. Realizing Mandatory Access Control in Role-Based Security System[J]. Journal of Software (in Chinese with English abstract) 2000，11(10)：1320-1325.

[54] Sandhu R S，Coyne E J，Feinstein H L，et al. Role-based access control models [J]. IEEE Computer，Feb，1996，29(2)：38-47.

[55] Winsborough W H，Seamons K E，Jones V E. Automated Trust Negotiation [C]//Proceedings of DARPA Information Survivability Conference and Exposition. Hilton Head，South Carolina，Los Alamitos：IEEE press，January 2000，Volume I，88-102.

[56] Barlow T，Hess A，Seamons K E. Trust negotiation in electronic markets[C]// Proceedings of 8th Research Symp. In Emerging Electronic Markets. Maastricht，2001.

[57] Yu T，Winslett M，Seamons K E. Supporting Structured Credentials and Sensitive Policies through Interoperable Strategies for Automated Trust Negotiation [J]. ACM Transactions on Information and System Security(TISSEC)，2003，6(1)：1-42.

[58] Winsborough W H，Li N. Towards Practical Automated Trust Negotiation [C]//Proceedings of the Third International Workshop on Policies for Distributed Systems and Networks (Policy 2002). Monterey，California，USA，IEEE CS Press，June 2002，92-103.

[59] Winsborough W H，Li N. Safety in Automated Trust Negotiation[C]//Proceedings of the IEEE Symposium on Security and Privacy. IEEE Press，2004，5：147-160.

[60] Seamons K E，Winslett M，Yu T，et al. Requirements for Policy Languages for Trust Negotiation[C]//Proceedings of the 3rd International Workshop on Policies for Distributed Systems and Networks，Monterey，California，Washington：IEEE Computer Society Press，June 2002，68-79.

[61] Yu T，Winslett M. A Unified Scheme for Resource Protection in Automated Trust Negotiation[C]//Proceedings of the 2003 IEEE Symposium on Security and Privacy，Berkeley，CA，USA. Washington：IEEE Computer Society Press，2003，5：110-122.

［62］ Li J，Li N，Winsborough W H. Automated Trust Negotiation Using Crypto-graphic Credentials［C］//Proceeding of the 12th conference on computer and communications security，Alexandria，Virginia，USA. ACM Press，2005，11：46-57.

［63］ Li N，Du W，Boneh D. Oblivious Signature-Based Envelope［C］//Proceedings of the 22nd ACM Symposium on Principles of Distributed Computing（PODC 2003）. Boston，Massachusetts，USA，New York：ACM Press，2003，7：182-189.

［64］ Winsborough W H，Li N. Protecting Sensitive Attributed in Automated Trust Negotiation［C］//Proceedings of the 1st ACM Workshop on Privacy in the Electronic Society. ACM Press，2002，41-51.

［65］ Holt J E，Bradshaw R W，Seamons K E，et al. Hidden Credentials［C］//Proceedings of the 2nd ACM Workshop on Privacy in the Electronic Society，Washington，DC. ACM Press，2003，10：1-8.

［66］ Frikken K，Atallah M，Li J. Hidden Access Control Policies with Hidden Credentials［C］//Proceedings of the 3rd ACM Workshop on Privacy in the Electronic Society，Washington，DC. ACM Press，2004，10：27-28.

［67］ Bradshaw R W，Holt J E，Seamons K E. Concealing Complex Policies with Hidden Credentials［C］//Proceedings of the 11th ACM Conference on Computer and Communications Security，Washington，DC. ACM Press，2004，10：146-157.

［68］ Li J，Li N. OACerts：Oblivious Attribute Certificates［C］//Proceedings of the 3rd Intenational Conference on Applied Cryptography and Network Security（ACNS 2005），New York，USA. Springer，2005，Volume 3531 of Lecture Notes in Computer Science，301-316.

［69］ Castelluccia C，Jarecki S，Tsudik G. Secret Handshakes from Ca-oblivious Encryption［C］//In Advances in Cryptology—ASIACRPT 2004：10th International Conference on the Theory and Application of Cryptology and Information Security. Springer，2004，Volume 3329 of Lecture Notes in Computer Science，293-307.

［70］ Bertino E，Ferrrari E，Squicciarini A. Privacy-Preserving Trust Negotiation. Technical Report CERIAS-TR-2004-75［R］. Center for Education and Research in Information Assurance and Security,Purdue University，2005.

［71］ 张荣清,李建欣,怀进鹏. 网格计算环境中的安全信任协商系统［J］.北京航空航天大学学报.2006,32(3)：347-351.

［72］ 李建欣，怀进鹏，李先贤. 自动信任协商研究［J］. 软件学报，2006，17（1）：124-133.

［73］ 廖振松，金海，李赤松，等. 自动信任协商及其发展趋势［J］. 软件学报，2006，17(9)：1933-1948.

[74] ITU-T Recommendation X. 509，The Directory：Public Key and Attribute Certificate Frameworks，2003.

[75] Farrell S，Housley R. An Internet Attribute Certificate Profile for Authorization，RFC3281[G/OL]，2002.

[76] John Linn，Magnus Nystrom. Attribute Certification：An Enabling Technology for Delegation and Role-based Controls in Distributed Environments[C]//Proceedings of the 4th ACM Workshop on Role-based Access Control，1999：121-130.

[77] Chadwick D，Otenko A. The PERMIS X. 509 Role Based Privilege Management Infrastructure. ACMAT[J]. Monterey，California，USA，2002.

[78] Wang Jingjang，Wu Kouchen，Liu Duenren. Access Control with Role Attribute Certificates[J]. Computer Standards & Interfaces，2000，22：43-53.

[79] Wohlmacher P，Pharow P. Application in Health Care Using Public Key Certifications and Attribute Certificates[J]. IEEE Journal，2000：1063-9527.

[80] Doshi V，Fayad A，Jajodia S，et al. Using Attribute Certificates with Mobile Policies in Electronic Commerce Applications [J]. IEEE Journal，2000：1063-9527.

[81] 江桂珠. 云计算技术在通信运营商中的使用[J]. 移动信息，2017(3)：2.

[82] 别玉玉. 云计算环境下基于信任的访问控制技术研究[D]. 中国矿业大学，2015.

[83] 吕茜，张树军. 云计算技术探讨[J]. 计算机安全，2011(2)：3.

[84] 刘颖. 云计算服务体系及产业链发展态势研究[J]. 现代产业经济，2014(2)：8.

[85] 王于丁，杨家海. DACPCC：一种包含访问权限的云计算数据访问控制方案[J]. 电子学报，2018，46(1)：9.

[86] 李莉平. 中小企业云安全策略分析[J]. 物流科技，2016(10)：28-30.

[87] Chappell D. Introducing the windows azure platform[J]. David Chappell & Associates White Paper，2010.

[88] Talluri S，Makani S T. Managing Identity and Access Management（IAM）in Amazon Web Services（AWS）[J]. Journal of Artificial Intelligence & Cloud Computing. SRC/JAICC-159，2023，147：2-5.

[89] 展巍. 基于物联网的多表合一智能抄表发展研究[D]. 北京邮电大学，2018.

[90] 赵欣. 物联网发展现状及未来发展的思考[J]. 计算机与网络，2012，38(Z1)：126-129.

[91] 厉萍. 物联网中小企业的产品创新研究[D]. 北京邮电大学，2013.

[92] 高惠智. 基于物联网的新城金矿井下生产调度管理系统研究[D]. 东北大学，2012.

[93] 耿丹. 基于城市信息模型(CIM)的智慧园区综合管理平台研究与设计[D]. 北京建筑大学，2017.

[94] 包国军，金炫美. 中国制造业质量竞争：现状、困境及对策建议——基于全国制造业质量竞争力指数的分析[J]. 发展研究，2023，40(05)：34-41.

[95] 刘奇旭,靳泽,陈灿华,等.物联网访问控制安全性综述[J].计算机研究与发展,2022,59(10):2190-2211.

[96] Sethi P，Sarangi S R. Internet of things：architectures，protocols，and applications［J］. Journal of electrical and computer engineering，2017，2017(1)：9324035.

[97] Stackowiak R，Stackowiak R. Azure IoT solutions overview[J]. Azure Internet of Things Revealed：Architecture and Fundamentals，2019：29-54.

[98] Pierleoni P，Concetti R，Belli A，et al. Amazon，Google and Microsoft solutions for IoT：Architectures and a performance comparison[J]. IEEE Access，2019，8：5455-5470.

[99] Ameer S，Sandhu R. The HABAC model for smart home IoT and comparison to EGRBAC[C]//Proceedings of the 2021 ACM Workshop on Secure and Trustworthy Cyber-Physical Systems，2021：39-48.

[100] 魏冬冬,盛步云,向伟杰,等. 基于角色和属性的 PDM 系统访问控制模型[J]. 机械设计与制造，2019，(12)：259-263.

[101] Maanak Gupta，Farhan Patwa，Ravi Sandhu. An Attribute-Based Access Control Model for Secure Big Data Processing in Hadoop Ecosystem[C]//Proceedings of 3rd ACM Workshop on Attribute-Based Access Control （ABAC'18）. New York：ACM，2018：13-24.

[102] 吴晓琴，黄文培. Hadoop 安全及攻击检测方法[J]. 计算机应用，2020，40(S1)：118-123.

[103] 时贵英. 基于元模型的软件框架技术研究[D]. 大庆石油学院，2006.

[104] 周文峰，尤军考，何基香. 基于 RBAC 模型的权限管理系统设计与实现[J]. 微计算机信息，2006，(15)：35-36,155.

[105] 吕登龙，朱诗兵. 大数据及其体系架构与关键技术综述[J]. 装备学院学报，2017，28(01)：86-96.

[106] 顾荣，仇红剑，杨文家，等. Goldfish：基于矩阵分解的大规模 RDF 数据存储与查询系统[J]. 计算机学报，2017，40(10)：2212-2230.

[107] 蔡婷，陈昌志. 云环境下基于 UCON 的访问控制模型研究[J]. 计算机科学，2014,41(S1):262-264.

[108] 田光辉,吴江,张德同,等.基于动态描述逻辑的 UCON 授权模型[J].计算机工程,2008,(19):163-166.

[109] 雷银香.基于使用控制的并发优先控制和授权[D].南昌航空大学,2013.

[110] 龚文涛,郎颖莹.基于 UCON 的访问控制模型在银行中的应用[J].信息技术,2011,35(10):200-202,205.

[111] 刘垣.多自治域环境中使用控制模型的应用研究[D].华中科技大学,2008.

[112] 聂丽平.基于 UCON 访问控制模型的分析与研究[D].合肥工业大学,2006.

[113] 张立冬.基于 UCONP2P 的 P2P 资源共享架构的研究[D].山东理工大学,2009.

[114] 胡鹏.基于 UCON 的工作流管理系统访问控制的研究与实现[D].上海海事大学,2007.

[115] 刘智敏,顾韵华.基于角色的跨域使用控制模型及其应用研究[J].信息技术,2012,36(04):152-155,158.

[116] 张世英.计算机网络系统集成技术分析[J].数字通信世界,2024,(07):82-84,216.

[117] 何仕安,孙政,王韬,等.利用线上快速身份认证技术解决互联网银行远程开户问题[J].金融科技时代,2016,(01):31-33.

[118] 罗立志.可信移动应用的 FIDO UAF 协议的改进[D].华中科技大学,2017.

[119] 郭佳鑫.基于移动终端的可信身份认证方案[D].西南科技大学,2017.

[120] 郭茂文.基于 FIDO 协议的指纹认证方案研究[J].广东通信技术,2016,36(04):2-5.

[121] 肖桂霞.基于 B/S 架构的 Web 单点登录协议综述[J].软件,2023,44(01):1-5,23.

[122] 李强.基于 CAS 和 OAuth 的统一认证授权系统设计[J].信息技术与网络安全,2021,40(06):83-88.

[123] LAMPORT L, SHOSTAK R, PEASE M. The Byzantine generals problem [J]. ACM Transactions on Programming Languages and Systems (TOPLAS),1982,4(3):382-401.

[124] FISCHER M J, LYNCH N A, PATERSON M S. Impossibility of distributed consensus with one faluty process[J]. ACM Tocs,1985,32(2):374-382.

[125] ZYSKIND G, ZEKRIFA D M S, ALEX P, et al. Decentralizing privacy:using blockchain to protect personal data[C]//IEEE Security & Privacy Workshops,2015:180-184.

[126] ZHENG Z, XIE S, DAI H, et al. An overview of blockchain technology:architecture, consensus, and future trends[C]//IEEE International Congress on Big Data (BigData Congress),2017:557-564.

[127] PINNO O J A, GRéGIO A, BONA L C E D. ControlChain:blockchain as a central enabler for access control authorizations in the IoT[C]//Globecom IEEE Global Communications Conference,2017:1-6.

[128] MAESA D D F, MORI P, RICCI L. Blockchain based access control[C]//IFIP International Conference on Distributed Applications and Interoperable Systems,2017:206-220.

[129] CRUZ J P, KAJI Y, YANAI N. RBAC-SC:role-based access control using smart contract[J]. IEEE Access,2018,6:12240-12251.

[130] ZHANG Y, KASAHARA S, SHEN Y, et al. Smart contract-based access control for the Internet of Things[J]. IEEE Internet of Things Journal,2018,6(2):1594-1605.

［131］ AZARIA A，EKBLAW A，VIEIRA T，et al. Medrec：using blockchain for medical data access and permission management［C］//2016 2nd International Conference on Open and Big Data（OBD），2016：25-30.

［132］ EKBLAW A，AZARIA A，HALAMKA J D，et al. A case study for blockchain in healthcare："MedRec" prototype for electronic health records and medical research data［C］//Proceedings of IEEE Open & Big Data Conference，2016.

［133］ 刘敖迪，杜学绘，王娜，等. 基于区块链的大数据访问控制机制［J］. 软件学报，2019，30（9）：2636-2654.

［134］ DAGHER G G，MOHLER J，MILOJKOVIC M，et al. Ancile：privacy-preserving framework for access control and interoperability of electronic health records using blockchain technology［J］. Sustainable Cities & Society，2018，39：283-297.

［135］ 薛腾飞，傅群超，王枞，等. 基于区块链的医疗数据共享模型研究［J］. 自动化学报，2017，43（9）：1555-1562.

［136］ 高振升，曹利峰，杜学绘. 基于区块链的访问控制技术研究进展［J］. 网络与信息安全学报，2021，7（6）：68-87.

［137］ Goyal V，Pandey O，Sahai A，et al. Attribute based encryption for fine-grainedaccess control of encrypted data［C］//Proceedings of the 13th ACM Conferenceon Computer and Communications Security（CCS'06）. New York，NY，USA：ACM，2006：89-98.

［138］ Bethencourt J，Ahai A，Waters B. Ciphertext-policy Attribute-based Encryption［C］//Proceedings of the 2007 IEEE Symposium on Security and Privacy. Washington D. C. ，USA：IEEE Computer Society，2007：321-334.

［139］ 张浩军，范学辉. 一种基于可信第三方的 CP-ABE 云存储访问控制［J］. 武汉大学学报：理学版，2013（2）：153-158.

［140］ 王运. 云计算环境下基于属性加密的访问控制研究［D］. 安徽大学，2014.